国家自然科学基金区域创新发展联合基金项目（U20A2087）资助项目

北部湾鱼类
形态及骨学影像图鉴

康　斌／主编

中国农业出版社
北　京

编者名单 AUTHOR LIST

主　　编	康　斌
副 主 编	闫　洋　黄亮亮　颜云榕　初建松
参编人员	刘春龙　朱玉贵　罗植森　徐　浩
	刘　杨　曾　锋

　　北部湾（旧称东京湾）位于中国南海的西北部，北部湾东起雷州半岛、琼州海峡，东南为海南岛，北至广西壮族自治区，西迄越南。北部湾三面为陆地环抱，水深在 10～80 m，从湾顶向湾口逐渐下降，海底较平坦，从陆地带来的泥沙沉积在上面，属新生代的大型沉积盆地。北部湾地处热带和亚热带，洋流在冬季沿逆时针方向运动，外海的水沿湾的东侧北上，湾内的水顺着湾的西边南下，形成一个环流；夏季在西南季风的推动下，洋流成一个相反方向的环流。北部湾沿岸降水丰富，河流携带大量营养盐入海，沿岸的基础生产力偏高，适于各种海洋生物的繁衍，形成了我国著名传统渔场，鱼虾种类繁多，渔业资源丰富，分布有鱼类 500 多种，盛产鲷鱼、金线鱼、沙丁鱼、竹筴鱼、蓝圆鲹、金枪鱼、比目鱼、鲳鱼、鲭鱼等 50 余种有经济价值的鱼类，以及牡蛎、珍珠贝、日月贝、泥蚶、文蛤等贝类。沿岸河口地区有许多红树林。沿岸浅海和滩涂广阔，是发展海水养殖的优良场所。

　　鱼类作为最古老的脊椎动物，在漫长的进化历程中伴随了复杂的性状产生与演化，其中，鱼类骨骼演化是其形态多样性产生的主要原因。作为分类学重要的基础依据，鱼类骨骼的研究起始于早期的鱼类分类学家，先后有《鲫鱼、鲶鱼、泥鳅的骨骼比较解剖》（张凤岭等，1958）、《鲤鱼解剖》（秉志，1960）、《白鲢的系统解剖》（孟庆闻等，1960）、《鱼类比较解剖》（孟庆闻等，1987）、《透视·鱼》（台湾海洋生物博物馆，2013）等专著出版；并有大量论文发表，如《中国雅罗鱼亚科的骨骼系统及其分类学意义（鲤形目：鲤科）》（陈星玉，1987）、《鲤亚目鱼类分科的系统及其科间系统发育的相互关系》（伍献文等，1981），等等。

本书记载的鱼类来自北部湾 2022 年休渔季前后的野外调查，具一定的代表性。标本保存于中国海洋大学水产学院。本书共收录北部湾常见鱼类 127 种，隶属于 23 目 69 科，主要包括鱼类原色图片、特征描述和 CT 影像。本书根据实际采集样品，对样品进行形态处理并拍照，最大程度地展现鱼类的形态特征；以文字记述其分类地位［采用 Eschmeyer's Catalog of Fishes 的分类系统，中文名称参考《南海经济鱼类图鉴》（颜云榕等，2021）］、形态及体色等鉴别特征、生活习性、地理分布等；应用 CT 扫描技术以影像方式呈现鱼类的内部骨骼，并对其主要特征进行了描述。

感谢万摩科技有限公司刘启对样本 CT 扫描的帮助，感谢广东海洋大学提供研究工作室，桂林理工大学王才广、徐浩，广东海洋大学杨小东、刘奉明、王锦溪、蒋常平参与样本采集及处理。

本书为国家自然科学基金"北部湾渔业资源结构与功能演变对捕捞与环境胁迫的响应机制（U20A2087）"项目成果，同时得到桂林理工大学环境科学与工程学科和岩溶地区水污染控制与用水安全保障协同创新中心专项经费资助。

本书是一本重要的工具书，不仅为南海鱼类多样性保护提供基础资料，而且也利于渔业管理者对北部湾鱼类资源的利用制定科学且合理的依据，同时为鱼类分类学、功能多样性、进化研究提供了依据。本书可作为水产从业者、相关院校师生、科研机构的参考用书和大众科普读物。

因编者水平有限，本书难免存在不足之处，恳请专家和读者批评指正。

编 者
2023 年 5 月

目 录 CONTENTS

图鉴说明

TUJIAN SHUOMING

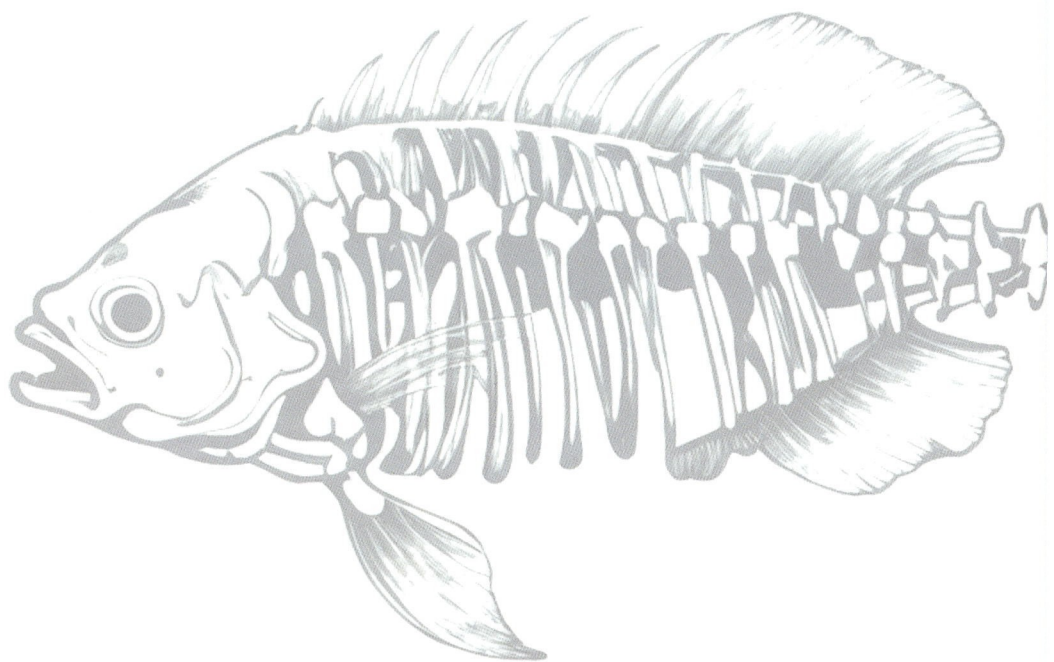

一、鱼体结构

1. 鱼体分区

鱼体一般由头部（head）、躯干（trunk）和尾部（tail）三部分组成。头部均自吻端开始，无鳃盖的圆口类和板鳃类的头部后缘为最后一对鳃孔，有鳃盖的硬骨鱼类头部后缘位于主鳃盖骨后缘。躯干部通常自头部后缘至肛门或生殖孔的后缘，但一些体型特殊的鱼类划分位置不一，如鲆科等鱼类的肛门移至身体前部、银汉鱼科和蓝子鱼科鱼类的肛门位于腹鳍附近，此类鱼的躯干部应以体腔末端或臀鳍基部起点或最前一枚具脉弓的尾椎为界。躯干部的后部为尾部（图1）。

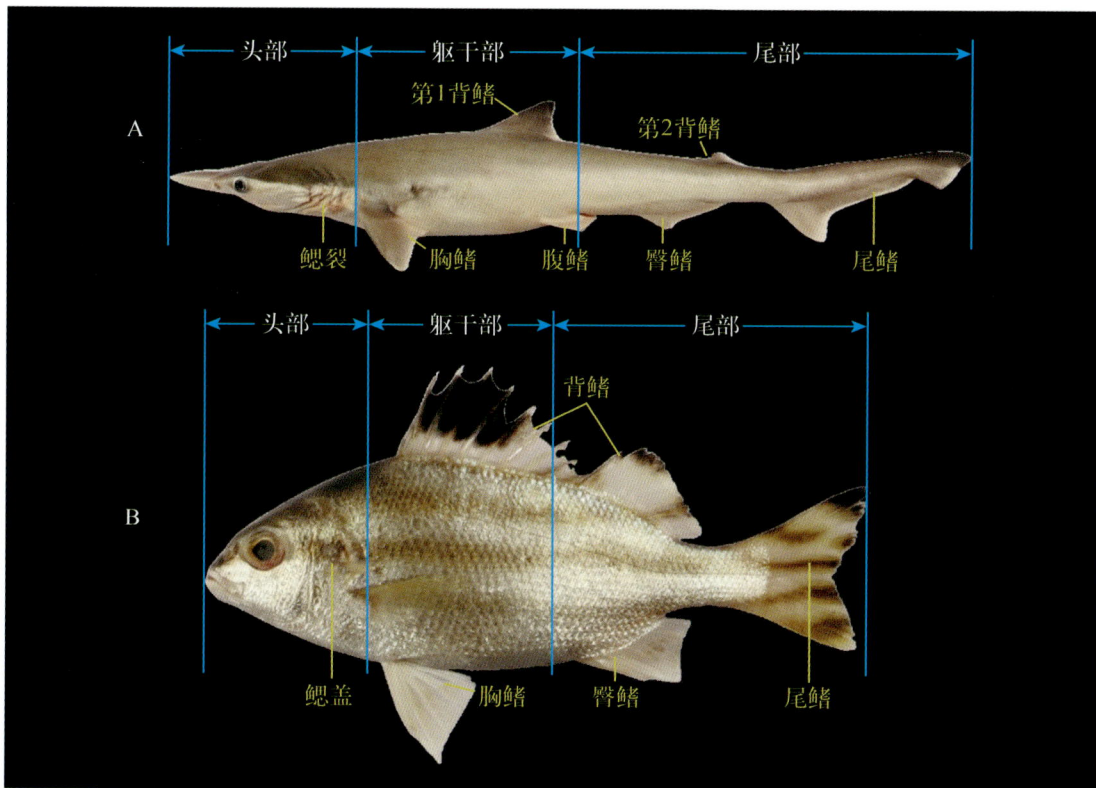

图 1　鱼体分区和鱼鳍
A. 软骨鱼类：尖头斜齿鲨 *Scoliodon laticaudus*　B. 硬骨鱼类：鯻 *Terapon theraps*

2. 头部

头部从外观上能直接确认的部分为上颌（upper jaw）、下颌（lower jaw）、前鼻孔（anterior nostril）、后鼻孔（posterior nostril）、眼（eye）、鳃盖（opercular）等。

头部从外部形态上可划分为以下几部分：头最前端至眼前缘为吻部（snout）；两眼间距为眼间隔（interorbital space）；眼后下方到前鳃盖骨后缘为颊部（check）；鳃盖骨后缘的皮褶为鳃盖膜（opercular membrane）；吻腹面，下颌的前端左右齿骨汇合处为下颌联合（symphysis）；紧邻在下颌联合的后方为颏部（又名颐部，chin）；两鳃盖间的腹面为喉部（jugular）；颏部与喉部之间为峡部（isthmus）（图2）。

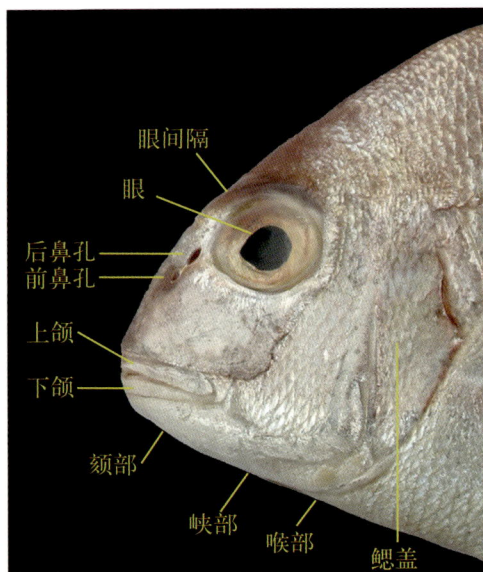

图2　头部名称（二长棘犁齿鲷 *Evynnis cardinalis*）

3. 躯干部和尾部

躯干部和尾部合起来称作鱼体（body）（有时鱼体亦表示除鳍外的头、躯干和尾部）。鱼体侧中部附近为体侧，上方为背侧，下方为腹侧。胸鳍基部附近及其腹面为胸部（breast），躯干部的腹面为腹部（belly），臀鳍基部后端和尾鳍基部之间为尾柄（caudal）（图3）。

图3　躯干部和尾部名称（二长棘犁齿鲷 *Evynnis cardinalis*）

4. 侧线及侧线鳞

很多硬骨鱼类体侧有侧线（图4）。多数鱼类两侧各仅有1条侧线，少数鱼类有多条侧线。侧线多沿躯干部前端延伸至尾鳍，但也存在其他情况，如鲬科仰口鲬属鱼类侧线不达尾鳍基部。

图 4　鱼体侧线

A. 金线鱼 *Nemipterus virgatus*　B. 黑鳍舌鳎 *Cynoglossus nigropinnatus*

对于硬骨鱼类，侧线鳞在很多情况下是重要的分类依据。侧线鳞数为侧线上的纵列鳞数，以鳃孔上端附近为起点，至下尾骨后端；侧线上鳞数为背鳍起点至侧线间的横列鳞数；侧线下鳞数为臀鳍起点至侧线间的横列鳞数（图4）。

5. 鳍式

通常，鳍条数亦是硬骨鱼类的分类依据。鳍条的类型与数量常以鳍式表示。各鳍依次记为 D 背鳍（dorsal fin）；A 臀鳍（anal fin）；P_1 胸鳍（pectoral fin）；P_2 腹鳍（pelvic fin）；C 尾鳍（caudal fin）。鳍棘数以罗马数字表示，鳍条数以阿拉伯数字表示。

不同背鳍或不同臀鳍之间以"，"隔开，鳍棘与鳍条之间以"-"隔开。计数鳍条时应注意鳍条基部是否分离，若不分离则计为 1 个鳍条，范围值用 "～" 表示。例如，二长棘犁齿鲷的背鳍鳍式为 "D. XI - 10"，油魣的背鳍鳍式为 "D. V，I - 9"（图 5）。

图 5　硬骨鱼类各鳍、背鳍构造和鳍式

A、B. 二长棘犁齿鲷 *Evynnis cardinalis* C. 油魣 *Sphyraena pinguis*

二、软骨鱼类骨骼系统

软骨鱼类的骨骼全部由软骨构成，多数板鳃类的椎体中心钙化（图 6）。

脑颅（neurocranium，又名软骨颅 chondrocranium）为不具缝合线的光滑连续的软骨腔。吻部位于脑颅中线上，鼻囊的前方，主要由吻软骨（rostral cartilage）构成。吻软骨的形状在种间存在较大差异。鼻囊位于吻的后侧方，具有保护嗅神经和嗅球的作用。颅盖位于吻部后方，为大脑提供保护。最前端开口结构为囟门（anterior fontanelle，又称前庭窗 fenestra vestibula）。鼻囊后方左右两侧的大窝为容纳眼球的眼囊（optic capsule）。眼窝后方的突起为耳囊（otic capsule），内藏听觉器官的内耳，外观有隆起的半规管轮廓，后端中央具一大孔，为枕骨大孔（foramen magnum）。

颌弓（mandibular arch）位于脑颅的腹侧，上颌由 1 对腭方软骨（palatoquadrate cartilage）组成，下颌由 1 对下颌软骨（mandibular cartilage，又称米克尔氏软骨

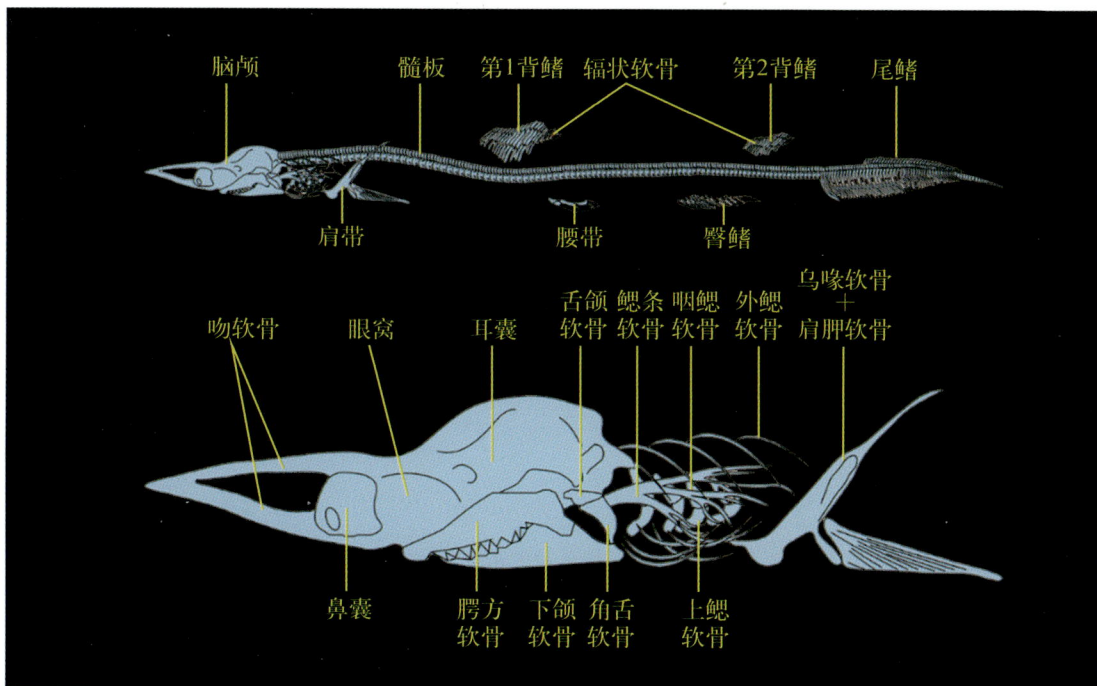

图 6　尖头斜齿鲨 *Scoliodon laticaudus* 的骨骼系统

Meckel's cartilage）组成。

舌弓（hyoid arch）位于颌弓后方，由 1 对舌颌软骨（hyomandibular cartilage）与 1 对角舌软骨（ceratohyal cartilage）以及 1 个基舌软骨（basihyal cartilage）组成。舌颌软骨和角舌软骨的外缘多数都附着有细长的鳃条软骨（branchial ray cartilage）。鳃条软骨的最背侧和最腹侧具有游离的外鳃软骨（extra branchial cartilage），有的种类缺其一或全部没有。舌颌软骨和角舌软骨与两颌相连，与颌的伸缩和张合活动有关。

鳃弓的后方是支持胸鳍的肩带（pectoral girdle），肩带的背方呈弓状。肩带由腹侧的乌喙软骨（coracoid cartilage）、背侧的肩胛软骨（scapular cartilage）及最上方突起的肩胛骨突起（scapular process）组成。

三、硬骨鱼类骨骼系统

硬骨鱼类的内骨骼可分为中轴骨骼（axial skeleton）和附肢骨骼（appendicular skeleton）两大部分。中轴骨格又可划分为头骨（skull，包括脑颅 neurocranium 和咽颅 splanchnocranium）、脊索（notochord）和脊柱（vertebral column）。附肢骨骼则包括支持胸鳍的肩带（shoulder girdle）、支持腹鳍的腰带（pelvic girdle）和支持各鳍条的支鳍骨（pterygiophore）。除以上内骨骼外，还有眶下骨（suborbital）和支持口腔和鳃盖的悬系骨（suspensorium）（图7）。

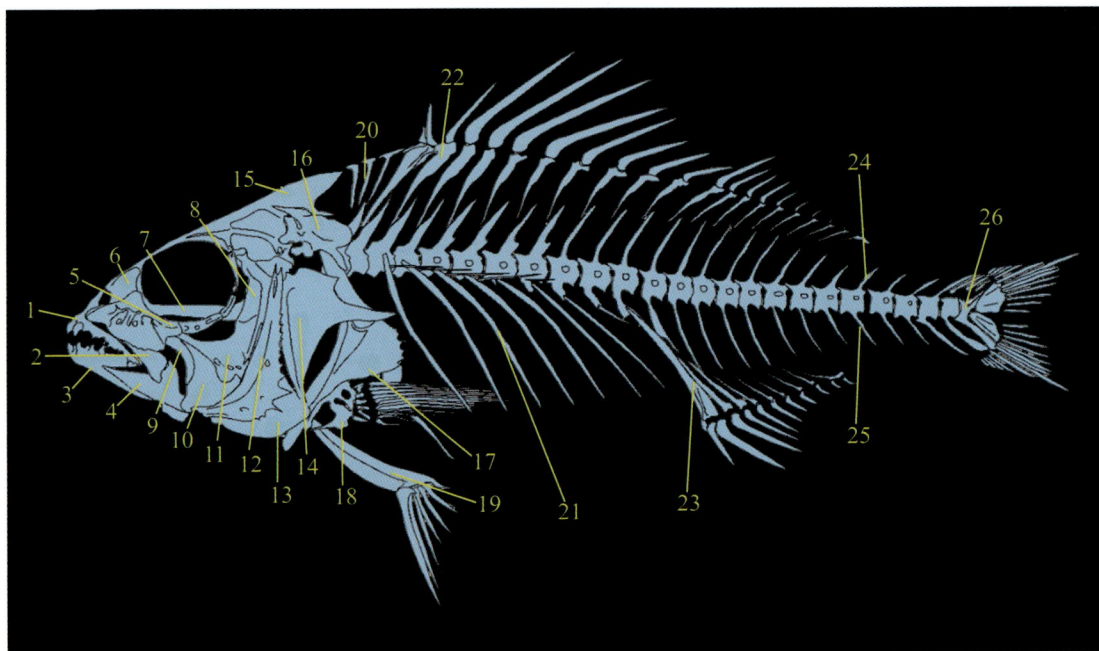

图 7　细鳞鯻 *Terapon jarbua* 的骨骼系统

1. 前颌骨　2. 上颌骨　3. 齿骨　4. 关节骨　5. 围眶骨　6. 筛骨　7. 副蝶骨　8. 舌颌骨　9. 前翼骨　
10. 方骨　11. 后翼骨　12. 前鳃盖骨　13. 间鳃盖骨　14. 主鳃盖骨　15. 枕骨嵴　16. 后颞骨　
17. 匙骨　18. 乌喙骨　19. 无名骨　20. 上髓棘　21. 肋骨　22. 背鳍支鳍骨　23. 臀鳍支鳍骨　
24. 髓棘　25. 脉棘　26. 尾杆骨

1. 脑颅

脑颅容纳并保护脑、鼻、眼、内耳、中枢神经系统及其他重要的感觉器官。脑颅由多块骨骼组成，中轴线上骨骼仅有 1 块，左右分布的则成对存在。脑颅的形态存在明显的种间差异，部分骨骼相互愈合或消失，然而各骨骼的位置关联基本相同，根据分布位置可进行如下划分：

鼻区包括前筛骨（preethmoid）1 块、中筛骨（ethmoid）1 块、侧筛骨（lateralethmoid）1 对、犁骨（vomer）1 块和鼻骨（nasal）1 对。

眼区包括额骨（frontal）1 对、眶蝶骨（orbitosphenoid）1 对、翼蝶骨（pterosphenoid）1 对、基蝶骨（basisphenoid）1 块和副蝶骨（parasphenoid）1 块。

耳区包括蝶耳骨（sphenotic）1 对、翼耳骨（pterotic）1 对、前耳骨（prootic）1 对、上耳骨（epiotic）1 对、顶骨（parietal）1 对和后耳骨（intercalar）1 对。

枕区包括基枕骨（basioccipital）1块、侧枕骨（exoccipital）1对和上枕骨（supraoc-cipital）1块。

　　眶下骨为眼的下缘从前向后排列的若干骨片，最前面的一块也被称为泪骨（lachrymal）。大多数鱼类的眶下骨为5块，有些鱼类仅有第1眶下骨。

2. 咽颅

　　咽颅分为上颌和下颌两部分：上颌由前颌骨（premaxillary）和上颌骨（maxillary）组成；下颌由齿骨（dentary）、关节骨（angular）和隅骨（retroarticular）组成。隅骨极小，在关节骨的后下方。

　　悬系骨分为口腔部和鳃盖部。口腔部支撑口腔的背面和侧面，由腭骨（palatine）、方骨（quadrate）、后翼骨（metapterygoid）、中翼骨（endopterygoid）、前翼骨（ectoptery-goid）、续骨（sympletic）和舌颌骨（hyomandibular）组成，当泪骨较大时，会掩盖住腭骨。鳃盖部由前鳃盖骨（preopercle）、主鳃盖骨（opercle）、下鳃盖骨（subopercle）和间鳃盖骨（interopercle）组成，下鳃盖骨位于主鳃盖骨与间鳃盖骨之间。

3. 脊柱

　　脊柱是从脑颅后端到尾端，排列于身体中轴线的一列脊椎骨（vertebra）。脊椎骨由椎体（centrum）及其附属的一些骨骼组成。椎体包被脊索，其前端及后端的背腹面均存在关节突（zygapophsis）。

　　脊椎骨可分为躯椎骨（abdominal vertebra）和尾椎骨（caudal vertebra）。躯椎骨位于鱼体躯干部，左右具椎体横突（parapophsis），与肋骨（rib）相连。尾椎骨位于鱼体尾部，通常具脉弓（hemal arch）和脉棘（hemal spine）。躯椎骨和尾椎骨各椎体均具髓弓（neural arch），其上端具髓棘（neural spine）。

　　大多数鱼类的最后几个脊椎骨变形，用于支撑尾鳍，这些骨骼统称尾骨（caudal skeleton）。尾骨中心为三角形或棒状的尾杆骨（ural certebra）。

4. 附肢骨骼

　　肩带由后颞骨（posttemporal）、上匙骨（supracleithrum）、匙骨（cleithrum）、后匙骨（postcleithrum）、肩胛骨（scapula）、乌喙骨（coracoid）和鳍条基骨（actinost）组成。后颞骨通过脑颅的上耳骨与翼耳骨后端相连，胸鳍鳍条由鳍条基骨支撑。

　　腰带呈三角状或棒状，起支撑腹鳍的作用，有时也称腰骨（pelvic bone）。腹鳍的位置存在明显的种间差异。

　　支鳍骨用于支撑背鳍或臀鳍鳍条，由位于脊柱附近棘状近端支鳍骨（proxiaml ptery-giophore）、外侧的中端支鳍骨（median pterygiophore）和远端支鳍骨（distal pterygio-phore）组成。中端支鳍骨和远端支鳍骨多愈合成1块骨骼。

四、指标计算

1. 资源密度

计算公式如下：

$$r = \frac{M}{S}$$

其中，r 为资源密度（g/km²），M 为物种的生物量（g），S 为扫海面积（km²）。

2. 生长条件因子

假设鱼类均为匀速生长，则计算公式如下：

$$a = \frac{W}{L^3}$$

其中，a 为生长条件因子（g/cm³），W 为平均体重（g），L 为平均体长（cm）。

五、物种名录

纲	目	科	属	种
Chondrichthyes 软骨鱼纲	真鲨目 Carcharhiniformes	真鲨科 Carcharhinidae	斜齿鲨属 *Scoliodon*	尖头斜齿鲨 *Scoliodon laticaudus*
	鳐形目 Rajiformes	鳐科 Rajidae	瓮鳐属 *Okamejei*	鲍氏鳐 *Okamejei boesemani*
	鲼形目 Myliobatiformes	魟科 Dasyatidae	尖嘴魟属 *Telatrygon*	尖嘴魟 *Telatrygon zugei*

（续）

纲	目	科	属	种
Osteichthyes 硬骨鱼纲	鳗鲡目 Anguilliformes	颌鳃鳗科 Synaphobranchidae	前肛鳗属 *Dysomma*	前肛鳗 *Dysomma anguillare*
		海鳝科 Muraenidae	裸胸鳝属 *Gymnothorax*	克里裸胸鳝 *Gymnothorax cribroris*
				网纹裸胸鳝 *Gymnothorax reticularis*
		海鳗科 Muraenesocidae	海鳗属 *Muraenesox*	海鳗 *Muraenesox cinereus*
		鸭嘴鳗科 Nettastomatidae	蜥鳗属 *Saurenchelys*	线尾蜥鳗 *Saurenchelys fierasfer*
	鲱形目 Clupeiformes	鳀科 Engraulidae	黄鲫属 *Setipinna*	小头黄鲫 *Setipinna breviceps*
			棱鳀属 *Thryssa*	杜氏棱鳀 *Thryssa dussumieri*
				汉氏棱鳀 *Thryssa hamiltonii*
		宝刀鱼科 Chirocentridae	宝刀鱼属 *Chirocentrus*	长颌宝刀鱼 *Chirocentrus nudus*
		锯腹鳓科 Pristigasteridae	鳓属 *Ilisha*	黑口鳓 *Ilisha melastoma*
				鳓 *Ilisha elongata*
		鲦科 Dorosomatidae	海鲦属 *Nematalosa*	圆吻海鲦 *Nematalosa nasus*
			小沙丁鱼属 *Sardinella*	青鳞小沙丁鱼 *Sardinella zunasi*
				黄泽小沙丁鱼 *Sardinella lemuru*
	鲇形目 Siluriformes	海鲇科 Ariidae	海鲇属 *Arius*	斑海鲇 *Arius maculatus*
			褶囊海鲇属 *Plicofollis*	内尔褶囊海鲇 *Plicofollis nella*

（续）

纲	目	科	属	种
Osteichthyes 硬骨鱼纲	仙女鱼目 Aulopiformes	狗母鱼科 Synodontidae	蛇鲻属 Saurida	多齿蛇鲻 Saurida tumbil
				花斑蛇鲻 Saurida undosquamis
			狗母鱼属 Synodus	肩斑狗母鱼 Synodus hoshinonis
			大狗母鱼属 Trachinocephalus	大头狗母鱼 Trachinocephalus myops
	鳕形目 Gadiformes	犀鳕科 Bregmacerotidae	犀鳕属 Bregmaceros	麦氏犀鳕 Bregmaceros mcclellandi
	鼬鳚目 Ophidiiformes	鼬鳚科 Ophidiidae	须鼬鳚属 Brotula	多须鼬鳚 Brotula multibarbata
			仙鼬鳚属 Sirembo	仙鼬鳚 Sirembo imberbis
	鲭形目 Scombriformes	长鲳科 Centrolophidae	刺鲳属 Psenopsis	刺鲳 Psenopsis anomala
		双鳍鲳科 Nomeidae	方头鲳属 Cubiceps	鳞首方头鲳 Cubiceps whiteleggii
		无齿鲳科 Ariommatidae	无齿鲳属 Ariomma	印度无齿鲳 Ariomma indica
		鲳科 Stromateidae	鲳属 Pampus	银鲳 Pampus argenteus
				中国鲳 Pampus chinensis
		鲭科 Scombridae	羽鳃鲐属 Rastrelliger	羽鳃鲐 Rastrelliger kanagurta
		带鱼科 Trichiuridae	带鱼属 Trichiurus	南海带鱼 Trichiurus nanhaiensis
				日本带鱼 Trichiurus japonicus

（续）

纲	目	科	属	种
Osteichthyes 硬骨鱼纲	海龙目 Syngnathiformes	羊鱼科 Mullidae	绯鲤属 Upeneus	黄带绯鲤 Upeneus sulphureus
				黄尾绯鲤 Upeneus sundaicus
				吕宋绯鲤 Upeneus luzonius
		鼠科 Callionymidae	鼠属 Callionymus	斑臂鼠 Callionymus octostigmatus
	钩头鱼目 Kurtiformes	天竺鲷科 Apogonidae	银口天竺鲷属 Jaydia	横带银口天竺鲷 Jaydia striata
			鹦天竺鲷属 Ostorhinchus	半线鹦天竺鲷 Ostorhinchus semilineatus
				侧带鹦天竺鲷 Ostorhinchus pleuron
	虾虎鱼目 Gobiiformes	塘鳢科 Eleotridae	嵴塘鳢属 Butis	锯嵴塘鳢 Butis koilomatodon
		虾虎鱼科 Gobiidae	颊沟虾虎鱼属 Aulopareia	单色颊沟虾虎鱼 Aulopareia unicolor
			犁突虾虎鱼属 Myersina	长丝犁突虾虎鱼 Myersina filifer
			沟虾虎鱼 Oxyurichthys	项鳞沟虾虎鱼 Oxyurichthys auchenolepis
			拟矛尾虾虎鱼属 Parachaeturichthys	拟矛尾虾虎鱼 Parachaeturichthys polynema
			孔虾虎鱼属 Trypauchen	孔虾虎鱼 Trypauchen vagina
	鲹形目 Carangiformes	乳香鱼科 Lactariidae	乳香鱼属 Lactarius	乳香鱼 Lactarius lactarius
		马鲅科 Polynemidae	多指马鲅属 Polydactylus	六指多指马鲅 Polydactylus sextarius
		棘鲆科 Citharidae	短鲽属 Laiopteryx	短鲽 Laiopteryx novaezeelandiae

（续）

纲	目	科	属	种
Osteichthyes 硬骨鱼纲	鲽形目 Carangiformes	鲆科 Bothidae	羊舌鲆属 *Arnoglossus*	长冠羊舌鲆 *Arnoglossus macrolophus*
			新左鲆属 *Neolaeops*	小眼新左鲆 *Neolaeops microphthalmus*
		牙鲆科 Paralichthyidae	斑鲆属 *Pseudorhombus*	大牙斑鲆 *Pseudorhombus arsius*
		瓦鲽科 Poecilopsettidae	瓦鲽属 *Poecilopsetta*	瓦鲽 *Poecilopsetta plinthus*
		鳎科 Soleidae	栉鳞鳎属 *Aseraggodes*	褐斑栉鳞鳎 *Aseraggodes kobensis*
			条鳎属 *Zebrias*	带纹条鳎 *Zebrias zebra*
		舌鳎科 Cynoglossidae	舌鳎属 *Cynoglossus*	斑头舌鳎 *Cynoglossus puncticeps*
				大鳞舌鳎 *Cynoglossus arel*
		眼镜鱼科 Menidae	眼镜鱼属 *Mene*	眼镜鱼 *Mene maculata*
		鲹科 Carangidae	副叶鲹属 *Alepes*	黑鳍副叶鲹 *Alepes melanoptera*
				克氏副叶鲹 *Alepes kleinii*
			沟鲹属 *Atropus*	沟鲹 *Atropus atropos*
			叶鲹属 *Atule*	游鳍叶鲹 *Atule mate*
			圆鲹属 *Decapterus*	蓝圆鲹 *Decapterus maruadsi*
			大甲鲹属 *Megalaspis*	大甲鲹 *Megalaspis cordyla*
			舟鰤属 *Naucrates*	舟鰤 *Naucrates ductor*
			乌鲳属 *Parastromateus*	乌鲳 *Parastromateus niger*

（续）

纲	目	科	属	种
Osteichthyes 硬骨鱼纲	鲹形目 Carangiformes	鲹科 Carangidae	裸胸鲹属 Platycaranx	马拉巴裸胸鲹 Platycaranx malabaricus
			丝鲹属 Scyris	长吻丝鲹 Scyris indica
			细鲹属 Selaroides	金带细鲹 Selaroides leptolepis
			鲳鲹属 Trachinotus	布氏鲳鲹 Trachinotus blochii
			竹筴鱼属 Trachurus	竹筴鱼 Trachurus japonicus
			若鲹属 Turrum	青羽若鲹 Turrum coeruleopinnatum
		鲯鳅科 Coryphaenidae	鲯鳅属 Coryphaena	鲯鳅 Coryphaena hippurus
	丽鱼目 Cichliformes	后颌䲁科 Opistognathidae	后颌䲁属 Opistognathus	粗鳞后颌䲁 Opistognathus macrolepis
	鲻形目 Mugiliformes	鲻科 Mugilidae	平鲹属 Planiliza	绿背鲹 Planiliza subviridis
	鳚形目 Blenniiformes	鳚科 Blenniidae	短带鳚属 Plagiotremus	叉短带鳚 Plagiotremus spilistius
			带鳚属 Xiphasia	带鳚 Xiphasia setifer
	鲈形目 Perciformes	隆头鱼科 Labridae	蓝胸鱼属 Leptojulis	颈斑尖猪鱼 Leptojulis lambdastigma
		䲢科 Uranoscopidae	䲢属 Uranoscopus	项鳞䲢 Uranoscopus tosae
		拟鲈科 Pinguipedidae	拟鲈属 Parapercis	六带拟鲈 Parapercis sexfasciata
		鲂鮄科 Triglidae	红娘鱼属 Lepidotrigla	日本红娘鱼 Lepidotrigla japonica
				翼红娘鱼 Lepidotrigla alata
		毒鲉科 Synanceiidae	须蓑鲉属 Apistus	棱须蓑鲉 Apistus carinatus

（续）

纲	目	科	属	种
Osteichthyes 硬骨鱼纲	鲈形目 Perciformes	毒鲉科 Synanceiidae	鬼鲉属 Inimicus	居氏鬼鲉 Inimicus cuvieri
			粗头鲉属 Trachicephalus	瞻星粗头鲉 Trachicephalus uranoscopus
		鲉科 Scorpaenidae	短鳍蓑鲉属 Dendrochirus	花斑短鳍蓑鲉 Dendrochirus zebra
			新棘鲉属 Neomerinthe	曲背新棘鲉 Neomerinthe procurva
			蓑鲉属 Pterois	环纹蓑鲉 Pterois lunulata
			拟鲉属 Scorpaenopsis	魔拟鲉 Scorpaenopsis neglecta
	棘臀鱼目 Centrarchiformes	鯻科 Terapontidae	鯻属 Terapon	鯻 Terapon theraps
				细鳞鯻 Terapon jarbua
	发光鲷目 Acropomatiformes	发光鲷科 Acropomatidae	发光鲷属 Acropoma	日本发光鲷 Acropoma japonicum
		鳄齿鱼科 Champsodontidae	鳄齿鱼属 Champsodon	弓背鳄齿鱼 Champsodon atridorsalis
	刺尾鱼目 Acanthuriformes	大眼鲷科 Priacanthidae	大眼鲷属 Priacanthus	短尾大眼鲷 Priacanthus macracanthus
		鱚科 Sillaginidae	鱚属 Sillago	少鳞鱚 Sillago japonica
		方头鱼科 Latilidae	方头鱼属 Branchiostegus	银方头鱼 Branchiostegus argentatus
		笛鲷科 Lutjanidae	笛鲷属 Lutjanus	红鳍笛鲷 Lutjanus erythropterus
			鳞鳍梅鲷 Pterocaesio	金带鳞鳍梅鲷 Pterocaesio chrysozona
		银鲈科 Gerreidae	银鲈属 Gerres	红尾银鲈 Gerres erythrourus
				七带银鲈 Gerres septemfasciatus
				长棘银鲈 Gerres filamentosus

（续）

纲	目	科	属	种
Osteichthyes 硬骨鱼纲	刺尾鱼目 Acanthuriformes	石鲈科 Haemulidae	少棘胡椒鲷属 *Diagramma*	少棘胡椒鲷 *Diagramma pictum*
			石鲈属 *Pomadasys*	大斑石鲈 *Pomadasys maculatus*
		鲷科 Sparidae	棘犁齿鲷属 *Evynnis*	二长棘犁齿鲷 *Evynnis cardinalis*
			真鲷属 *Pagrus*	真鲷 *Pagrus major*
		金线鱼科 Nemipteridae	金线鱼属 *Nemipterus*	红棘金线鱼 *Nemipterus nemurus*
				金线鱼 *Nemipterus virgatus*
				缘金线鱼 *Nemipterus marginatus*
		石首鱼科 Sciaenidae	叫姑鱼属 *Johnius*	叫姑鱼 *Johnius grypotus*
			白姑鱼属 *Pennahia*	斑鳍白姑鱼 *Pennahia pawak*
		赤刀鱼科 Cepolidae	棘赤刀鱼属 *Acanthocepola*	克氏棘赤刀鱼 *Acanthocepola krusensternii*
		松鲷科 Lobotidae	髭鲷属 *Hapalogenys*	横带髭鲷 *Hapalogenys analis*
		蝴蝶鱼科 Chaetodontidae	朴蝴蝶鱼属 *Roa*	朴蝴蝶鱼 *Roa modesta*
		鲾科 Leiognathidae	仰口鲾属 *Deveximentum*	鹿斑仰口鲾 *Deveximentum interruptum*
			布氏鲾属 *Eubleekeria*	琼斯布氏鲾 *Eubleekeria jonesi*
			鲾属 *Leiognathus*	细纹鲾 *Leiognathus berbis*
			项鲾属 *Nuchequula*	项斑项鲾 *Nuchequula nuchalis*
			光胸鲾属 *Photopectoralis*	黄斑光胸鲾 *Photopectoralis bindus*

（续）

纲	目	科	属	种
Osteichthyes 硬骨鱼纲	刺尾鱼目 Acanthuriformes	金钱鱼科 Scatophagidae	金钱鱼属 *Scatophagus*	金钱鱼 *Scatophagus argus*
		蓝子鱼科 Siganidae	蓝子鱼属 *Siganus*	褐蓝子鱼 *Siganus fuscescens*
	鮟鱇目 Lophiiformes	鮟鱇科 Lophiidae	黑鮟鱇属 *Lophiomus*	黑鮟鱇 *Lophiomus setigerus*
		蝙蝠鱼科 Ogcocephalidae	棘茄鱼属 *Halieutaea*	突额棘茄鱼 *Halieutaea indica*
		躄鱼科 Antennariidae	躄鱼属 *Antennarius*	双斑躄鱼 *Antennarius biocellatus*
				毛躄鱼 *Antennarius hispidus*
	鲀形目 Tetraodontiformes	刺鲀科 Diodontidae	圆刺鲀属 *Cyclichthys*	短棘圆刺鲀 *Cyclichthys orbicularis*
		鲀科 Tetraodontidae	兔头鲀属 *Lagocephalus*	棕斑兔头鲀 *Lagocephalus spadiceus*

（参考 Eschmeyer's Catalog of Fishes，2023 年 7 月版）

图鉴内容

TUJIAN NEIRONG

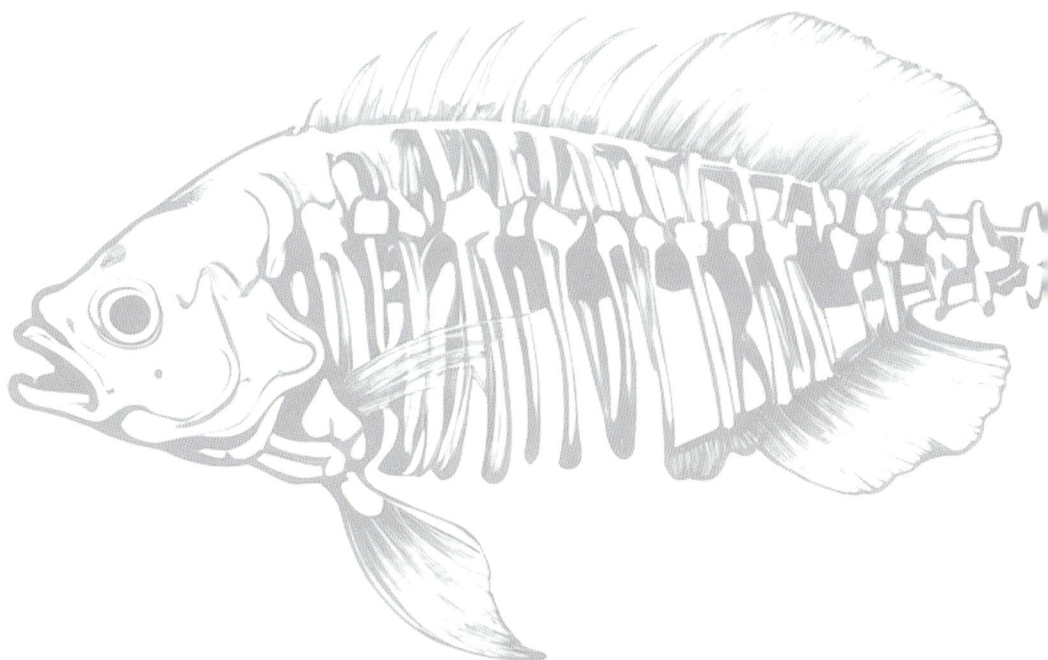

❶ 尖头斜齿鲨 *Scoliodon laticaudus* Müller & Henle，1838

【同种异名】*Scoliodon laticaudata* Müller & Henle，1838；*Carcharias muelleri* Müller & Henle，1839；*Carcharias mülleri* Müller & Henle，1839；*Physodon muelleri*（Müller & Henle，1839）；*Physodon mulleri*（Müller & Henle，1839）。

【英文名】spadenose shark。

【地方名】尖头鲨、乌鳍。

【样本采集】$n=46$。全长 261.83（176.95~651.70）mm，体长 248.53（169.34~627.80）mm，体重 93.61（17.86~1 090.00）g。

【资源密度】3 875.144 g/km^2。

【生长条件因子】0.007 g/cm^3。

【形态特征】体呈长纺锤形，躯干部较粗，两头渐细。头平扁，背缘从吻端至头后倾斜。吻长且平扁，前缘尖，在鼻侧处略突出，背视呈三角形。口裂宽大，深弧形；两颌齿宽扁，齿头外斜，边缘无锯齿；上颌具 1 尖直正中齿，两颌每侧每行约有齿 13 枚。上下唇褶均短。眼小，中位，瞬膜发达。鼻孔斜列，外侧位；前鼻瓣短，后部具 1 细小突起，无鼻口沟或触须。喷水孔消失。鳃孔 5 个。

体背侧和上侧面灰褐色，下侧面和腹面白色；背鳍、胸鳍和尾鳍黑褐色，臀鳍和腹鳍灰白色。背鳍 2 个，第 1 背鳍位于躯干中部，第 2 背鳍小，起点稍前于臀鳍基底后端；腹鳍短小；臀鳍基底较第 2 背鳍基底长；尾鳍狭长，上叶仅见于近尾端，下叶中部与后部间具 1 深缺刻。

【生态习性】为暖水性中小型鱼类，常成群游动。栖息于泥沙底质和岩礁底质的浅海及河川的下游。捕食甲壳类、头足类和小型鱼类等。胎生。

【分布范围】广泛分布于印度—西太平洋海域，包括索马里、朝鲜半岛、日本及我国东海和南海。

【骨骼特征】脑颅背面拱形，中央具1凹窝状前囟；吻软骨由3根细长的软骨组成，上方2根起始于鼻囊背前缘内侧，下方1根起始于头骨前端腹面；眼囊约与鼻囊等大；腭方软骨前端伸至眼囊下方，末端至耳囊后缘下方。脊椎骨数183。肩带细长，弓形弯曲。

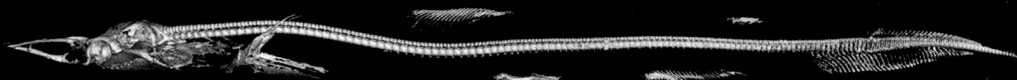

侧面观

背面观

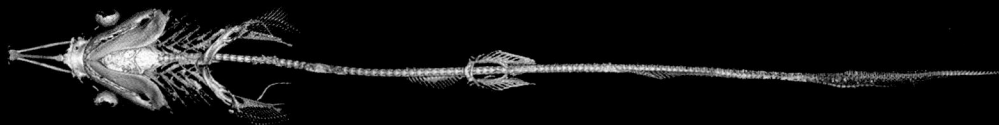

腹面观

❷ 鲍氏鳐 *Okamejei boesemani* (Ishihara，1987)

【同种异名】*Raja boesemani* Ishihara，1987。

【英文名】Boeseman's skate。

【地方名】老板鱼、鲂仔。

【样本采集】$n=17$。全长 309.90 (130.50～457.30) mm，体长 163.82 (63.30～256.30) mm，体重 224.12 (8.73～765.00) g。

【资源密度】3 428.762 g/km^2。

【生长条件因子】0.051 g/cm^3。

【形态特征】体盘近菱形，体盘中部最宽；尾部粗短，短于体盘长，侧褶不发达。头扁平。吻中长，前端尖突。口大，腹位，浅弧形。眼眶周围具 6～9 个棘；前鼻瓣宽大，后鼻瓣前部半圆形，突出于口侧。体盘背面具结刺和小刺，腹面除吻端和鼻侧外均光滑无刺。

体背红褐色，吻部两侧色浅，略透明，腹部白色；体表散布花样暗斑。背鳍 2 个，小，位于尾后部，两背鳍靠近；胸鳍向前延伸达吻侧中部，腋部有 1 对眼状环纹；腹鳍前部突出呈足趾状；尾鳍上叶短小，下叶几乎完全消失。

【生态习性】为大陆架浅海底栖鱼类。卵生，卵囊切面观呈长方形。栖息水深 50～90 m。

【分布范围】分布于印度洋、日本南部海域及我国东海和南海。

【骨骼特征】脑颅背面平扁，中央具 2 凹坑状卤门；吻软骨 1 个，较长；基鳃软骨短。愈合椎骨约占脊椎长度的 1/3。腰带呈弧形，两侧各具 1 粗大棘。胸鳍前鳍基软骨较短，未超过脑颅。

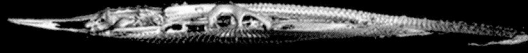

侧面观

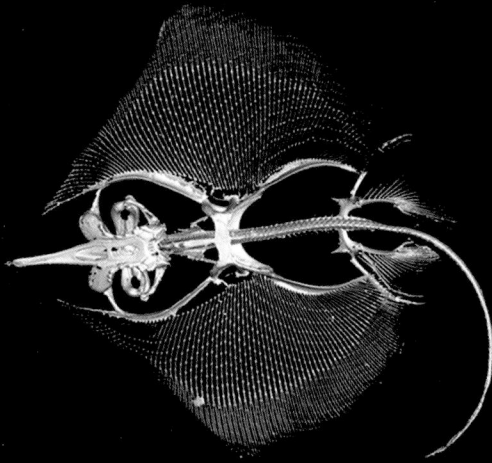

背面观

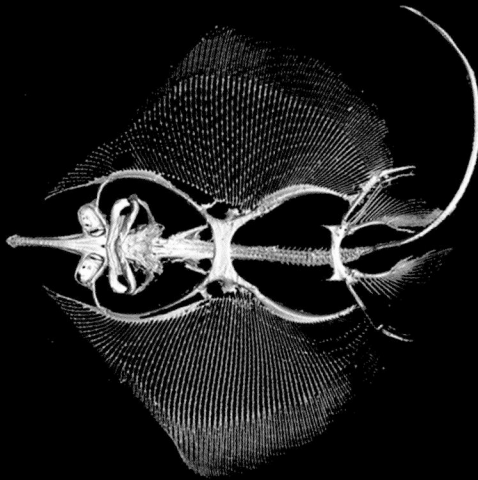

腹面观

❸ 尖嘴魟 *Telatrygon zugei*（Müller & Henle，1841）

【同种异名】*Trygon zugei* Müller & Henle，1841；*Amphotistius zugei*（Müller & Henle，1841）；*Dasyatis zugei*（Müller & Henle，1841）；*Dasyatis cheni* Teng，1962。

【英文名】pale-edged stingray。

【地方名】老板鱼、尖魟、甫鱼。

【样本采集】$n=17$。全长 600.69（383.20～747.60）mm，体长 247.92（115.00～319.70）mm，体重 463.64（71.10～1 028.98）g。

【资源密度】7 093.125 g/km^2。

【生长条件因子】0.03 g/cm^3。

【形态特征】体盘略呈扇形，体盘宽与体盘长略等长；体盘前缘略凹，与体中线呈 30°～40°。吻尖而长，显著突出，吻长约占体盘长的 1/3。口小，后缘细裂，口底无明显乳突；两颌齿细小，紧密排列，上颌齿 50 余纵行。眼小，眼径约与喷水孔等大。鳃孔 5 个，中大。

体背赤褐色或灰褐色，边缘色浅，腹部白色，边缘灰褐色。无背鳍；腹鳍灰褐色，狭长，后部鳍条比前部短，外角尖，后角钝，鳍脚后端尖。尾长，鞭状，上下皮褶颇延长，尾长为体盘长的 1.5～2.0 倍；尾刺 1～2 枚。

【生态习性】栖息于珊瑚礁藻场、海藻繁茂海域。主要摄食甲壳类和小型鱼类。

【分布范围】分布于印度—西太平洋暖温带海域，包括日本南部海域及我国台湾海峡和南海。

【骨骼特征】脑颅背面流线型，前囟大，1 个；无吻软骨；基鳃软骨较长。愈合椎骨约占脊椎的 1/4。腰带愈合呈弧形。胸鳍前鳍基软骨长，约与脑颅等长。

侧面观

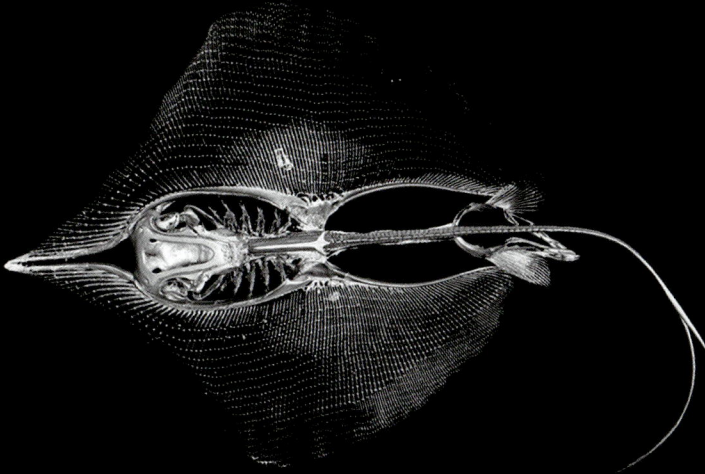

背面观

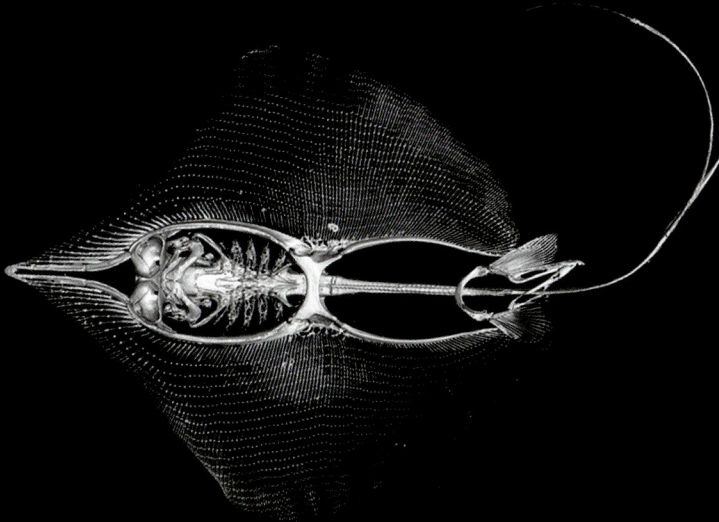

腹面观

❹ 前肛鳗 *Dysomma anguillare* Barnard，1923

【同种异名】*Dysomma anguillaris* Barnard，1923；*Sinomyrus angustus* Lin，1933；*Dysomma angustum*（Lin，1933）；*Dysomma japonicus* Matsubara，1936；*Dysomma zanzibarensis* Norman，1939；*Dysomma aphododera* Ginsburg，1951。

【英文名】shortbelly eel。

【样本采集】$n=61$。全长 294.62（159.00～475.00）mm，体长 50.29（26.00～78.00）mm，体重 35.85（3.79～196.48）g。

【资源密度】1 968.008 g/km²。

【生长条件因子】0.282 g/cm³。

【形态特征】体圆柱状，稍侧扁；尾部长远大于头长与躯干长之和。头中等大。吻圆钝。口大；上颌稍长于下颌；犁骨齿为复合齿，1 行，共 4～5 枚，大于上颌齿。眼小，几乎埋于皮下，位于口裂中央上方；鼻孔大，前鼻孔呈管状。鳃孔中等大，下侧位，左右分离。侧线孔小，不明显。

体背侧褐色，腹侧色较浅；背鳍、臀鳍色淡。背鳍、臀鳍与尾鳍相连；背鳍始于胸鳍前上方，胸鳍弱小。肛门位于胸鳍后缘。

【生态习性】为暖水性小型鳗类。栖息水深 20～270 m。主要摄食小型甲壳类等底栖生物。

【分布范围】分布于印度—西太平洋和西大西洋，包括日本南部海域及我国东海和南海。

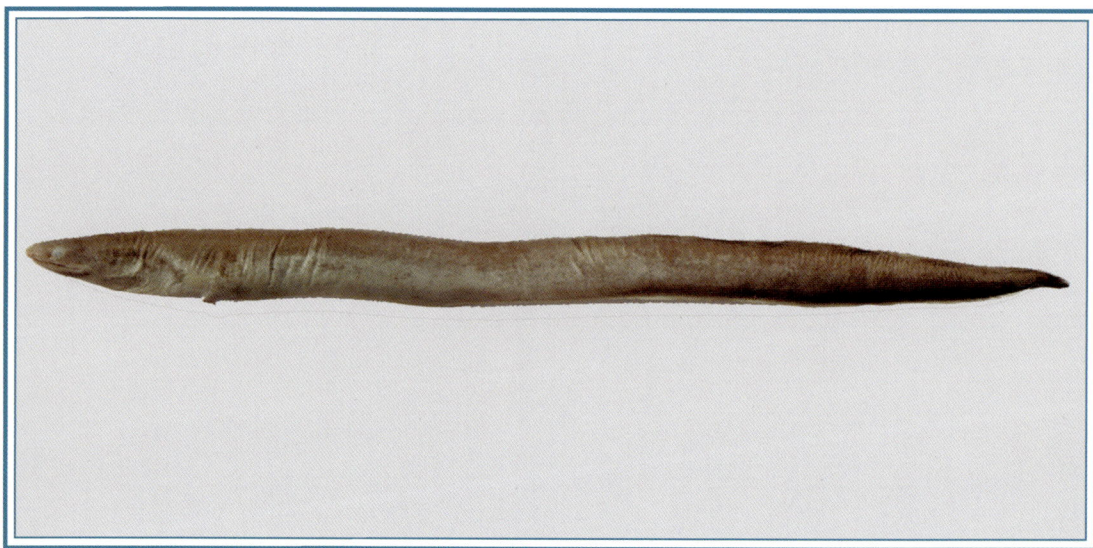

【骨骼特征】额骨较窄，前端达眼前缘上方；顶骨和上枕骨略呈拱形。前颌骨、中筛骨与犁骨愈合成单块骨骼；上颌骨长棒状，末端位于齿骨后方；齿骨粗长。脊椎骨数 123；椎体横突明显，锥体上部值状。尾杆骨细小。匙骨细长。背鳍和臀鳍支鳍骨细短。

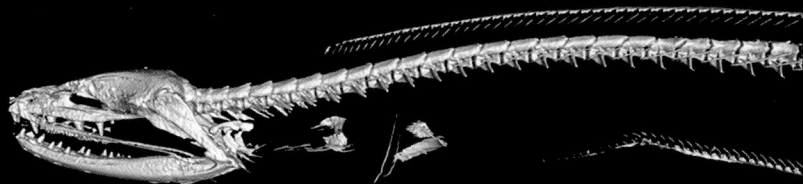

局部侧面观

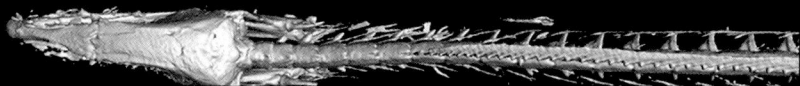

局部背面观

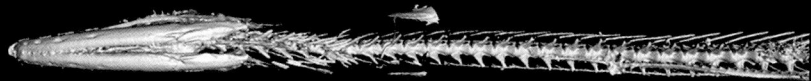

局部腹面观

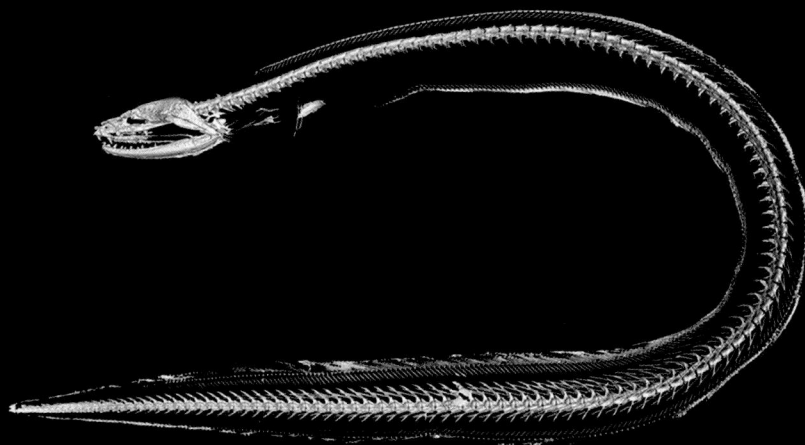

侧面观

❺ 克里裸胸鳝 *Gymnothorax cribroris* Whitley，1932

【同种异名】无。

【英文名】sieve-patterned moray。

【地方名】钱鳗、虎鳗。

【样本采集】$n=22$。全长 347.06（310.00～380.00）mm，体长 159.36（142.30～172.80）mm，体重 54.03（37.47～69.19）g。

【资源密度】1 069.708 g/km^2。

【生长条件因子】0.013 g/cm^3。

【形态特征】体延长，圆筒状，尾部稍侧扁。头中等大。吻短。口大，端位，口裂向后延伸远超过眼后缘。眼小而圆，上位；鼻孔每侧 2 个，前鼻孔靠近吻端，具 1 小短管，后鼻孔小圆孔状，位于眼前缘上侧。鳃孔窄小。体无鳞，皮肤光滑；侧线孔不明显。

头部淡黄色，散布褐色花纹；体侧淡黄色，密布灰褐色波状横纹。背鳍起始于鳃孔上方。无胸鳍。臀鳍位于肛门后方。各鳍均被以较厚的皮膜，且具横纹，与身体带纹相连。

【生态习性】栖息于珊瑚礁藻场、海藻繁茂海域。主要摄食甲壳类和小型鱼类。

【分布范围】分布于印度—西太平洋暖温带海域，包括日本南部海域及我国台湾海峡和南海。

【骨骼特征】额骨较窄，前端达眼中部上方；顶骨宽；鼻骨较长，位于眼前缘。前颌骨、中筛骨与犁骨愈合成单块骨骼；上颌骨长棒状，末端达翼耳骨垂直下方；齿骨粗大。脊椎骨数 124；椎体横突明显；髓棘短钝。尾杆骨尖细。肌间骨粗大。背鳍和臀鳍支鳍骨长。

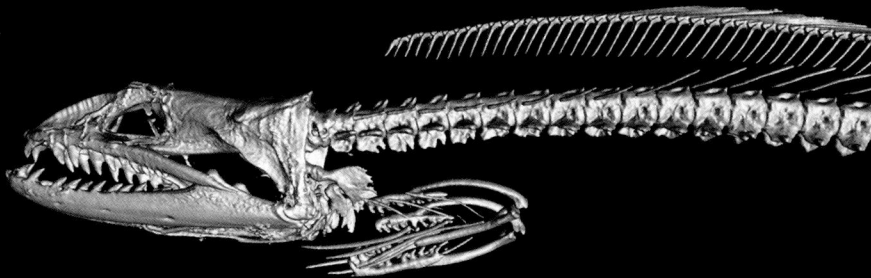

局部侧面观

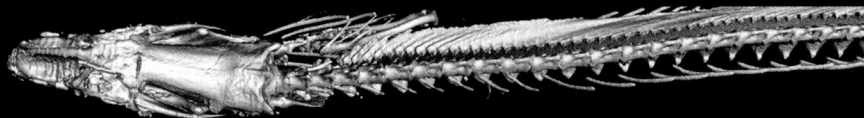

局部背面观

局部腹面观

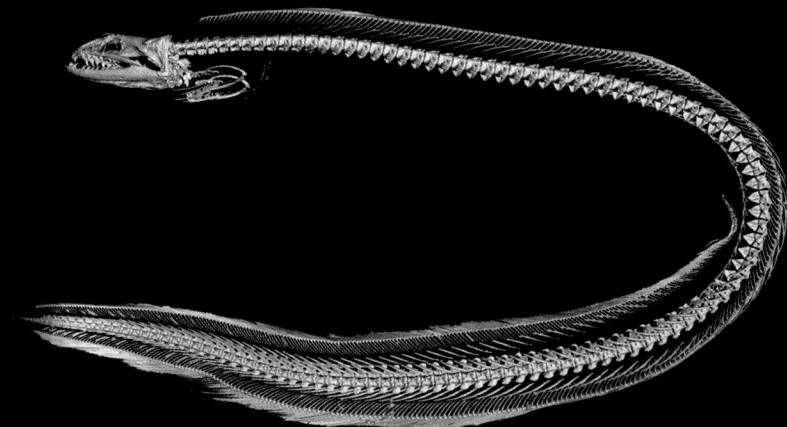

侧面观

❻ 网纹裸胸鳝 *Gymnothorax reticularis* Bloch，1795

【同种异名】*Muraena reticularis*（Bloch，1795）。

【英文名】netted moray。

【地方名】钱鳗、虎鳗。

【样本采集】$n=37$。全长 431.53（298.70～593.30）mm，体长 198.56（85.00～275.90）mm，体重 86.82（20.83～208.26）g。

【资源密度】2 890.875 g/km^2。

【生长条件因子】0.011 g/cm^3。

【形态特征】体延长，圆筒状；尾部稍侧扁。头较小，侧扁，锥形。吻短。口大，端位，口裂伸达眼的后方；两颌约等长；上下颌齿和犁骨齿均 1 行，为侧扁犬齿，有锯齿缘，上颌两侧的中部具 2～3 个大犬齿，前颌中间具 3 个可倒伏的大犬齿。眼小而圆，上侧位；眼间隔稍宽；鼻孔每侧 2 个，分离，前鼻孔短管状，近吻端，后鼻孔无皮瓣或短管。鳃孔窄小。体无鳞，侧线孔不明显。

　　体侧黄白色，有 18～22 条横带，横带由棕色点组成，完全通过背鳍和臀鳍。背鳍起始于鳃孔前方；无胸鳍；臀鳍位于肛门后方。各鳍均被以较厚的皮膜。

【生态习性】主要摄食甲壳类和小型鱼类。

【分布范围】分布于印度—西太平洋暖温带海域，包括印度尼西亚水域、日本海域及我国台湾海峡和南海。

【骨骼特征】额骨较窄，前端达眼前缘上方；顶骨宽；鼻骨较长，位于眼前缘。前颌骨、中筛骨与犁骨愈合成单块骨骼；上颌骨呈长棒状，末端位于翼耳骨垂直下方；齿骨粗大。脊椎骨数 137；椎体横突明显；髓棘短钝。尾杆骨尖细。肌间骨粗大。背鳍和臀鳍支鳍骨长。

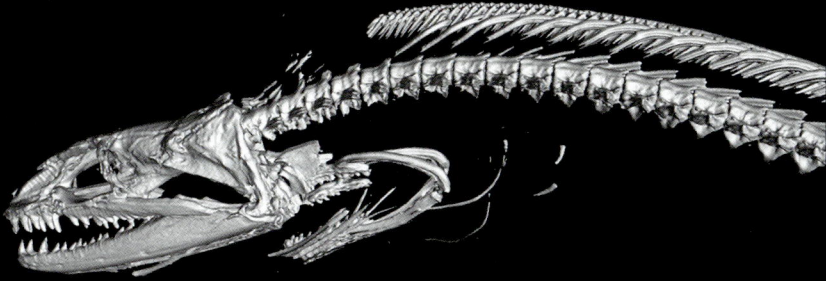

局部侧面观

局部背面观

局部腹面观

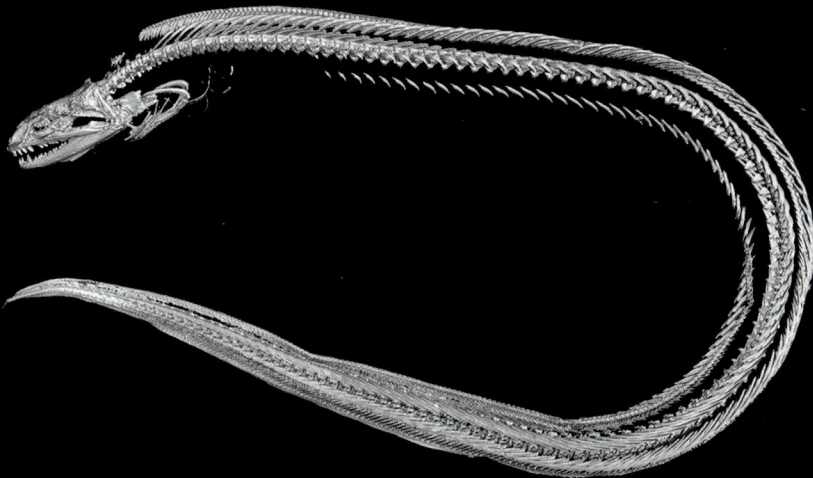

侧面观

⑦ 海鳗 *Muraenesox cinereus* （Forsskål，1775）

【同种异名】*Muraena cinerea* Forsskål，1775；*Muraenesox cinerius* （Forsskål，1775）；*Muraenosox cinereus* （Forsskål，1775）。

【英文名】daggertooth pike conger。

【地方名】鳗鱼、黄鳗、赤鳗。

【样本采集】$n=88$。全长 477.95 （239.20～767.50）mm，体长 177.11 （82.30～320.00）mm，体重 179.23 （13.57～855.00）g。

【资源密度】14 193.88 g/km^2。

【生长条件因子】0.032 g/cm^3。

【形态特征】体延长，粗壮，躯干圆柱状；尾部侧扁，尾长大于头长和躯干长之和。头大，锥状。吻中长，尖突。口大，稍斜裂，口裂远超眼缘后方；上颌较长，两颌前方各具5～10枚大犬齿，上颌齿4～5行；下颌、犁骨齿均3行，中间行齿侧扁，三尖头状。眼大，椭圆形，上位；前鼻孔具短管。鳃孔宽大。体无鳞，侧线发达。

　　体背侧灰褐色，腹侧灰白色；背鳍、臀鳍和尾鳍边缘黑色，胸鳍深褐色。背鳍起点在胸鳍基部稍前上方。

【生态习性】为暖水性凶猛底层鱼类。大多栖息于30～80 m泥沙底质海底。摄食鱼类为主，兼食头足类和虾类。产卵期5—7月，属1次排卵，卵浮性。

【分布范围】分布于印度—西太平洋，包括日本、朝鲜半岛海域及我国沿海。

【骨骼特征】额骨窄长；顶骨宽；枕骨嵴小。前颌骨、中筛骨与犁骨愈合成单块骨骼，上颌骨长棒状，末端位于翼耳骨垂直下方；齿骨细长，长于上颌骨。脊椎骨数 146；椎体横突明显；髓棘短钝。尾杆骨细小。肌间骨细密。匙骨细长。背鳍和臀鳍支鳍骨细短。

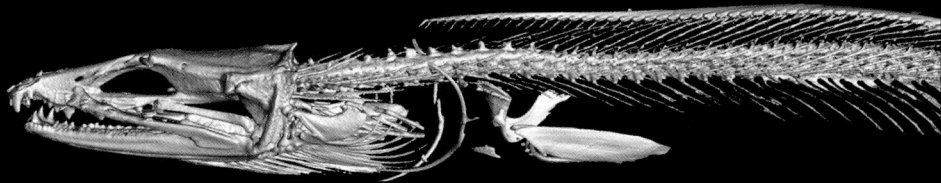

局部侧面观

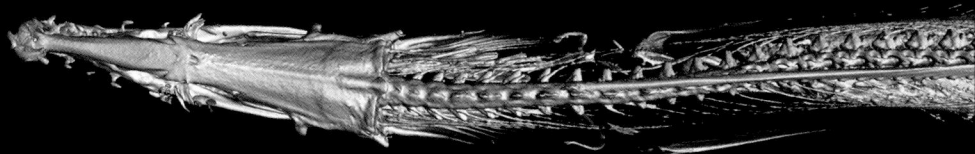

局部背面观

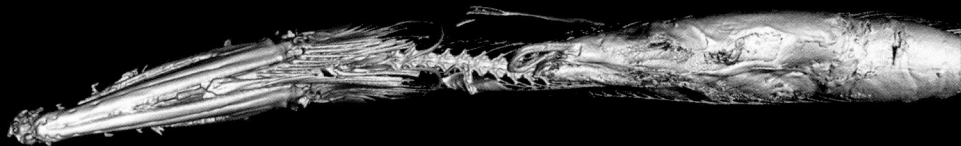

局部腹面观

侧面观

❽ 线尾蜥鳗 *Saurenchelys fierasfer*（Jordan & Snyder，1901）

【同种异名】*Chlopsis fierasfer* Jordan & Snyder，1901。

【英文名】duckbill eel。

【地方名】野蜥鳗。

【样本采集】n=15。全长 399.69（252.00～462.30）mm，体长 87.03（64.00～101.20）mm，体重 12.36（3.43～19.39）g。

【资源密度】166.847 g/km^2。

【生长条件因子】0.019 g/cm^3。

【形态特征】体极细长；尾侧扁，尾端尖细，常呈丝状延长，尾长大于头长与躯干长之和。头尖细。吻尖长，无缺刻。舌不游离，附于口底；上下颌突出，似鸭嘴状；两颌和犁骨具锥状齿，腭骨具齿。眼中等大，圆形。前鼻孔位于近吻端，具短管，后鼻孔裂隙状。鳃孔小。侧线明显。

体背侧黄褐色，腹侧白色，头背部色暗；尾鳍黑色。无胸鳍。

【生态习性】为暖水性小型鳗类。主要摄食小型甲壳类等底栖生物。

【分布范围】分布于西太平洋，包括日本南部海域及我国东海南部和南海。

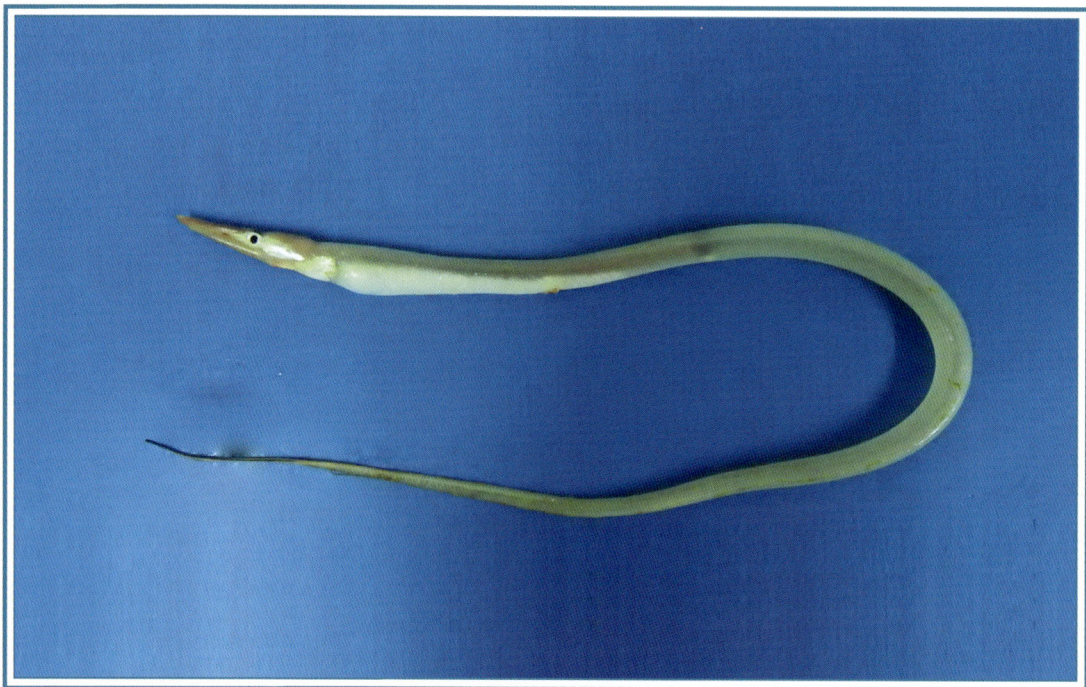

【骨骼特征】 额骨极窄长，中央隆起；顶骨和上枕骨窄，中央呈脊状。前颌骨、中筛骨与犁骨愈合；上颌骨呈长棒状；齿骨细长，约与上颌骨等长。脊椎骨数 197；椎体横突明显；髓棘短钝。尾杆骨细小。肌间骨细密。背鳍和臀鳍支鳍骨细短。

局部侧面观

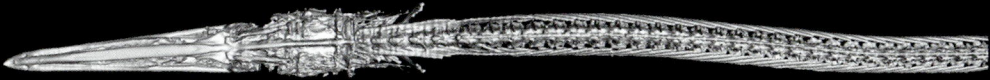

局部背面观

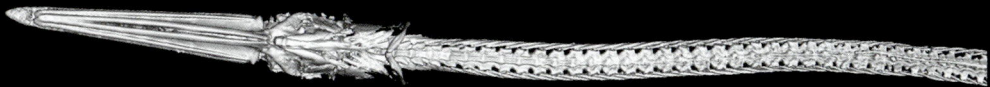

局部腹面观

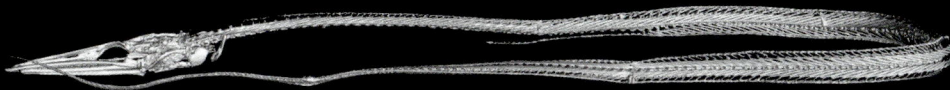

侧面观

⑨ 小头黄鲫 *Setipinna breviceps* （Cantor，1849）

【同种异名】*Engraulis breviceps* Cantor，1849；*Heterothrissa breviceps* （Cantor，1849）；*Engraulis pfeifferi* Bleeker，1852。

【英文名】shorthead hairfin anchovy。

【地方名】油扣、薄口、烤子鱼。

【样本采集】$n=212$。全长 134.22（86.11～171.95）mm，体长 114.29（73.48～147.96）mm，体重 17.45（4.09～34.53）g。

【资源密度】3 329.194 g/km²。

【生长条件因子】0.012 g/cm³。

【形态特征】体延长，侧扁；背缘窄。头小，侧扁。吻略尖。口裂大且窄长，占头长的 4/5 以上，稍倾斜；上颌稍长于下颌；两颌、犁骨、腭骨和舌上具细齿。眼小，前位。鳃孔很大，向下开孔至头腹面的前部，约达眼的前下方；鳃盖膜彼此微连而不与颊部相连；鳃耙扁针形。体被圆鳞，极易脱落，纵列鳞56～57；腹部具强棱鳞。

鲜活时，体背部黄绿色，体侧和腹部银白色；吻和头侧中部淡黄色；背鳍、臀鳍及胸鳍黄色，腹鳍淡黄色，尾鳍黄色，其内缘黑色。鳍式：背鳍13～14；胸鳍12～14；腹鳍7；臀鳍58～61。背鳍1个，起点与臀鳍起点相对，背鳍前方具1小刺，始于体背中央；胸鳍位低，第1鳍条延长为长丝状；腹鳍小；臀鳍基底长；尾鳍叉形。

【生态习性】为暖水性近海小型鱼类。以浮游甲壳类、箭虫、鱼卵和水母为食。体长通常不超过 200 mm。

【分布范围】分布于印度尼西亚、马来西亚海域及我国南海。

【骨骼特征】额骨较窄，中部具嵴；上枕骨两侧内凹；枕骨嵴短小；筛骨突出。前颌骨细长，与舌颌骨夹角小；上颌骨细长；齿骨细长，略短于上颌骨。脊椎骨数 50；髓棘尖长；躯椎前部上方具 7 枚上髓棘。尾杆骨较宽。肌间骨细密，且末端无分叉。颞骨发达；匙骨发达；乌喙骨短，板状。腰带无名骨短小。背鳍支鳍骨发达，第 1 支鳍骨边缘延展呈板状。

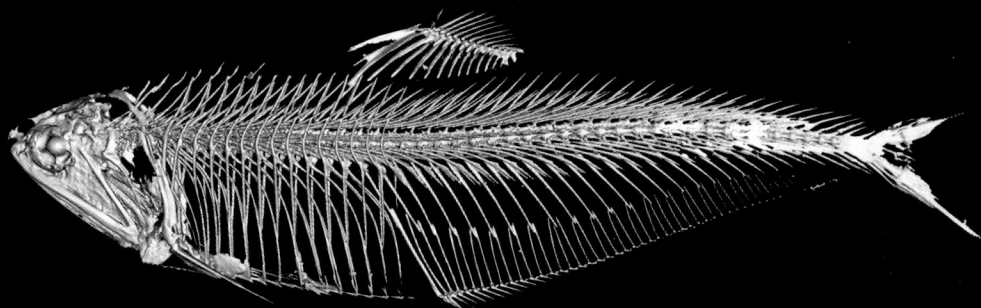

侧面观

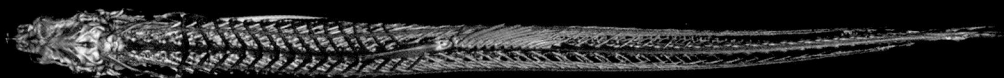

背面观

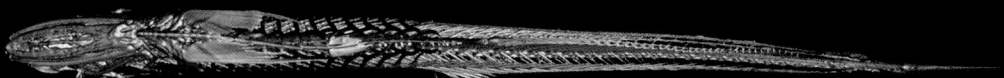

腹面观

⑩ 杜氏棱鳀 *Thryssa dussumieri*（Valenciennes，1848）

【同种异名】*Engraulis dussumieri* Valenciennes，1848；*Scutengraulis dussumieri*（Valenciennes，1848）；*Thrissa dussumieri*（Valenciennes，1848）；*Thrissocles dussumieri*（Valenciennes，1848）；*Engraulis auratus* Day，1865。

【英文名】Dussumier's thryssa。

【地方名】突鼻仔、含西、西姑鱼。

【样本采集】*n*=99。全长 116.05（92.56～155.95）mm，体长 98.03（77.08～133.79）mm，体重 12.46（5.24～23.60）g。

【资源密度】1 110.097 g/km^2。

【生长条件因子】0.013 g/cm^3。

【形态特征】体窄长，侧扁。头中等大，头背中间略凸，头顶后方有鞍状斑。吻短钝，吻长明显小于眼径。口大，亚下位，口裂微倾斜；舌具细齿；上颌稍长于下颌；两颌、犁骨和腭骨均有细齿。眼较小，中位；鼻孔每侧 2 个，位于眼前方，距眼前缘较吻端近。鳃孔大；鳃盖膜不与颊部相连；前鳃盖薄，边缘光滑；鳃耙 14～16，长而硬，扁针形。体被圆鳞，易脱落，无侧线；纵列鳞 38～42；胸鳍及腹鳍基部有腋鳞，腹部具发达棱鳞。

鲜活时，体背侧黄绿色略带红色，腹侧银白色；尾鳍黄色，上下叶内缘通常为黑色，其余各鳍淡黄色。鳍式：背鳍Ⅰ-13；胸鳍 11～12；腹鳍 7；臀鳍 34～37。背鳍 1 个，较小，位于体中部；胸鳍下位，末端几乎伸达腹鳍基；腹鳍小，位于背鳍的前下方，起点距鳃盖后缘较臀鳍起点近；臀鳍基底长，起点位于背鳍基底末端的下方；尾鳍叉形。

【生态习性】为暖水性小型鱼类。滤食性，以浮游生物及鱼卵为食，有时也捕食多毛类、端足类。

【分布范围】分布于印度—西太平洋海域，包括菲律宾、日本南部海域及我国东海和南海。

【骨骼特征】额骨较窄，中部微凸；上枕骨两侧内凹；枕骨嵴短小；筛骨突出。前颌骨细长；上颌骨末端延长超胸鳍基部；齿骨细长，较上颌骨略短。脊椎骨数 37；躯椎前部上方具 4 枚上髓棘。尾杆骨较宽。肌间骨细密，且末端无分叉。匙骨粗大；匙骨发达，弯月形；乌喙骨短，板状。腰带无名骨短小。背鳍支鳍骨发达，第 1～4 支鳍骨边缘延展呈板状；臀鳍支鳍骨细长。

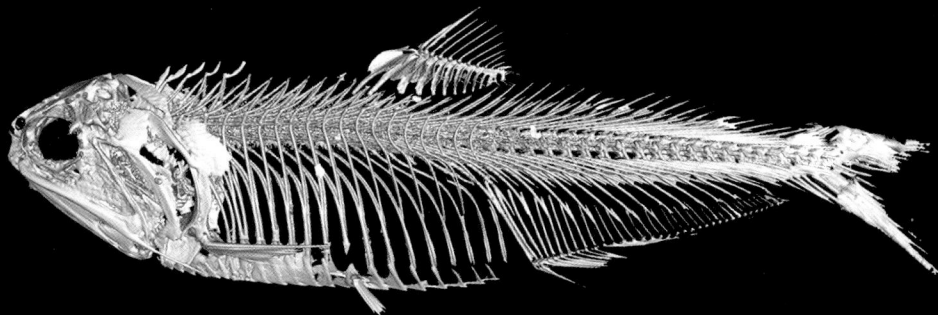

侧面观

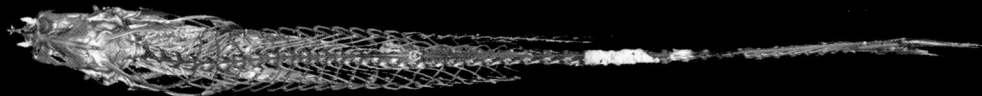

背面观

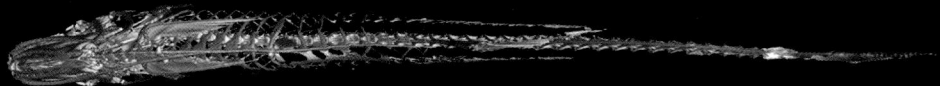

腹面观

11 汉氏棱鳀 *Thryssa hamiltonii* (Gray, 1835)

【同种异名】*Thryssa hamiltoni* (Gray, 1835); *Thrissa hamiltonii* Gray, 1835; *Scutengraulis hamiltonii* (Gray, 1835); *Stolephorus hamiltonii* (Gray, 1835); *Thrissocles hamiltonii* (Gray, 1835); *Scutengraulis hamiltoni* (Gray, 1835); *Engraulis grayi* Bleeker, 1851; *Thrissocles grayi* (Bleeker, 1851); *Engraulis nasutus* Castelnau, 1878。

【英文名】Hamilton's anchovy。

【地方名】须多、含梳。

【样本采集】$n=8$。全长 163.64 (117.35～235.90) mm, 体长 138.42 (97.27～203.45) mm, 体重 41.20 (11.46～110.39) g。

【资源密度】296.616 g/km^2。

【生长条件因子】0.016 g/cm^3。

【形态特征】体窄长, 稍侧扁。头略短, 头背中间略凸。吻钝, 侧扁, 吻长明显小于眼径。口窄且大, 下位, 口裂微倾斜; 上下颌约等长; 两颌、犁骨和腭骨均有细齿。眼中等大, 侧前位, 眼间隔圆凸; 鼻孔位于眼上缘的前方, 距眼前缘近。鳃孔大; 鳃盖膜不与颊部相连; 前鳃盖薄, 边缘光滑; 鳃耙 9～10+13～15, 长而硬, 呈扁针形。体被圆鳞, 易脱落; 无侧线, 纵列鳞 44～46; 胸鳍和腹鳍基部各具一腋鳞, 腹部具强棱鳞。

鲜活时, 体背部黄绿色, 体侧及腹部银白色; 鳃盖后上角有 1 块黄绿色大斑; 各鳍色浅, 背鳍淡黄白色, 外缘黑色, 胸鳍黄色, 腹鳍和臀鳍色淡, 尾鳍黄色, 上下叶内缘通常黑色。鳍式: 背鳍 I -13～14; 胸鳍 12～13; 腹鳍 7; 臀鳍 38～40。背鳍 1 个, 前有 1 小刺, 鳍基短, 终点与臀鳍起点相对; 胸鳍末端伸达腹鳍基; 腹鳍小, 位于背鳍的前下方, 起点距鳃盖后缘较臀鳍起点近; 臀鳍基底较长, 长于背鳍基底; 尾鳍叉形。

【生态习性】为暖水性小型鱼类。常栖息于内湾、河口一带。滤食性, 以浮游生物及鱼卵为食, 有时也捕食多毛类、端足类。为棱鳀属较大的一种, 最大体长可达 270 mm。

【分布范围】分布于印度和印度尼西亚海域、日本南部和韩国海域及我国南海和台湾海峡。

【骨骼特征】额骨窄，中央具嵴；枕骨嵴小；筛骨突出。前颌骨细长；上颌骨末端尖；齿骨细长，较上颌骨略短。脊椎骨数 45；躯椎前部上方具 7 枚上髓棘。尾杆骨较宽。肌间骨细密，且末端无分叉。匙骨粗大；匙骨发达，呈弯月形；乌喙骨短，板状。腰带无名骨短小。背鳍支鳍骨发达，第 1 支鳍骨边缘延展呈板状。

侧面观

背面观

腹面观

⑫ 长颌宝刀鱼 *Chirocentrus nudus* Swainson，1839

【同种异名】*Chirocentreus nudus* Swainson，1839。

【英文名】whitefin wolf-herring。

【地方名】宝刀鱼、刀鱼、海刀。

【样本采集】$n=2$。全长 478.92（464.25～493.59）mm，体长 426.39（414.72～438.06）mm，体重 331.17（324.11～338.22）g。

【资源密度】596.058 g/km^2。

【生长条件因子】0.004 g/cm^3。

【形态特征】体延长，侧扁，背、腹缘近平行；侧面呈长铡刀形。头较短，背部平直。吻中等长。口大、上位，口裂近于垂直；下颌突出，长于上颌；两颌、腭骨和舌上具细齿。眼小，上位，全被脂眼睑覆盖，眼间隔略宽平，距吻端较鳃盖后缘为近；后鼻孔显著大于前鼻孔。鳃孔大；前鳃盖鳃盖膜彼此相连，不与颊部相连；鳃耙 4～5＋16～18，短而硬。体被圆鳞，细小而易脱落，纵列鳞 214～242；背鳍和臀鳍基部有发达的鳞鞘；胸鳍和腹鳍基部具腋鳞；尾鳍基部亦被细鳞。

体背部青绿色，体侧及腹部银白色；胸鳍淡黄色，背鳍、腹鳍和臀鳍色淡，尾鳍前部淡黄色，后缘黑色。鳍式：背鳍 16；胸鳍 30～34；腹鳍 14～15；臀鳍 7。背鳍 1 个，靠近身体的后部，起点与臀鳍起点相对，背鳍基底短，为臀鳍基底长的 1/2；胸鳍低位；腹鳍小，约位于身体的中部下方；尾鳍深叉形。

【生态习性】为暖水性中上层鱼类。喜分散游动，不集群。肉食性，主要以小型鱼类和虾类为食。

【分布范围】分布于印度—西太平洋海域，包括马来半岛海域及我国广东和海南海域。

【骨骼特征】额骨窄长；上枕骨中央微凸；枕骨嵴短小；筛骨窄小。前颌骨短小；上颌骨窄长，具辅上颌骨；齿骨长，齿尖利。脊椎骨数 71；椎体前关节突明显；第 1 脊椎髓棘呈板状。尾杆骨较窄。肌间骨细密，末端无分叉。颞骨发达，呈半月状；匙骨向前延伸至喉部下侧；乌喙骨较短，呈三角形板状。腰带无名骨弱小。背鳍和臀鳍支鳍骨短小尖细。

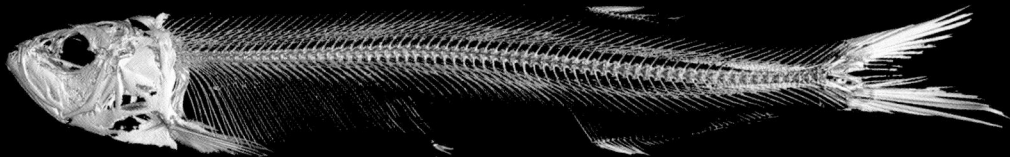

侧面观

13 黑口鳓 *Ilisha melastoma* （Bloch & Schneider，1801）

【同种异名】*Clupea melastoma* Bloch & Schneider，1801；*Platygaster verticalis* Swainson，1838；*Clupea indicus* Swainson，1839；*Ilisha indica*（Swainson，1839）；*Pellona micropus* Valenciennes，1847；*Ilisha micropus*（Valenciennes，1847）；*Pellona ditchoa* Valenciennes，1847；*Ilisha ditchoa*（Valenciennes，1847）；*Pellona brachysoma* Bleeker，1852。

【英文名】Indian herring。

【地方名】短鳓、圆眼仔、曹白。

【样本采集】n=109。全长 136.39（79.48～158.15）mm，体长 112.81（64.68～132.48）mm，体重 29.24（5.25～43.27）g。

【资源密度】2 868.215 g/km^2。

【生长条件因子】0.02 g/cm^3。

【形态特征】体侧扁且略高，腹缘较突出。头中等大，近圆形，较短且侧扁，头顶有菱形的隆起棱。吻短。口小，上位，口裂短；下颌前端向上翘；两颌、腭骨和翼骨均有细齿。眼大，侧上位，眼间隔窄。鳃孔大；前鳃盖上有辐射状细纹；鳃耙 10～12＋20～24，稀疏，较粗。体被圆鳞，通常不易脱落，纵列鳞 41～44；胸鳍及腹鳍基部具腋鳞，腹部有锐利的棱鳞。

体背部淡黄绿色，口缘灰黑色，体侧和腹部银白色；背鳍及尾鳍淡黄绿色，胸鳍、腹鳍及臀鳍色较背鳍及尾鳍淡。鳍式：背鳍 17；胸鳍 15～17；腹鳍 7；臀鳍 38～42。背鳍 1 个，起点始于腹鳍起点后上方；腹鳍小；臀鳍基长，起点在背鳍基终点的下方；尾鳍叉形。

【生态习性】为暖水性浅海中上层鱼类。以虾类、蟹类、沙蚕和小鱼为食。个体较小，体长一般在 180 mm 以下。喜群居。繁殖期在 5—6 月。

【分布范围】分布于印度—西太平洋海域，我国分布于东海、南海和台湾海域。

【骨骼特征】额骨窄长，中央具隆起沟状嵴；侧筛骨较宽。前颌骨细小，垂直于下颌；上颌骨"L"形，具辅上颌骨；齿骨向前突出，长于上颌。脊椎骨数 42；椎体后关节突明显；髓棘和脉棘尖长；躯椎前部上方具 10 枚上髓棘。尾杆骨宽大。肌间骨细密，且末端无分叉。颞骨发达；匙骨发达，弯月形，末端止于喉部；乌喙骨短，板状。腰带无名骨短小。背鳍第 1 鳍骨边缘延展呈板状。

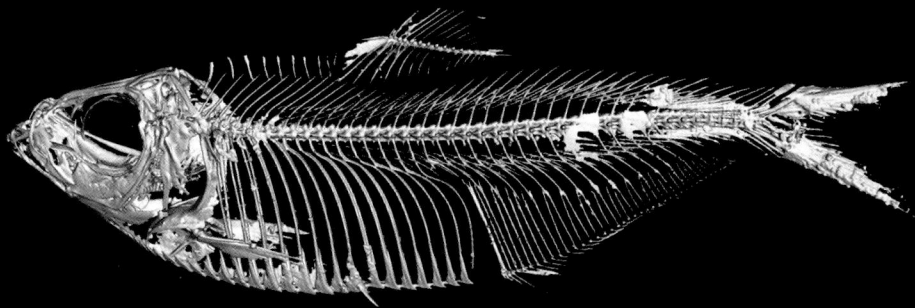

侧面观

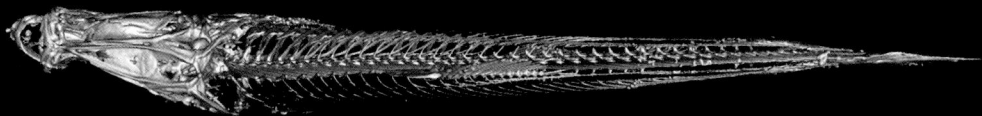

背面观

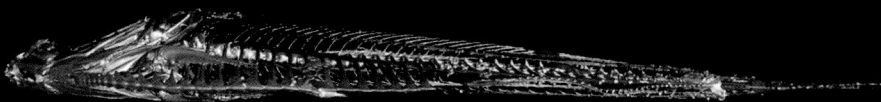

腹面观

14 鳓 *Ilisha elongate*（Anonymous［Bennett］，1830）

【同种异名】*Alosa elongata* Anonymous［Bennett］，1830；*Pellona elongata*（Anonymous［Bennett］，1830）；*Clupea affinis* Gray，1830；*Ilisha abnormis* Richardson，1846；*Pellona grayana* Valenciennes，1847；*Pellona vimbella* Valenciennes，1847；*Pellona leschenaulti* Valenciennes，1847；*Pellona schlegelii* Bleeker，1853；*Pristigaster chinensis* Basilewsky，1855；*Pristigaster sinensis* Sauvage，1881。

【英文名】white herring。

【地方名】白鳞鱼、白力、长鳓。

【样本采集】$n=1$。全长 132.76 mm，体长 111.08 mm，体重 28.96 g。

【资源密度】26.062 g/km^2。

【生长条件因子】0.021 g/cm^3。

【形态特征】体延长，侧扁而高；背部窄。头中大，甚侧扁，头顶平坦，具菱形隆起棱。吻短钝，上翘。口小；上下颌、腭骨及舌上均具细齿。眼大，上位；脂眼睑发达，遮盖眼的一半，眼间隔窄，中间平。鳃孔大；鳃耙 11＋24，粗短，边缘具小刺。体被圆鳞，鳞中大，易脱落；无侧线，纵列鳞 52；腹部具锐利棱鳞。

体背部灰色，体侧及腹部银白色；背鳍、胸鳍、腹鳍和臀鳍色淡，尾鳍淡黄色，边缘黑色。鳍式：背鳍 15；胸鳍 17；腹鳍 7；臀鳍 48。背鳍 1 个，位于体中部稍前；胸鳍下侧位，向后伸达腹鳍基；腹鳍甚小；臀鳍基长，始于背鳍基底终点的稍前下方；尾鳍叉形。

【生态习性】为暖水性近岸中上层洄游性鱼类。喜集群。白天活动于中下层水域，晚上或阴天活动于中上层水域。产卵期为 4—6 月，浮性卵。以虾类、头足类和鱼类为食。

【分布范围】广泛分布于俄罗斯大彼得湾海域、日本和朝鲜半岛海域、印度尼西亚和中南半岛海域、印度沿海及我国沿海。

【骨骼特征】额骨窄长，中央具隆起沟状嵴；顶骨宽平，两侧具嵴；枕骨嵴短小；侧筛骨较宽。前颌骨细小，上颌骨末端位于眼前缘垂直下方，后端具辅上颌骨；齿骨前突，长于上颌。脊椎骨数 43；椎体后关节突明显，髓棘和脉棘尖细。躯椎前部上方具 10 枚上髓棘。尾杆骨宽大。肌间骨细密，且末端无分叉。颞骨粗长；匙骨发达；乌喙骨宽。背鳍支鳍骨尖长，第 1 支鳍骨向前延伸呈板状。臀鳍支鳍骨细长。

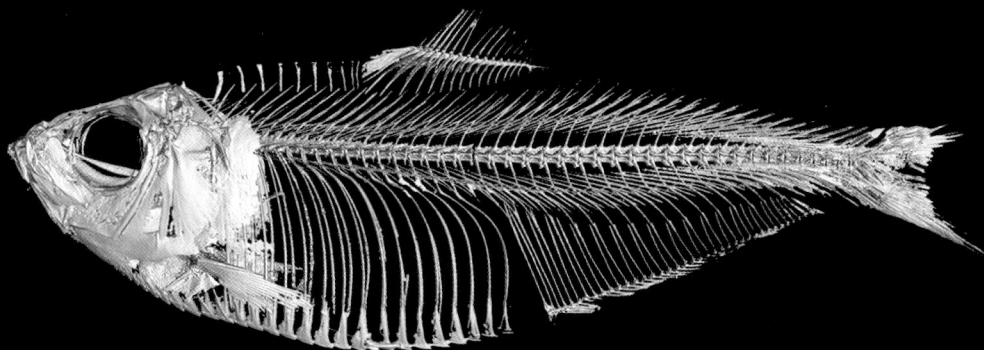

侧面观

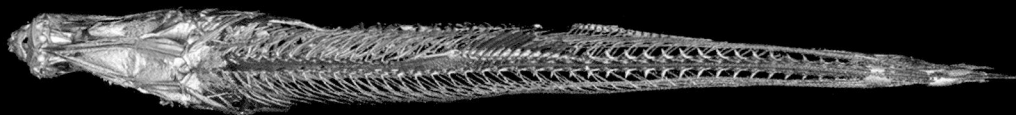

背面观

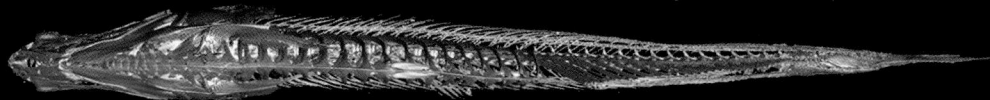

腹面观

15 圆吻海鰶 *Nematalosa nasus*（Bloch，1795）

【同种异名】*Clupea nasus* Bloch，1795；*Chatoessus nasus*（Bloch，1795）；*Dorosoma nasus*（Bloch，1795）；*Nematalosus nasus*（Bloch，1795）；*Nematolosa nasus*（Bloch，1795）；*Clupanodon nasica* Lacepède，1803。

【英文名】roundsnout gizzard shad。

【地方名】海鰶。

【样本采集】$n=1$。全长 175.31 mm，体长 138.34 mm，体重 12.80 g。

【资源密度】11.519 g/km^2。

【生长条件因子】0.005 g/cm^3。

【形态特征】体侧扁；侧面卵圆形。头小且短，光滑无鳞。吻钝。口小，下位；上颌突出，稍长于下颌；两颌无齿。眼较大，前位，脂眼睑厚，眼间隔较宽。鳃孔中等大；鳃耙 197＋168，细而多，短于鳃丝。体被圆鳞，不易脱落，纵列鳞 47；鳞片具 1 条横沟线；胸鳍及腹鳍基部具腋鳞，腹部具显著前棱鳞 30 枚。

体背部绿色，体侧及腹部银白色；体侧上方有 6 行深色小点，鳃盖后方有一大圆黑斑；背鳍褐色，鳍膜透明；胸鳍，腹鳍及臀鳍淡黄色，尾鳍黄色，边缘黑色。鳍式：背鳍 15；胸鳍 16；腹鳍 8；臀鳍 22。背鳍 1 个，距吻端较尾鳍基近，最末鳍条延长为丝状，向后伸达尾鳍基；腹鳍位于背鳍的正下方，臀鳍基较背鳍基长；尾鳍深叉形。

【生态习性】为暖水性小型鱼类。喜集群，有较强趋光性。广盐性。摄食硅藻、桡足类等浮游生物，也摄食小型底栖无脊椎动物。

【分布范围】分布于印度—西太平洋海域，包括澳大利亚沿海、日本南部沿海及我国东海和南海近岸水域。

【骨骼特征】额骨宽平；上枕骨较宽；枕骨嵴短小；筛骨突出。上颌骨棒状，末端位于眼中部垂直下方，末端具辅上颌骨；齿骨短于上颌骨。脊椎骨数 46；椎体前后突起明显；髓棘和脉棘尖长；躯椎前部上方具 9 枚上髓棘。尾杆骨较宽。肌间骨细长，排列紧密，末端无分叉。颞骨发达，顶端桨状；后匙骨向下延伸至胸鳍；乌喙骨宽短，板状，向前延伸至喉下侧。腰带无名骨延长。

侧面观

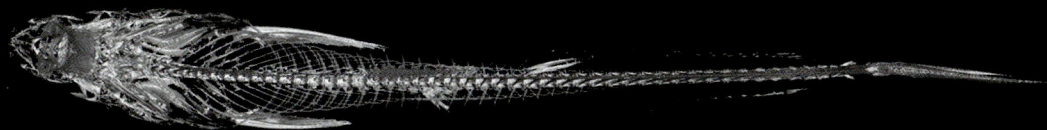

背面观

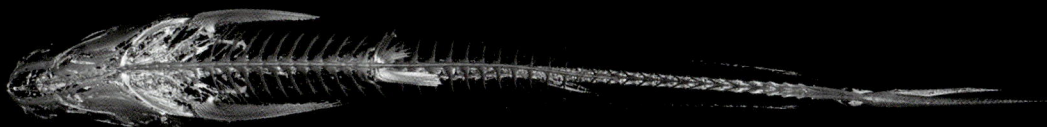

腹面观

16 青鳞小沙丁鱼 *Sardinella zunasi*（Bleeker，1854）

【同种异名】*Harengula zunasi* Bleeker，1854；*Clupea zunasi*（Bleeker，1854）；*Harengula zunashi* Bleeker，1854；*Sardinella zunasis*（Bleeker，1854）。

【英文名】Japanese sardinella。

【地方名】沙丁、小沙丁、青鳞。

【样本采集】n=84。全长 140.44（70.81～206.12）mm，体长 118.88（57.77～178.45）mm，体重 29.45（3.70～55.00）g。

【资源密度】2 226.242 g/km^2。

【生长条件因子】0.018 g/cm^3。

【形态特征】体延长，侧扁，长椭圆形。头中等大，侧扁，顶部平坦光滑。吻中长。口小；下颌略长于上颌；两颌、腭骨、翼骨和舌上均具细齿。眼中等大，上位，除瞳孔外均被脂眼睑遮盖，眼间隔窄；鼻孔每侧 2 个，近吻端。鳃孔大；鳃盖膜不与颊部相连；鳃耙 42～56，细长而密。体被薄圆鳞，不易脱落，纵列鳞 42～43；背鳍前中线上鳞双列排布；腹鳍无腋鳞，腹部具锐利棱鳞。

　　体背部青褐色，口上缘黑色，体侧及腹部银白色；鳃盖后上角具一黑斑；背鳍浅黄色，基底前部具黑斑，胸鳍、腹鳍及臀鳍浅黄色，尾鳍灰黄色，边缘暗色。鳍式：背鳍 17～19；胸鳍 15～17；腹鳍 8；臀鳍 10～22。背鳍 1 个，中大，起点位于体中部稍前方，距吻端和背鳍基末端略等长；胸鳍下位；腹鳍下位，起点位于背鳍起点之后；臀鳍狭长，起点距腹鳍起点较尾鳍基远。

【生态习性】为温水性小型鱼类。集群栖息于近海湾水域。以浮游生物为食，主食硅藻和小型甲壳类。有集群洄游性。产卵期 4—6 月，分批产出浮性卵。一般体长 110～130 mm。

【分布范围】分布于西太平洋海域。我国分布于沿海地区。

【骨骼特征】额骨窄长；枕骨嵴极小。前颌骨细小，与体纵轴垂直；上颌骨弯曲，伸达眼前 1/3 下方，末端具辅上颌骨；齿骨略长于上颌骨。脊椎骨数 47；椎体前关节突明显；髓棘和脉棘尖细；第 1～8 脊椎骨具 8 枚上髓棘。尾杆骨较宽。肌间骨细弱，排列紧密，末端无分叉。乌喙骨短小，向前延伸至喉下侧。背鳍第 1 支鳍骨向前延伸呈板状。

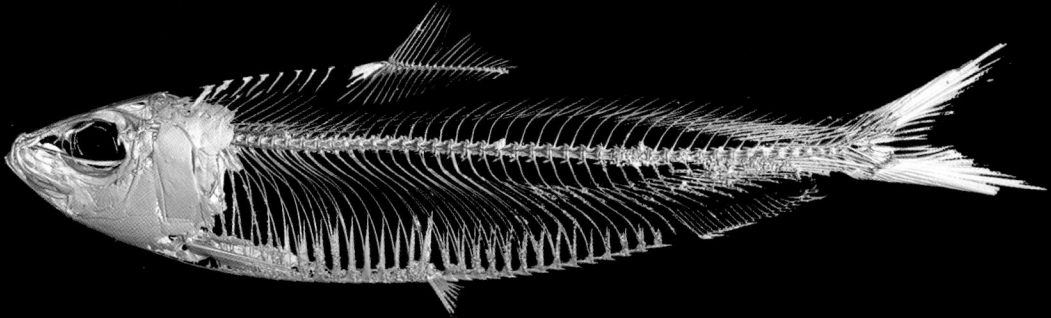

侧面观

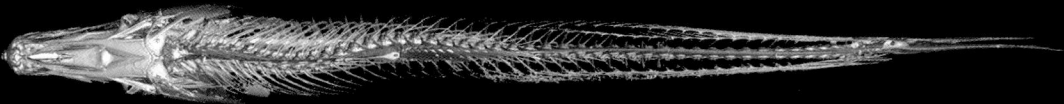

背面观

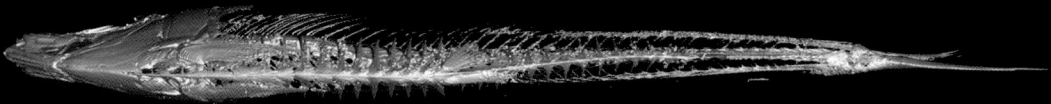

腹面观

17 黄泽小沙丁鱼 *Sardinella lemuru* Bleeker，1853

【同种异名】*Clupea nymphaea* Richardson，1846；*Harengula nymphaea*（Richardson，1846）；*Sardinella nymphaea*（Richardson，1846）；*Amblygaster posterus* Whitley，1931；*Sardinella samarensis* Roxas，1934。

【英文名】Bali sardinella。

【地方名】金色小沙丁、沙丁鱼。

【样本采集】$n=9$。全长 179.69（157.75~220.91）mm，体长 155.38（134.05~193.44）mm，体重 58.16（22.84~125.11）g。

【资源密度】471.058 g/km^2。

【生长条件因子】0.016 g/cm^3。

【形态特征】体梭形，侧扁，略延长。头中等大，头顶平坦光滑。吻圆钝，吻长约等于眼径。口小，端位；两颌、腭骨和舌上均具细齿。眼较大，脂眼睑发达，除瞳孔外均被脂眼睑遮盖，眼间隔窄；鼻孔每侧 2 个，近吻端。鳃孔大；前鳃盖鳃盖膜不与颊部相连；鳃耙 83~117＋126~152，细长而密。体被薄圆鳞，不易脱落，纵列鳞 46~49；腹鳍无腋鳞；腹部具棱鳞。

鲜活时，体背部青绿色，体侧和腹部淡绿色具银色光泽；鳃盖后上角具 1 黑斑，后方具 1 条黄色纵带，伸达尾鳍基；背鳍淡黄色，上缘暗色，胸鳍、腹鳍和臀鳍浅黄色，尾鳍浅褐色，边缘暗色。鳍式：背鳍 17~18；胸鳍 16~17；腹鳍 9；臀鳍 16~19。背鳍 1 个，中大，起点位于体中部稍前方；胸鳍腹位；腹鳍下侧位，起点位于背鳍基中部下方，距吻端较尾鳍基近；臀鳍最后 2 鳍条扩大；尾鳍叉形。

【生态习性】为暖水性近岸中上层洄游性鱼类。喜集群。白天活动于中下层水域，晚上或阴天活动于中上层水域。产卵期为 4—6 月，浮性卵。以虾类、头足类和鱼类为食。

【分布范围】广泛分布于俄罗斯大彼得湾海域、日本和朝鲜半岛海域、印度尼西亚和中南半岛海域、印度沿海及我国沿海。

【骨骼特征】额骨窄长，中部内凹；枕骨嵴小。前颌骨细小且垂直；上颌骨弯曲，末端位于眼前缘垂直下方，具辅上颌骨；齿骨略长于上颌骨。脊椎骨数 43；椎体前关节突明显；髓棘和脉棘尖细；躯椎前部上方具 8 枚上髓棘。尾杆骨较宽。肌间骨细弱，略稀疏，末端无分叉。匙骨发达，弧形；乌喙骨宽，前端位于喉部。背鳍第 1 支鳍骨向前延伸呈板状。

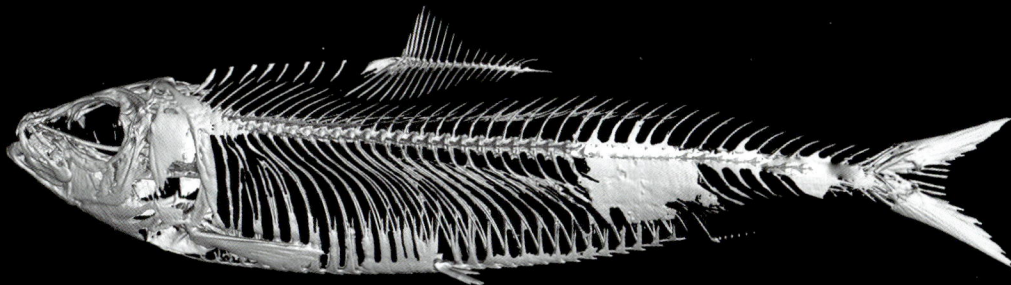

侧面观

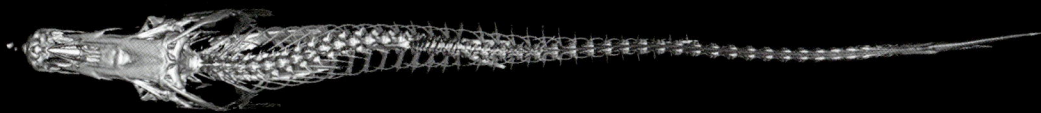

背面观

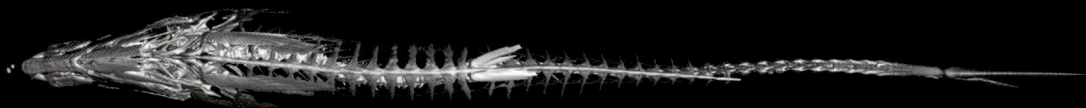

腹面观

18 斑海鲇 *Arius maculatus* (Thunberg，1792)

【同种异名】*Silurus maculatus* Thunberg，1792；*Tachysurus maculatus* (Thunberg，1792)；*Pimelodus thunberg* Lacepède，1803；*Arius thunbergi* (Lacepède，1803)；*Silurus thunbergi* (Lacepède，1803)；*Bagrus gagorides* Valenciennes，1840；*Arius gagorides* (Valenciennes，1840)；*Hemipimelodus bicolor* Fowler，1935；*Hemipimelodus atripinnis* Fowler，1937。

【英文名】sea catfish。

【地方名】诚鱼、银成。

【样本采集】$n=1$。全长 138.78 mm，体长 116.90 mm，体重 106.98 g。

【资源密度】96.274 g/km^2。

【生长条件因子】0.067 g/cm^3。

【形态特征】体延长，前部较粗壮，后部侧扁。头平扁，较宽，背侧被骨板，骨板上散有颗粒状棘突。吻钝圆，上有黏液孔。口大，下位，口裂近水平；上颌稍突出；两颌具细绒毛状齿带，上颌齿带左右连续，下颌齿在缝合处分离，腭骨齿颗粒状，每侧 2 群。口角唇褶较厚。口须 3 对，分别为上颌须 1 对，下颌须 1 对，颏须 1 对。眼较小，上位；鼻孔每侧 2 个，前鼻孔圆形，后鼻孔具鼻瓣。鳃孔大；鳃耙 6+11，发达。体裸露无鳞，皮肤光滑，黏液膜易脱落；侧线较明显。

体背部青黑色，体侧淡黄色，腹部灰白色；各鳍灰黑色，脂鳍上端具黑斑。鳍式：背鳍 I-7；胸鳍 I-10；腹鳍 I-5；臀鳍 11；尾鳍 15。背鳍 1 个，背鳍第 1 鳍棘粗壮，具锯齿，起点在胸鳍后上方；躯干后方具较厚小脂鳍，位置与臀鳍相对应；胸鳍下侧位，具 1 硬棘，棘前后缘具锯齿；腹鳍腹位；臀鳍起点距腹鳍较距尾鳍基近；尾鳍深叉形。

【生态习性】多栖息于大河河口水域。摄食底栖无脊椎动物和小鱼。夜行性，喜钻洞穴。雄性有护卵习性。背鳍和胸鳍的硬棘具毒腺。

【分布范围】分布于印度—西太平洋暖温带海域，包括日本南部海域及我国东海和南海。

【骨骼特征】额骨宽大，表面布满颗粒状突起；上枕骨宽大，后端与背鳍第 1 间鳍骨相接；眶下骨薄弱，条状。上颌骨细弱；齿骨与关节骨发达。尾舌骨发达，末端三叉形。脊椎骨数 45；第 1 脊椎骨向两侧扩大。尾杆骨较宽。匙骨发达粗壮；乌喙骨发达，平卧呈板状。腰带无名骨叉形。背鳍第 1 间鳍骨发达，呈三角形板状。

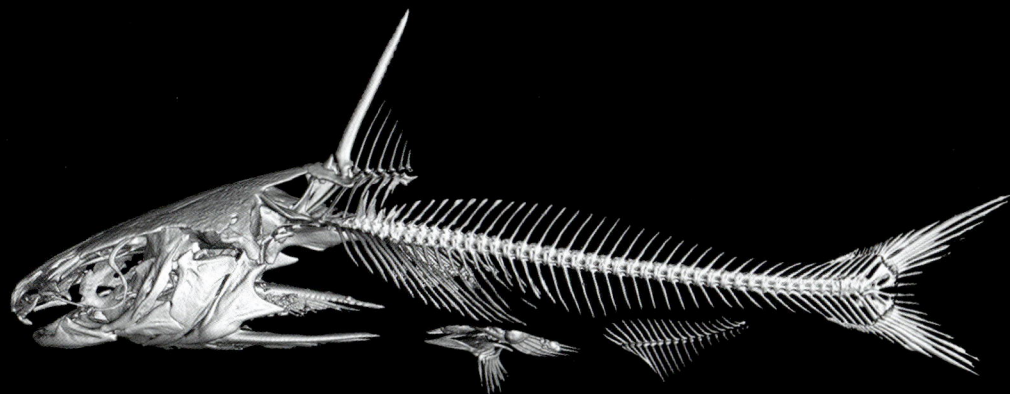

侧面观

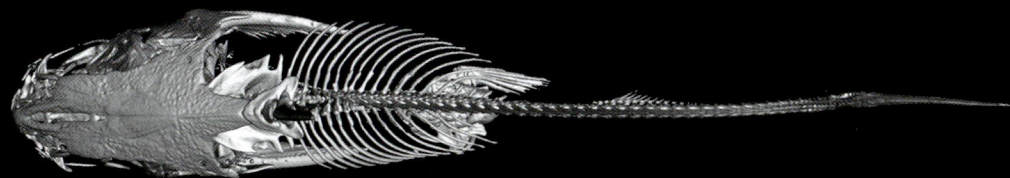

背面观

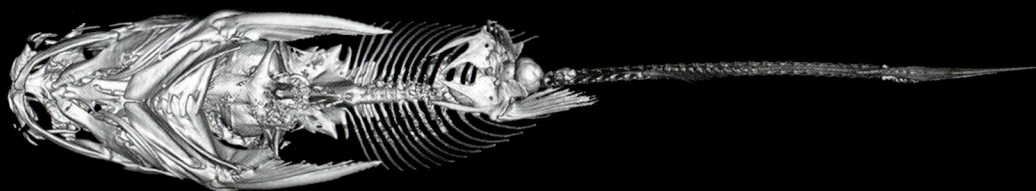

腹面观

19 内尔褶囊海鲇 *Plicofollis nella*（Valenciennes，1840）

【同种异名】*Pimelodus nella* Valenciennes，1840；*Arius nella*（Valenciennes，1840）；*Arius leiotetocephalus*（Valenciennes，1840）；*Tachysurus leiotetocephalus*（Bleeker，1846）；*Bagrus meyenii* Müller & Troschel，1849。

【英文名】smooth-headed catfish。

【地方名】成仔鱼、硬头海鲶。

【样本采集】$n=53$。全长 251.67（191.03～450.81）mm，体长 214.76（161.61～380.35）mm，体重 178.64（62.63～894.65）g。

【资源密度】8 520.446 g/km^2。

【生长条件因子】0.018 g/cm^3。

【形态特征】体延长，后部侧扁。头背部散有颗粒状棘突。吻圆钝。口大，下位；口裂近水平；上颌稍突出；两颌具细绒毛状齿带，上颌齿带左右连续，下颌齿在缝合处分离，犁骨、腭骨及舌上腭骨齿颗粒状，每侧 1 群。口须 3 对，分别为上颌须 1 对，下颌须 1 对，颏须 1 对。眼较小，上位，上有黏液孔；鼻孔每侧 2 个，前鼻孔圆形，后鼻孔具鼻瓣。鳃孔大；鳃耙 4～10，发达。体裸露无鳞，皮肤光滑；侧线较明显。

体背侧绿褐色，体侧及腹部银白色；各鳍棕褐色。鳍式：背鳍 I-7；胸鳍 I-11；腹鳍 I-5；臀鳍 16。背鳍 1 个，具 1 锯齿硬棘，起点在胸鳍后上方；躯干后方具一小脂鳍，与臀鳍相对；胸鳍下位，具 1 硬棘，棘前后缘具锯齿；腹鳍腹位；臀鳍起点距腹鳍较尾鳍基近；尾鳍叉形。

【生态习性】为暖水性底层中型鱼类。多栖息于河口水域。摄食底栖动物。雄性有护卵习性。背鳍和胸鳍的硬棘具毒腺。

【分布范围】分布于东印度群岛海域及我国东海和南海。

【骨骼特征】额骨宽大，表面布满颗粒状突起；上枕骨宽大，向后延伸至背鳍前方；眶下骨薄弱，条状。上颌骨细弱；齿骨与关节骨发达。尾舌骨发达，末端三叉形。脊椎骨数45；第1脊椎骨向两侧延伸成板状结构。尾杆骨较宽。匙骨发达粗壮；乌喙骨发达，平卧呈板状。腰带无名骨深叉形。背鳍第1间鳍骨三角形板状。

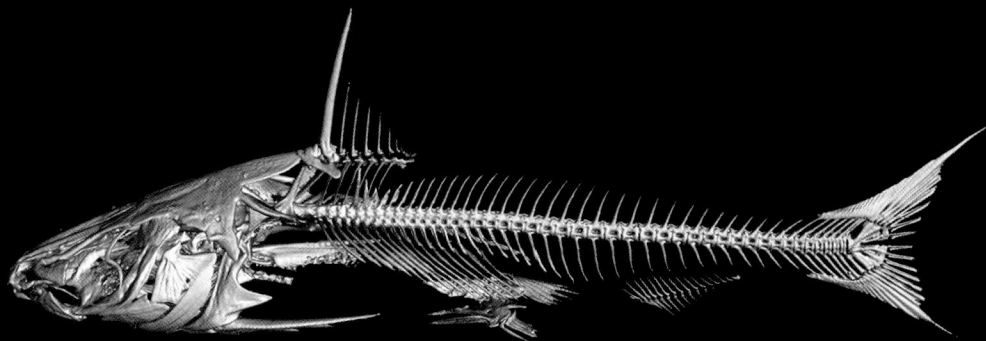

侧面观

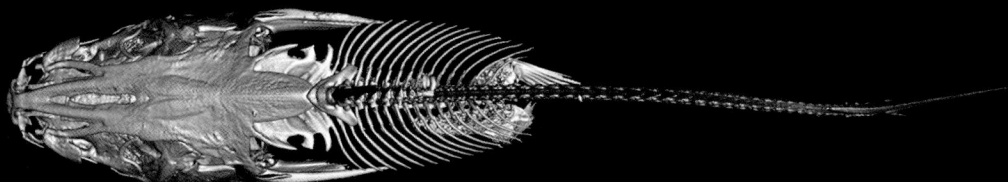

背面观

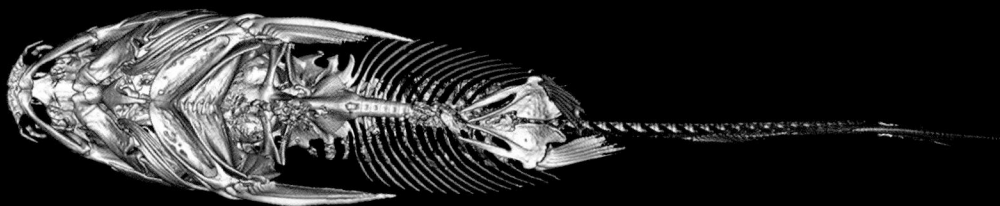

腹面观

⑳ 多齿蛇鲻 *Saurida tumbil*（Bloch，1795）

【同种异名】*Salmo tumbil* Bloch，1795；*Saurus argyrophanes* Richardson，1846；*Saurida argyrophanes*（Richardson，1846）；*Saurida australis* Castelnau，1879；*Saurida truculenta* Macleay，1881；*Saurida ferox* Ramsay，1883。

【英文名】greater lizardfish。

【地方名】狗棍、拿哥鱼。

【样本采集】*n*=420。全长 188.79（101.55～332.61）mm，体长 166.34（88.48～303.24）mm，体重 52.91（3.11～799.61）g。

【资源密度】19 998.38 g/km^2。

【生长条件因子】0.011 g/cm^3。

【形态特征】体延长，前部长圆柱状，后部稍侧扁；尾部细长。头中等大。吻钝，吻长略长于眼径；前端中间有缺刻。口裂大，口裂后缘伸达眼后缘下方；两颌约等长，布满小犬齿，犁骨齿 4～8 个，上颌齿 3～4 行，下颌齿 4～5 行，舌上具细齿。眼中等大，上位，脂眼睑较发达，眼间隔较窄。鳃孔大；鳃盖膜不与颊部相连；鳃耙针尖状。体被圆鳞，头后背部、鳃盖及颊部皆被鳞，胸鳍和腹鳍基部有发达的腋鳞，鳞片不易脱落，排列整齐；侧线平直，凸出，在尾柄部更明显，侧线鳞 47～53。

鲜活时，体背侧棕褐色，腹侧淡褐色；背鳍、胸鳍和尾鳍后缘呈黑色，腹鳍及臀鳍色淡。鳍式：背鳍 11～12；胸鳍 14～15；腹鳍 9；臀鳍 10～11。背鳍 1 个，较长大，起点位于腹鳍起点的后上方，距脂鳍较距吻端近；脂鳍小；胸鳍较长，中位，末端可伸达腹鳍基底上方；臀鳍与脂鳍相对；尾鳍深叉形。

【生态习性】为暖水性底层中小型鱼类。栖息于 30～150 m 的泥沙底质海区。肉食性，以小型鱼类和底栖动物为食。以体色和身上花纹进行伪装，有时将身体埋入沙中，伺机捕食猎物。

【分布范围】分布于印度—西太平洋海域，包括印度尼西亚和澳大利亚海域、日本南部和韩国海域及我国东海和南海。

【骨骼特征】额骨较窄，前伸至筛区上方；顶骨较宽；侧筛骨较宽；围眶骨系具沟槽状结构。上颌骨细长，末端位于后耳骨垂直下方；齿骨发达，约与上颌骨等长。脊椎骨数 47，躯椎前部上方具 3 枚上髓棘；脉棘粗短。尾杆骨短小。匙骨叉形；后匙骨短小；乌喙骨延伸至喉部下方。左右无名骨间距极窄。背鳍第 1 支鳍骨发达，向前延伸呈板状。臀鳍支鳍骨细长。

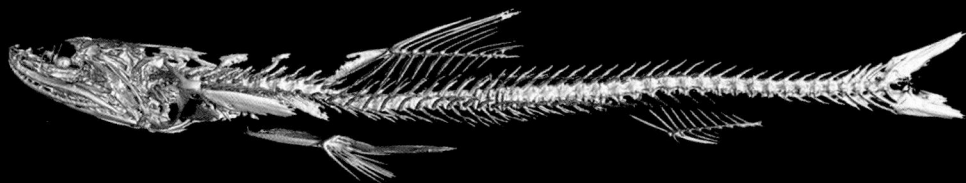

侧面观

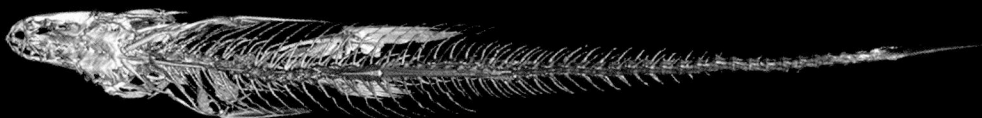

背面观

腹面观

21 花斑蛇鲻 *Saurida undosquamis*（Richardson，1848）

【同种异名】*Saurus undosquamis* Richardson，1848；*Saurida undosquamia*（Richardson，1848）；*Saurida undosquammis*（Richardson，1848）；*Saurida grandisquamis* Günther，1864。

【英文名】brushtooth lizardfish。

【地方名】狗母、狗母梭。

【样本采集】$n=378$。全长 181.51（86.02～280.44）mm，体长 159.63（73.33～250.97）mm，体重 44.45（1.91～173.98）g。

【资源密度】15 120.68 g/km^2。

【生长条件因子】0.011 g/cm^3。

【形态特征】体延长，前部长圆柱状，后部侧扁。头中等大。吻圆钝。口大，口裂伸达眼后缘下方；两颌约等长，密生细齿，腭骨每侧具 2 群齿带，外组齿带窄长，内组齿带呈块状，舌上具细齿。眼中等大，上位，具脂眼睑。鳃孔大；鳃盖膜不与颊部相连；鳃耙针尖状。体被圆鳞，颊部被细鳞；胸鳍及腹鳍基部具腋鳞；侧线平直，凸出，在尾柄部更明显，侧线鳞 48～54。

体背侧灰褐色，腹侧淡褐色；鲜活时，体侧沿侧线有 9～11 个暗斑，背鳍前缘和尾鳍上缘各有 1 行暗斑；胸鳍深灰色，腹鳍及臀鳍淡色。鳍式：背鳍 11～12；胸鳍 14～15；腹鳍 9；臀鳍 11～12。背鳍 1 个，较高，起点位于腹鳍起点的后上方，距吻端较尾鳍基近；脂鳍小；胸鳍中位，后端伸越腹鳍基部上方；臀鳍较小，位于脂鳍下方；尾鳍深叉形。

【生态习性】为暖水性底层中小型鱼类。栖息于大陆架泥沙底质海区。肉食性，以小型鱼类和底栖动物为食。常以体色和身上花纹进行伪装，有时将身体埋入沙中，伺机捕食猎物。

【分布范围】分布于印度—西太平洋海域，包括澳大利亚和东非海域、日本南部和韩国海域及我国黄海南部、东海和南海。

【骨骼特征】额骨较窄，向前延伸至筛区；顶骨宽大；侧筛骨较宽；围眶骨系具沟槽状结构。上颌骨细长，向后延伸至后耳骨下方；齿骨较长，略短于上颌骨。脊椎骨数 48，躯椎体前方具 3 枚上髓棘；脉棘细短。尾杆骨短小。匙骨叉形；匙骨宽大；后匙骨短小；乌喙骨向前延伸至喉部下方。左右无名骨间距极窄。背鳍第 1 支鳍骨发达，向前延伸呈板状。臀鳍支鳍骨细长。

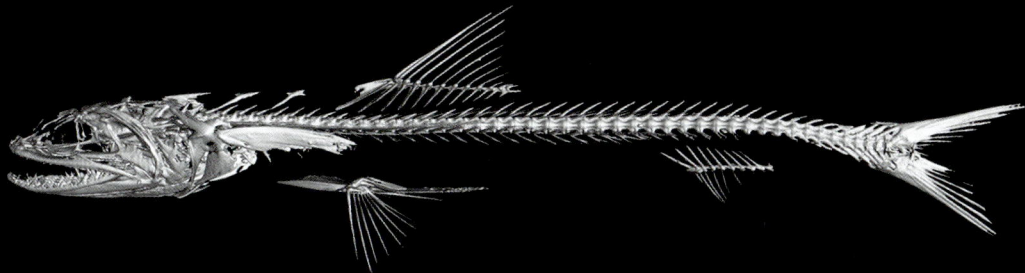

侧面观

背面观

腹面观

22 肩斑狗母鱼 *Synodus hoshinonis* Tanaka，1917

【同种异名】无。

【英文名】lizardfish。

【地方名】狗母梭、狗母。

【样本采集】$n=1$。全长 213.11 mm，体长 186.41 mm，体重 83.32 g。

【资源密度】74.982 g/km^2。

【生长条件因子】0.013 g/cm^3。

【形态特征】体延长，前部圆柱形，后部稍侧扁；体高稍短于体宽。头中等大，略扁。吻短尖，背缘略有凹陷。口裂大，端位，口裂向后超过眼后缘；两颌等长；两颌齿细小，内行齿较外行齿大，且能倒伏，腭骨齿每侧 2 行，组成齿带，舌上密生小齿。眼中等大，上位，靠近头背缘，眼间隔窄；鼻孔每侧 2 个，距眼前缘较距吻端近，前鼻孔具鼻瓣。鳃孔大；鳃盖膜不与颊部相连；鳃耙针尖状；假鳃发达。体被圆鳞，头后背部和颊部被鳞；侧线完全，侧线鳞 55。

体背侧橙黄色，腹侧色浅；体侧有 8 个褐色斑；鳃盖后上部具一黑斑；背鳍红褐色，具 6 列橙红色纹，胸鳍、臀鳍和尾鳍浅棕褐色，腹鳍黄色。鳍式：背鳍 12；胸鳍 11；腹鳍 8；臀鳍 8。背鳍 1 个，中等大，起点位于腹鳍基部后上方，距吻端较距尾鳍基近；脂鳍小，位于臀鳍基部起点后上方；胸鳍中位，后端伸达腹鳍基；腹鳍大，后部鳍条较长；臀鳍距尾鳍基较近；尾鳍深叉形。

【生态习性】为暖水性近海底层鱼类。栖息于 20～50 m 的泥沙底质海区。肉食性，以小型鱼类和底栖动物为食。以体色和身上花纹进行伪装，有时将身体埋入沙中，仅露出眼睛，伺机捕食猎物。

【分布范围】分布于印度洋、太平洋和大西洋温热海域，包括日本南部海域及我国黄海南部、东海和南海。

【骨骼特征】额骨前端延伸至筛区，后端宽大；顶骨背面平扁；侧筛骨较宽；围眶骨系具沟槽状结构。上颌骨细长，末端位于眼后下方；齿骨约与上颌骨等长；关节骨发达，三角形。脊椎骨数 55；椎骨前关节突明显；髓棘尖细。尾杆骨短小。颞骨小，叉形；上匙骨呈桨状；匙骨弯曲，向前延伸至喉部后下方。

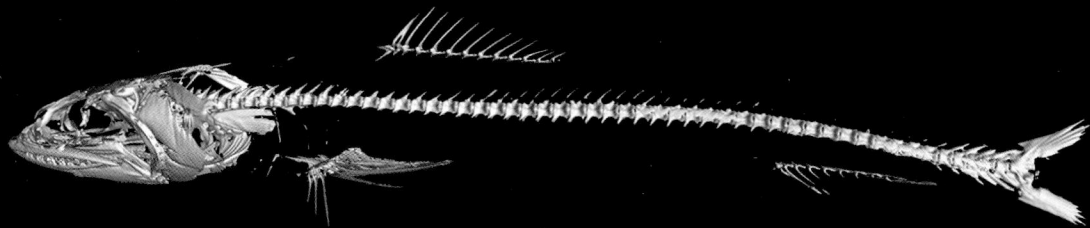

侧面观

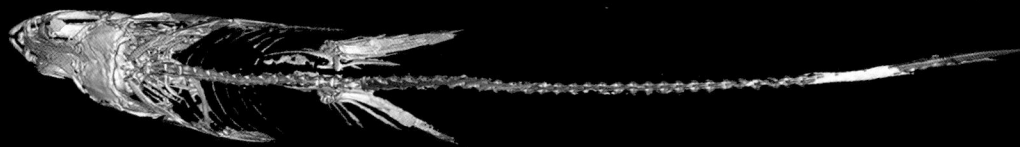

背面观

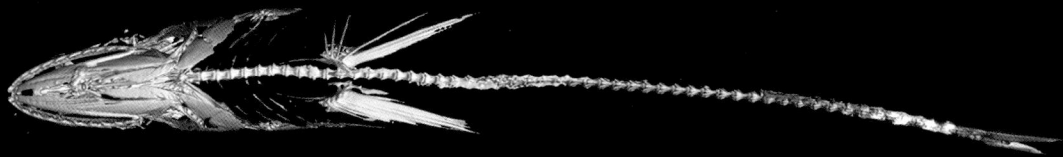

腹面观

23 大头狗母鱼 *Trachinocephalus myops* （Forster，1801）

【同种异名】*Salmo myops* Forster，1801；*Saurus myops*（Forster，1801）；*Synodus myops*（Forster，1801）；*Trachicephalus myops*（Forster，1801）；*Trachynocephalus myops*（Forster，1801）；*Trichinocephalus myops*（Forster，1801）；*Osmerus lemniscatus* Lacepède，1803；*Saurus lemniscatus*（Lacepède，1803）；*Saurus truncatus* Spix & Agassiz，1829；*Saurus limbatus* Eydoux & Souleyet，1850；*Trachinocephalus limbatus*（Eydoux & Souleyet，1850）；*Saurus brevirostris* Poey，1860；*Synodus brevirostris*（Poey，1860）；*Trachinocephalus brevirostris*（Poey，1860）。

【英文名】snakefish。

【地方名】狗母鱼、狗母。

【样本采集】*n*=2。全长 156.85（149.39～164.31）mm，体长 136.30（126.91～145.69）mm，体重 39.16（32.45～45.87）g。

【资源密度】70.482 g/km^2。

【生长条件因子】0.015 g/cm^3。

【形态特征】体延长，前部长圆柱形，后部稍侧扁；体高大于体宽。头较大。吻短钝，吻长小于眼径。口裂大，端位，斜裂，末端超过眼后缘下方；下颌略长于上颌；上颌齿 2 行，下颌齿 3 行，腭骨每侧具 1 组狭长齿带，舌上密生小齿。眼中等大，前上位，具脂眼睑，眼间隔略窄。鳃孔大；鳃盖膜不与颊部相连；鳃耙细短如针尖；假鳃发达。体被圆鳞，头部裸露无鳞；侧线发达，侧线鳞 53～58。

体背侧红褐色，腹侧白色；沿体侧相间分布黄色和褐色纵纹，头背部有红色网状斑纹，鳃孔后上缘具一显著黑斑；背鳍、腹鳍有 1 条斜列的橙色纹；胸鳍浅黄色，臀鳍色浅，边缘暗色，尾鳍橙色，后缘暗色。鳍式：背鳍 12～14；胸鳍 12～13；腹鳍 8；臀鳍 15～17。背鳍 1 个，较高大，起点位于腹鳍基部后上方，距吻端与距脂鳍相等；脂鳍小，位于臀鳍基部后上方；胸鳍中位；腹鳍大，后部鳍条较长；尾鳍深叉形。

【生态习性】为暖水性近海底层鱼类。栖息于 20～50 m 的泥沙底质海区。肉食性，主要以甲壳类和小型鱼类为食。

【分布范围】分布于印度洋、太平洋和大西洋温热海域，包括日本南部海域及我国黄海南部、东海和南海。

【骨骼特征】额骨宽大，向前延伸至筛区，表面布满褶皱；顶骨表面布满褶皱；枕骨嵴短小，向后延伸；筛骨宽短；围眶骨系具沟槽状结构。上颌骨细长，末端位于眼后蝶耳骨垂直下方；齿骨略短于前颌骨，关节骨发达。脊椎骨数 53，躯椎前部上方具 1 枚上髓棘。尾杆骨较短。匙骨叉形；上匙骨粗短；乌喙骨向前延伸至喉部后下方。腰带无名骨宽大，插入匙骨内侧。背鳍和臀鳍支鳍骨细长。

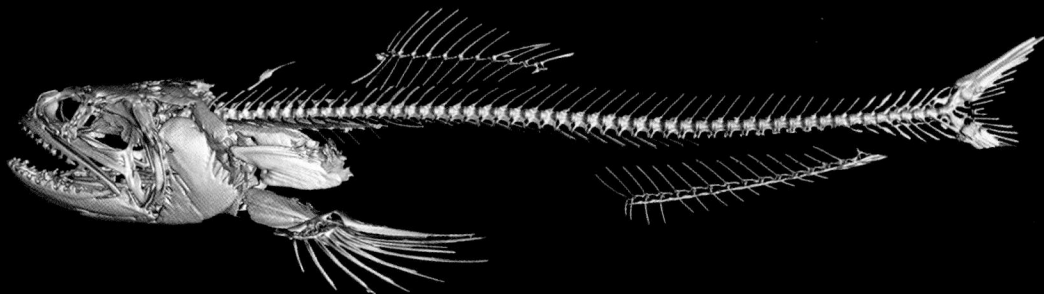

侧面观

背面观

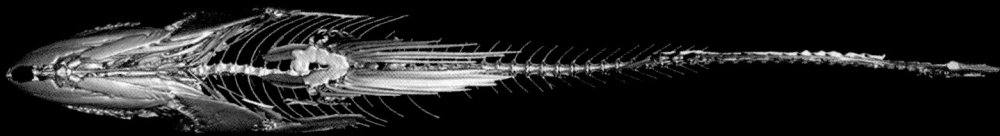

腹面观

24 麦氏犀鳕 *Bregmaceros mcclellandi* Thompson，1840

【同种异名】*Bragmaceros maclelandi* Thompson，1840；*Bregmaceros macclellandi* Thompson，1840；*Bregmaceros macclellandii* Thompson，1840；*Bregmaceros maclellandi* Thompson，1840；*Bregmaceros mcclelandi* Thompson，1840；*Bregmaceros mcclellandii* Thompson，1840；*Calloptilum mirum* Richardson，1845；*Asthenurus atripinnis* Tickell，1865；*Bregmaceros atripinnis*（Tickell，1865）。

【英文名】unicorn cod。

【地方名】犀鳕。

【样本采集】*n*=105。全长89.67（51.39～123.55）mm，体长81.75（45.14～112.90）mm，体重4.93（0.84～9.18）g。

【资源密度】465.848 g/km^2。

【生长条件因子】0.009 g/cm^3。

【形态特征】体延长，侧扁；尾柄短。头小。吻圆钝。口裂大，端位；上颌长于下颌，末端达眼瞳孔后缘下方；两颌具多而小且能活动的齿，犁骨亦具相似小齿。无颏须。眼大而圆，前上位，上半部覆脂眼睑，眼间隔宽。鳃孔宽大；前鳃盖后缘光滑。体被大而薄的圆鳞，头部无鳞；纵列鳞70～78。

体背侧灰褐色，头背部黑褐色，腹侧色淡黄色；胸鳍、第2背鳍上端和尾鳍后端黑色，其他鳍条白色，边缘具黑缘。鳍式：背鳍Ⅰ，59～62；胸鳍18～20；腹鳍5～6，臀鳍58～68。背鳍2个，第1背鳍为1丝状延长鳍棘，通常藏于头背部中央凹陷处，第2背鳍与臀鳍相对，前部鳍条高大，中间低弱且分离，后部鳍条低于前部；胸鳍中位，起始于鳃盖后缘；腹鳍喉位，延长鳍条末端可达臀鳍中部；臀鳍与背鳍相对。

【生态习性】为暖水性小型鱼类。主要摄食小型底栖动物及有机碎屑。

【分布范围】分布于印度—太平洋温、热带海域，包括日本南部海域及我国东海、南海和台湾海域。

【骨骼特征】额骨较短，拱形；枕骨嵴短小。前颌骨细长，后端止于齿骨后部；齿骨细长，关节骨粗大。脊椎骨数 49；椎体前关节突明显，脉棘细长，第 8～10 脊椎骨关节横突宽大。尾杆骨尖细。匙骨弯月形，末端宽大，前伸至喉部前方；后匙骨细长；腰带无名骨位于下颌下方。背鳍和臀鳍支鳍骨尖细。

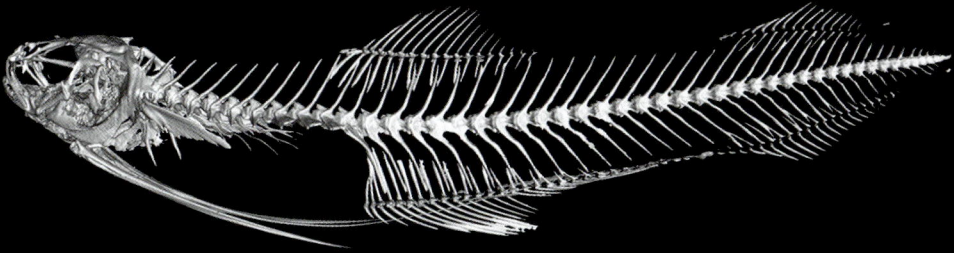

侧面观

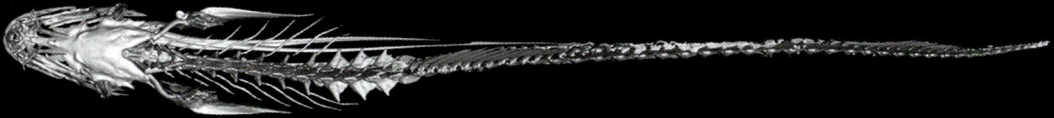

背面观

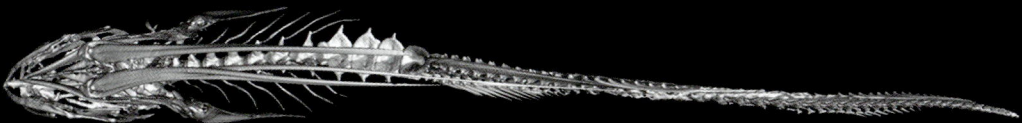

腹面观

25 多须鼬鳚 *Brotula multibarbata* Temminck & Schlegel，1846

【同种异名】*Brotula borbonica* Kaup，1858；*Brotula ensiformis* Günther，1862；*Brotula multicirrata* Vaillant & Sauvage，1875；*Brotula japonica* Steindachner & Döderlein，1887；*Brotula marginalis* Jenkins，1901；*Brotula formosae* Jordan & Evermann，1902；*Brotula muelleri* Günther，1909；*Brotula jayakari* Günther，1909；*Brotula palmietensis* Smith，1935。

【英文名】goatsbeard brotular。

【地方名】海鲶、鼬鱼、多须鲶。

【样本采集】$n=7$。全长 127.90（107.10～155.41）mm，体长 116.56（99.31～143.80）mm，体重 12.67（7.08～25.09）g。

【资源密度】79.815 g/km^2。

【生长条件因子】0.008 g/cm^3。

【形态特征】体延长；侧面长椭圆形。吻圆钝。口裂大；上颌后端超过眼后缘下方，下颌略短于上颌。唇发达。吻部及下颌有须，共 6 对，颏部具 1 对须，须末端具若干分支。眼中等大，上位。鳃孔大；前鳃盖后上方具 1 强棘，被表皮覆盖；鳃耙 4，针尖状。体被覆瓦状小圆鳞。

　　体棕褐色，腹侧色稍浅；各鳍黑色。鳍式：背鳍 109～139；胸鳍 20～26；腹鳍 2；臀鳍 80～106。背鳍 1 个，向后延伸与尾鳍相连，起点位于胸鳍基后上方；胸鳍中位；臀鳍基底长，始于身体中部，向后延伸与尾鳍相连；尾鳍短小，略呈截形。

【生态习性】为暖水性深海大型鱼类。栖息水深 40～650 m。以吻部触须搜捕食物，主要摄食底栖动物和小型鱼类。

【分布范围】分布于印度—太平洋温暖海域，包括红海、日本南部海域及我国南海。

【骨骼特征】额骨窄长，中央隆起；顶骨背视近似矩形；枕骨嵴较小，侧视三角形；侧筛骨宽大。前颌骨短小；上颌骨较长，宽大呈桨状，末端位于眼前部下方，且具辅上颌骨；关节骨发达。脊椎骨数 47；第 1～10 脊椎骨髓棘粗短，之后的脊椎骨髓棘细长；第 5～15 脊椎骨横突明显。尾杆骨细小。上匙骨呈短棒状；匙骨发达，弯月形，向下延伸至喉部；后匙骨细，向下延伸至胸鳍下端。背鳍和臀鳍支鳍骨细弱。

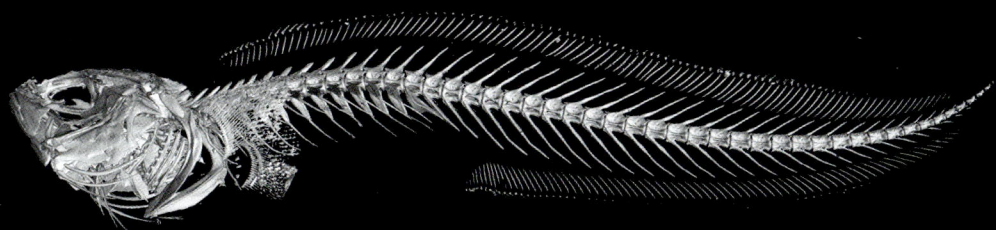

侧面观

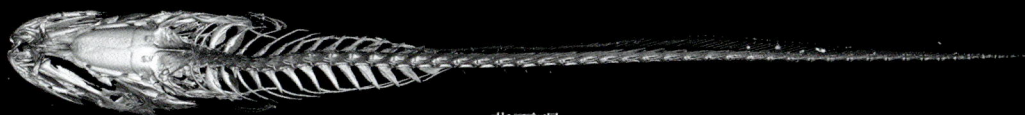

背面观

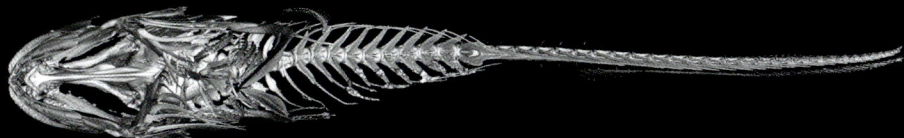

腹面观

26 仙鼬鳚 *Sirembo imberbis* (Temminck & Schlegel，1846)

【同种异名】*Brotula imberbis* Temminck & Schlegel，1846；*Brotella maculata* Kaup，1858；*Sirembo maculata*（Kaup，1858）；*Sirembo everriculi* Whitley，1936。

【英文名】golden cusk。

【地方名】鼬鱼、须鱼。

【样本采集】n=60。全长 135.91（97.26~173.35）mm，体长 124.38（92.19~156.79）mm，体重 17.63（8.44~30.00）g。

【资源密度】951.944 g/km^2。

【生长条件因子】0.009 g/cm^3。

【形态特征】体延长，前部圆柱形，后部侧扁，肛门腹位。吻圆钝。口裂大，近水平；上颌后端超过眼后缘下方，下颌略短于上颌。唇发达。颏部具 1 对须，末端无分支。眼发达，上位，无脂眼睑，眼间隔略窄。鳃孔大；前鳃盖后上方具 1 强棘，被表皮覆盖；鳃耙 4，针尖状。体被覆瓦状小圆鳞，易脱落。

体背侧褐色，腹侧乳白色；体侧具一浅褐色条带，鳃盖后缘具 1 黑色暗斑；背鳍上有数个明显的黑斑，臀鳍外缘黑色。鳍式：背鳍 87~90；胸鳍 23~24；腹鳍 1；臀鳍 67~72。背鳍 1 个，向后延伸与尾鳍相连，起点位于胸鳍基后上方；胸鳍中侧位；臀鳍基底长，始于身体中部，向后延伸与尾鳍相连。

【生态习性】为暖水性底层中小型鱼类。栖息于 40~200 m 的泥沙底质海区。主要捕食底栖动物及小型鱼类。

【分布范围】分布于印度—西太平洋海域，包括澳大利亚海域、日本南部海域及我国东海和南海。

【骨骼特征】额骨窄长，呈拱形；顶骨中部微凸；枕骨嵴呈扇形；筛骨宽大。前颌骨细长；上颌骨呈长棒状，末端具辅上颌骨；关节骨发达。脊椎骨数 49；椎体前关节突明显；第1～10脊椎骨髓棘粗短，之后细长；脉棘细长。尾杆骨尖细。上匙骨呈棒状；匙骨弯月形，向下延伸至喉部；后匙骨细，向下延伸至胸鳍下端。背鳍和臀鳍支鳍骨细弱。

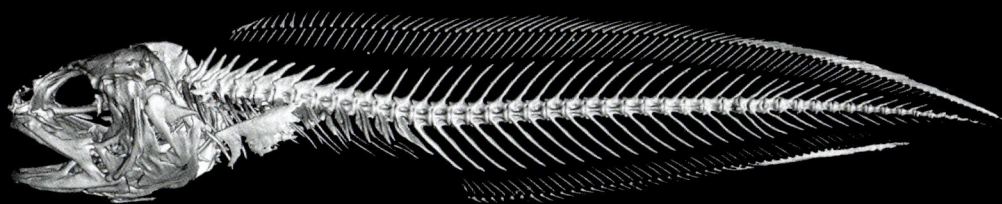

侧面观

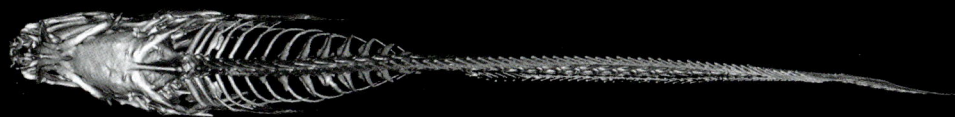

背面观

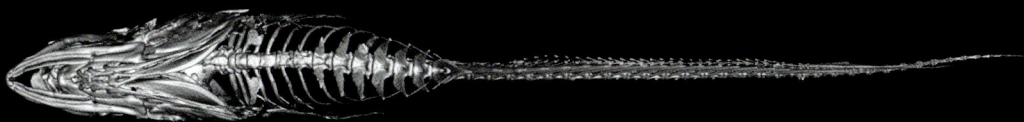

腹面观

27 刺鲳 *Psenopsis anomala*（Temminck & Schlegel，1844）

【同种异名】*Trachinotus anomalus* Temminck & Schlegel，1844。

【英文名】Japanese butterfish。

【地方名】肉鱼、土肉、瓜仔鲳。

【样本采集】n＝264。全长 153.88（44.30～239.61）mm，体长 124.25（35.14～194.46）mm，体重 83.30（1.77～2 061.00）g。

【资源密度】19 790.497 g/km^2。

【生长条件因子】0.043 g/cm^3。

【形态特征】体侧扁，背缘及腹缘弧形；侧面观呈卵圆形；尾柄较宽。头较小，侧扁而高，背面稍隆起。吻短钝。口小，亚端位，稍倾斜，无上颌辅骨；两颌约等长；两颌各具 1 行细齿，排列紧密，颌齿细小，锥状，1 行。眼中大，中位。鳃孔大；前鳃盖边缘平滑，鳃盖骨后缘具 2 扁棘；左右鳃盖骨分离，不与颊部相连；鳃耙细，排列疏松。体被薄圆鳞，极易脱落；侧线完全，侧线鳞 55～63。

体背侧灰褐色，腹侧色浅；鳃盖后上角具一大黑斑；各鳍浅灰色。鳍式：背鳍Ⅵ～Ⅸ-27～33；胸鳍 20～22；腹鳍Ⅰ-5；臀鳍Ⅲ-25～28。背鳍 1 个，鳍棘部具 6～9 枚独立小棘，鳍条部基底较长，前部鳍条稍高；胸鳍中大；腹鳍小，位于胸鳍基下方，可折叠于腹部凹沟内；臀鳍与背鳍鳍条部相对、同形，起点位于背鳍鳍条部起点稍后下方，鳍棘短小，鳍条部基底长；尾鳍叉形。

【生态习性】为暖水性底层鱼类。栖息于 140 m 以浅的泥沙底质海区。成鱼生活在近底层，晚上到表层寻找食物。摄食水母、底栖硅藻及浮游生物和小鱼等。

【分布范围】分布于西太平洋温暖海域，包括日本南部海域、朝鲜半岛海域及我国黄海、东海、南海和台湾海域。

【骨骼特征】额骨较宽，中央具嵴；上枕骨拱形，两侧具嵴；枕骨嵴高，扇形；筛骨较窄长。上颌骨细长，棒状，末端位于眼中部垂直下方；齿骨叉形。脊椎骨数 25；第 1～2 脊椎骨短小。椎体前后关节突明显。尾杆骨宽大。颞骨小，叉形；匙骨末端宽大，伸至喉部后方；后匙骨细长，向后伸至腹鳍后方。腰带无名骨向前上方伸至匙骨内侧。背鳍支鳍骨细长；臀鳍第 1 支鳍骨向上弯曲延长，与第 11 脊椎骨脉棘相对。

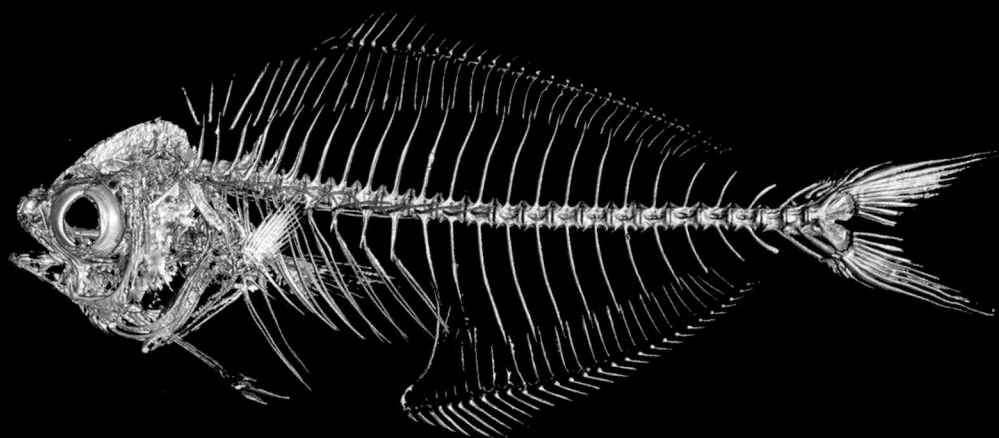

侧面观

背面观

腹面观

28 鳞首方头鲳 *Cubiceps whiteleggii* (Waite, 1894)

【同种异名】*Psenes whiteleggii* Waite, 1894；*Cubiceps whiteleggi* (Waite, 1894)；*Psenes whitelegii* Waite, 1894；*Mulichthys squamiceps* Lloyd, 1909；*Cubiceps squamiceps* (Lloyd, 1909)；*Psenes squamiceps* (Lloyd, 1909)；*Cubiceps natalensis* Gilchrist & von Bonde, 1923；*Psenes guttatus* Fowler, 1934；*Psenes stigmapleuron* Fowler, 1939。

【英文名】shadow driftfish。

【地方名】肉鲳、鲳仔鱼。

【样本采集】$n=7$。全长 75.75（49.93～107.00）mm，体长 61.59（38.87～89.49）mm，体重 6.90（1.45～13.78）g。

【资源密度】43.467 g/km²。

【生长条件因子】0.03 g/cm³。

【形态特征】体延长，侧扁，背缘和腹缘钝圆，呈浅弧形隆起；侧面观呈长卵圆形。头较小，具明显的黏液孔。吻钝圆。口中等大，端位，稍倾斜；两颌约等长；两颌齿各1行，齿头尖，弯向内侧，上颌齿排列稀疏，下颌齿稍大，排列紧密，犁骨和腭骨各具1纵裂齿，舌上亦具齿带。眼大，中位，眼间隔宽。前鳃盖后缘具1棘；鳃耙9～11＋14～18。体被中大圆鳞，极易脱落；颊部被鳞，吻部、眼眶上方和后侧部无鳞；侧线完全。

体背侧暗褐色，腹侧色较淡。鳍式：背鳍Ⅹ～Ⅺ，Ⅰ-22；胸鳍20～21；腹鳍Ⅰ-5；臀鳍Ⅲ-22。背鳍2个，距离近，第1背鳍鳍棘细长柔软，平卧时可折叠于背沟内，第2背鳍基底长；胸鳍宽大，镰形；腹鳍亚胸位；臀鳍与第2背鳍同形、相对；尾鳍叉形。

【生态习性】为暖水性次深海鱼类。栖息于水深80～670 m陆坡水域。摄食刺胞动物、甲壳类。

【分布范围】分布于我国东海和南海。

【骨骼特征】额骨窄长，前端具沟槽；上枕骨拱形，中部微凸；枕骨崤长；侧筛骨较宽。前颌骨较长，末端位于眼前缘垂直下方；齿骨较细，约与前颌骨等长。脊椎骨数 31；椎体前后关节突明显，第 1～2 脊椎骨和髓棘较短。尾杆骨短小。颞骨较细；匙骨末端宽大，伸至喉部后方；后匙骨较长，向后伸至腹鳍中部上方；乌喙骨宽大。腰带无名骨较短，前伸至乌喙骨内侧。臀鳍第 2 支鳍骨向后弯曲，与第 16 脊椎脉棘相对。

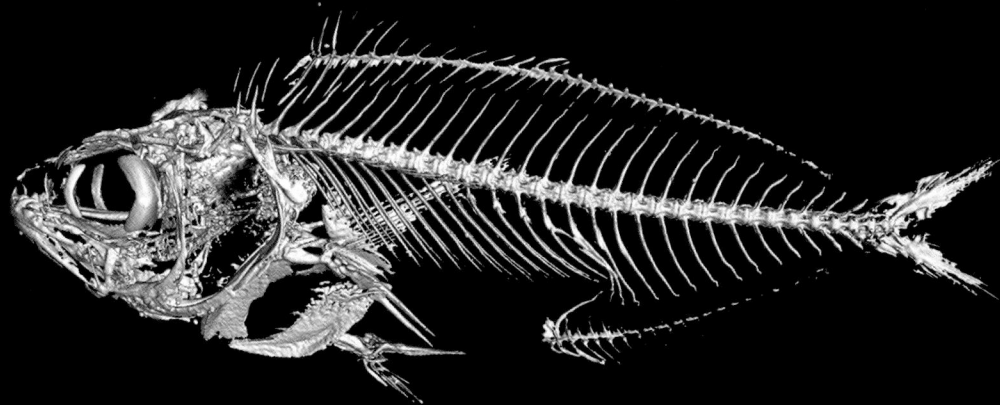

侧面观

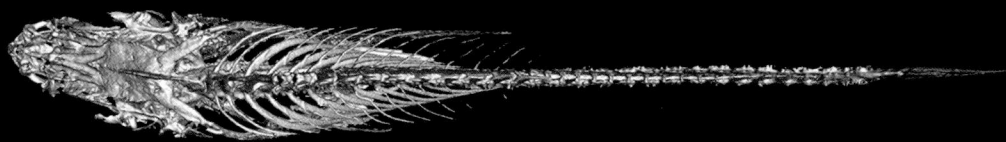

背面观

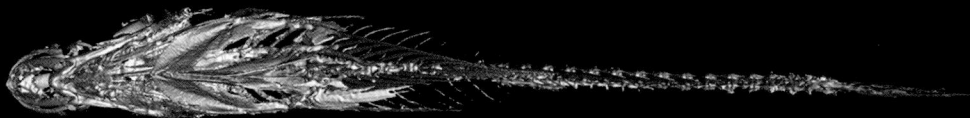

腹面观

29 印度无齿鲳 *Ariomma indica*（Day，1871）

【同种异名】*Cubiceps indicus* Day，1871；*Psenes indicus*（Day，1871）；*Arioma indica*（Day，1871）；*Ariomma indicum*（Day，1871）；*Ariomma indicus*（Day，1871）；*Psenes indica*（Day，1871）；*Psenes africanus* Gilchrist & von Bonde，1923；*Cubiceps dollfusi* Chabanaud，1930；*Ariomma dollfusi*（Chabanaud，1930）；*Psenes extraneus* Herre，1951。

【英文名】Indian driftfish。

【地方名】无齿鲳。

【样本采集】$n=25$。全长 115.53（80.69～151.62）mm，体长 93.74（65.76～118.57）mm，体重 32.78（11.70～64.77）g。

【资源密度】737.491 g/km^2。

【生长条件因子】0.04 g/cm^3。

【形态特征】体侧扁，背缘及腹缘浅弧形；侧面观呈卵圆形。头中等大，侧扁而高。吻短，钝圆。口小，亚端位，稍倾斜；两颌约等长；两颌各具 1 行排列稀疏的细齿，犁骨、腭骨及舌上均无齿。眼大，中位。鳃孔中大；前鳃盖边缘光滑，鳃盖骨无棘；鳃盖膜分离，不与颊部相连；鳃耙 8+15～17，细软；具假鳃。体被细薄圆鳞，易脱落，头部光滑无鳞；侧线完全，侧线鳞 41～44。

体银灰色，腹侧色较浅；第 1 背鳍黑色。鳍式：背鳍Ⅺ～Ⅻ，15；胸鳍 22～23；腹鳍Ⅰ-5；臀鳍Ⅲ-15；尾鳍 17。背鳍 2 个，第 1 背鳍鳍棘柔韧，平卧时可折叠于背沟内，第 2 背鳍基底长，与臀鳍相对；胸鳍中等大，中位；腹鳍小，可折叠藏于腹沟内；臀鳍与第 2 背鳍同形；尾鳍深叉形。

【生态习性】为暖水性中下层鱼类。栖息于浅海、河口。成鱼生活于近底层，晚上到表层摄食。主要摄食水母、底栖硅藻及浮游动物。

【分布范围】分布于印度—西北太平洋温暖海域，包括印度海域、日本南部海域及我国东海、南海和台湾海域。

【骨骼特征】额骨宽大，中部具嵴；上枕骨宽平，中部微凸；枕骨嵴扇形；侧筛骨较宽。上颌骨细长，棒状，末端达筛区下方；齿骨叉形；关节骨短小。脊椎骨数 31；椎体前后关节突明显，第 1～2 脊椎骨短小。尾杆骨窄长。颞骨小，叉形；匙骨末端宽大，伸至喉部后方；后匙骨细长，向后伸至腹鳍后方。腰带无名骨向前上方伸至乌喙骨内侧。背鳍支鳍骨细长；臀鳍第 1 支鳍骨长，与第 14 脊椎骨脉棘相对。

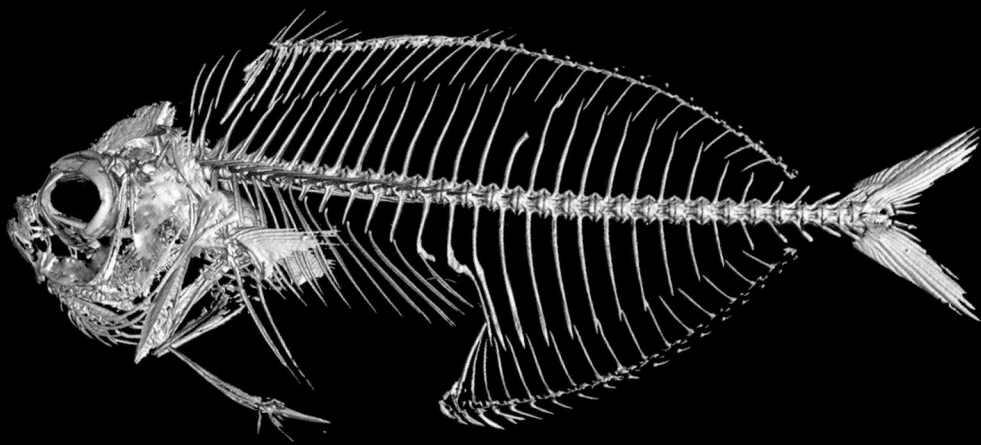

侧面观

背面观

腹面观

30 银鲳 *Pampus argenteus* (Euphrasen，1788)

【同种异名】*Stromateus argenteus* Euphrasen，1788；*Stromateoides argenteus* (Euphrasen，1788)；*Pampus argentus* (Euphrasen，1788)；*Stromateus echinogaster* Basilewsky，1855；*Pampus echinogaster* (Basilewsky，1855)；*Stromatioides nozawae* Ishikawa，1904。

【英文名】silver pomfret。

【地方名】暗鲳、白鲳、燕尾鲳。

【样本采集】$n=114$。全长 125.27（81.32～194.35）mm，体长 96.83（62.34～151.34）mm，体重 43.42（9.74～126.90）g。

【资源密度】4 454.536 g/km^2。

【生长条件因子】0.048 g/cm^3。

【形态特征】体侧扁，背缘与腹缘弧形隆起高；侧面观呈菱形。头较小，侧扁而高，背缘隆起。吻短，钝圆。上颌突出，长于下颌；两颌各具细齿 1 行，排列紧密，犁骨、腭骨及舌上均无齿。眼较大，中位，眼间隔宽。鳃孔小；前鳃盖无棘；鳃耙 4～6＋12～15，细弱、稍长。体被细小圆鳞，极易脱落；背鳍与臀鳍鳍条上亦被细鳞；侧线完全。

　　鲜活时，体背侧银灰色，具银色光泽，腹侧银白色，尾柄背缘灰黑色；各鳍浅灰色，背鳍顶端灰黑色，尾鳍上下叶末端及内缘灰黑色。鳍式：背鳍 X - 41～44；胸鳍 22～24；臀鳍 VII～VIII - 41～43；尾鳍 17。背鳍和臀鳍同形，前方鳍条稍延长，镰刀状，不伸达尾鳍基；尾鳍深叉形，下叶较上叶长，具一丝状延长黑带。

【生态习性】为暖水性中下层鱼类。栖息于 30～70 m 泥沙底质海区。主要摄食水母、浮游动物和小型底栖动物。

【分布范围】分布于日本南部海域及我国南海和台湾海域。

【骨骼特征】额骨较宽，向前倾斜，中部微凸；上枕骨拱形；枕骨嵴大，呈扇形，略前倾；筛骨窄小。前颌骨细小，位于眼下；齿骨较高，叉形。脊椎骨数 30；椎体前关节突明显；第 1～2 脊椎骨短小，上方具 3 枚上髓棘。尾杆骨短小。匙骨末端宽大，伸至喉部下方；后匙骨细长，向后伸至腹鳍后方；乌喙骨宽。腰带无名骨长条状，向前上方伸至匙骨内侧。背鳍支鳍骨细长；臀鳍第 1 支鳍骨长，支撑前 5 枚鳍棘。

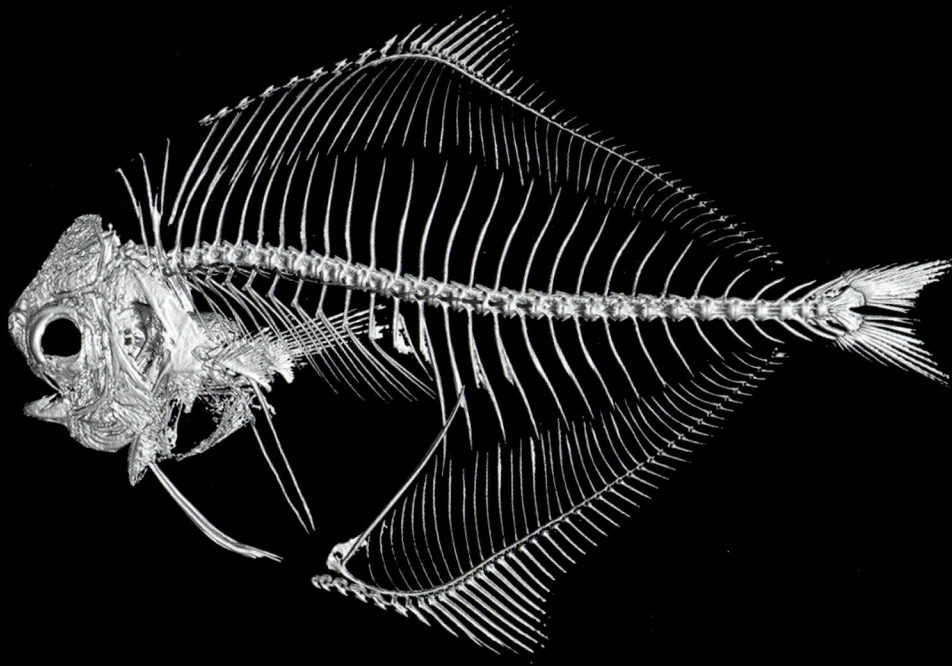

侧面观

背面观

腹面观

31 中国鲳 *Pampus chinensis*（Euphrasen，1788）

【同种异名】*Stromateus chinensis* Euphrasen，1788。

【英文名】Chinese pomfret。

【地方名】白鲳、春子仔。

【样本采集】$n=30$。全长 121.93（102.54～162.15）mm，体长 96.73（79.71～133.81）mm，体重 37.37（21.83～89.08）g。

【资源密度】1 008.909 g/km²。

【生长条件因子】0.041 g/cm³。

【形态特征】体侧扁，背缘及腹缘弓状弯曲；侧面观呈菱形。头较小，侧扁而高。吻短，钝圆，截形。口小，端位，稍斜；两颌各具细齿 1 行，排列紧密，犁骨、腭骨及舌上均无齿。眼较小，上位。前鳃盖无棘；鳃耙 2～3＋8～11，细弱。体被细鳞，背鳍与尾鳍鳍条上亦被细鳞；侧线完全，前端超过胸鳍起点垂直处。

　　鲜活时，体背侧青灰色，腹侧银白色；各鳍灰褐色，边缘灰黑色，胸鳍深灰色。鳍式：背鳍Ⅴ～Ⅵ-41～46；胸鳍 21；臀鳍Ⅲ-40～41；尾鳍 24。背鳍 1 个，前方小棘呈戟状，埋于皮下；胸鳍宽大；无腹鳍，臀鳍与背鳍相对、同形；尾鳍叉形。

【生态习性】为暖水性中下层鱼类。栖息于陆架泥沙底质海区，多在阴影下集群。成鱼生活于中下层水域。以水母、浮游动物和小型底栖动物为食。

【分布范围】分布于印度—西太平洋温暖海域，包括日本南部海域及我国东海、南海和台湾海域。

【骨骼特征】额骨较宽；上枕骨拱形；枕骨嵴小；筛骨窄小。前颌骨前端位于筛区前缘下方，末端位于眼中部下方；齿骨叉形。脊椎骨数 34；椎体前关节突明显，第 1～2 脊椎骨短小。尾杆骨较宽大。颞骨小，叉状；匙骨斧形，末端伸至喉部下方；后匙骨较短，向后伸至腹鳍后部上方。腰带无名骨长且弯曲，向前上方伸至匙骨内侧。背鳍支鳍骨细长；臀鳍第 4 支鳍骨长，与第 16 脊椎骨脉棘相对。

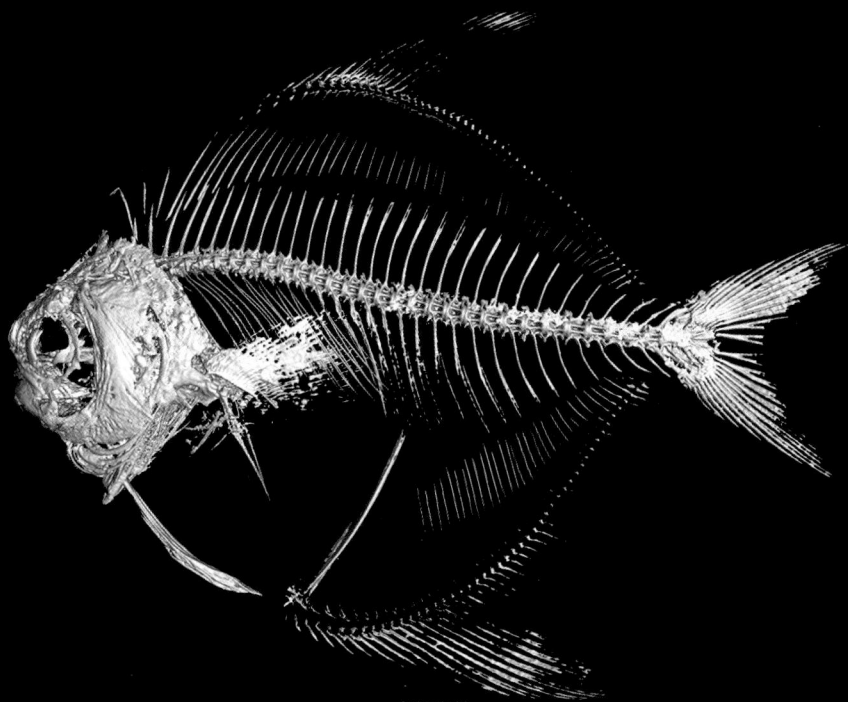

侧面观

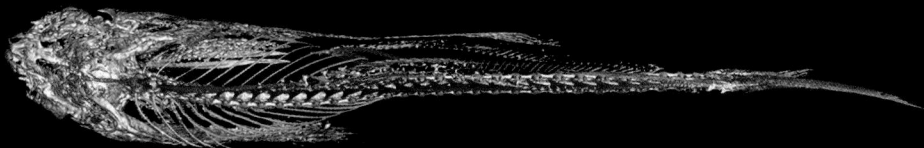

背面观

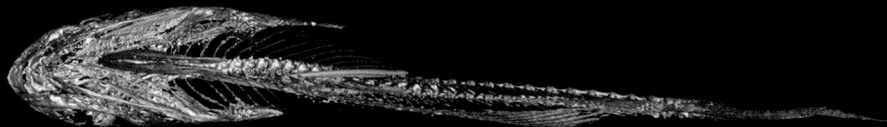

腹面观

32 羽鳃鲐 *Rastrelliger kanagurta* （Cuvier，1816）

【同种异名】*Scomber kanagurta* Cuvier，1816；*Rastelliger kanagurta* （Cuvier，1816）；*Rasteltiger kanagurta* （Cuvier，1816）；*Rastreliger kanagurta* （Cuvier，1816）；*Rastrelliger kanagugurta* （Cuvier，1816）；*Rastrelliger tanagurta* （Cuvier，1816）；*Rastrellinger kanagurta* （Cuvier，1816）；*Rastrilleger kanagurta* （Cuvier，1816）；*Scomber canagurta* Cuvier，1829；*Rastrelliger canagurta* （Cuvier，1829）；*Scomber loo* Lesson，1829；*Rastrelliger loo* （Lesson，1829）；*Scomber delphinalis* Cuvier，1832；*Scomber microlepidotus* Rüppell，1836；*Rastrelliger microlepidotus* （Rüppell，1836）；*Scomber chrysozonus* Rüppell，1836；*Rastrelliger chrysozonus* （Rüppell，1836）；*Scomber moluccensis* Bleeker，1856；*Scomber uam* Montrouzier，1857；*Scomber reani* Day，1871；*Scomber lepturus* Agassiz，1874；*Rastrelliger serventyi* Whitley，1944。

【英文名】rake gilled mackerel。

【地方名】青花鱼、鲐巴鱼、鲭钻鱼。

【样本采集】*n*＝15。全长 197.90（92.16～259.66）mm，体长 173.10（78.76～227.09）mm，体重 105.27（6.95～212.29）g。

【资源密度】1 421.031 g/km^2。

【生长条件因子】0.02 g/cm^3。

【形态特征】体高，纺锤形，背缘和腹缘弧形隆起；尾柄细短，尾鳍基两侧各具 2 条小的隆起嵴。头中等大。吻钝尖。口大，端位，口裂倾斜；两颌约等长；上下颌各具细齿 1 行，上颌齿多退化，犁骨、腭骨及舌上均无齿。眼中等大，近中位，具发达脂眼睑，眼间隔宽。前鳃盖边缘平滑；鳃耙 30～40，细长而侧扁，内侧密生细毛，呈羽毛状。体被小圆鳞，颊部亦被鳞，胸部鳞片大，形成小胸甲；侧线完全。

鲜活时，体背侧蓝绿色，腹侧银白色；体侧具黄色纵线；背鳍基底有黑点。鳍式：背鳍Ⅸ～Ⅺ，11～13＋5；胸鳍 19～22；腹鳍Ⅰ-5；臀鳍 12＋5；尾鳍 22。背鳍 2 个，距离较远，第 1 背鳍具 10 细弱鳍棘，第 2 背鳍后具 5 个分离小鳍；胸鳍小，近中位；腹鳍短小，胸位，腹鳍间突 1 个，颇小；臀鳍与第 2 背鳍同形、相对，后具 5 个分离小鳍；尾鳍深叉形。

【生态习性】为近海洄游性鱼类。栖息于近海中上层。喜集群，有趋光性和垂直移动现象。摄食端足类、桡足类、糠虾类及其他小型无脊椎动物。

【分布范围】分布于印度—西太平洋温暖海域，包括日本南部海域及我国东海、南海和台湾海域。

【骨骼特征】额骨窄长，中部微凹；上枕骨略呈三角形，两侧具嵴；枕骨嵴较长，呈三角形；筛骨较宽。前颌骨细长，末端达眼后缘垂直下方；上颌骨末端位于眼后缘垂直下方；齿骨较短，末端近眼后缘下方；关节骨长。脊椎骨数 29；髓棘和脉棘尖长。尾杆骨短小。匙骨呈斧形，末端伸至喉部后方。腰带无名骨向前上方伸至匙骨内侧。

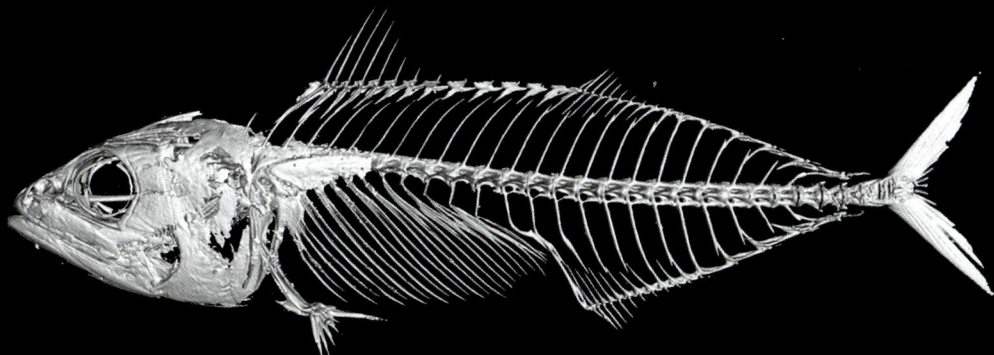

侧面观

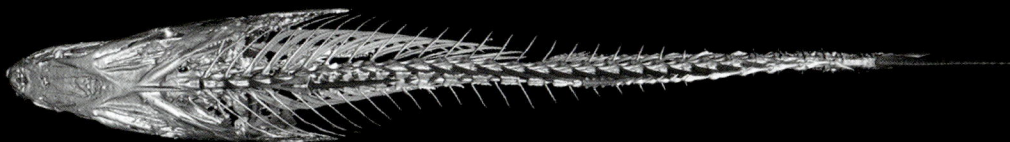

背面观

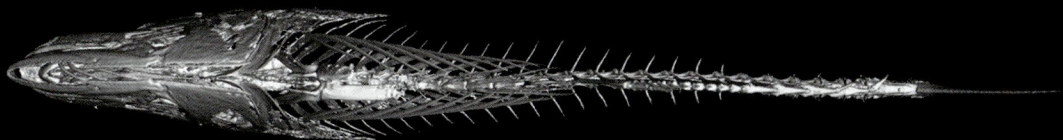

腹面观

33 南海带鱼 *Trichiurus nanhaiensis* Wang & Xu，1992

【同种异名】无。

【英文名】ribbon fish。

【地方名】白带、瘦带。

【样本采集】n＝11。全长 758.70（564.30～889.70）mm，体长 271.82（193.20～341.20）mm，体重 334.65（28.11～624.87）g。

【资源密度】3 312.77 g/km^2。

【生长条件因子】0.017 g/cm^3。

【形态特征】体延长，带状，甚侧扁，背缘及腹缘近平直，往尾部渐细。头窄长而侧扁，中等大。口大，平直；下颌长于上颌；两颌齿强大而锐利、侧扁，上颌前端具倒钩状大犬齿 2 对，口闭时露出口外，下颌具侧齿 11～13 枚，腭骨具细齿，犁骨及舌上均无齿。眼大，上位，眼间隔宽。鳃耙短而细长，排列紧密。鳞退化；侧线完全，从胸鳍上方显著下弯，斜行至胸鳍末端后方，再沿体侧下部伸达尾柄末端。

体银白色，尾尖黑色；胸鳍和背鳍基部白色透明状，背鳍、胸鳍具明显黑缘。鳍式：背鳍 132～139；胸鳍 11；臀鳍 103～111。背鳍 1 个，基底长，鳍条较高；胸鳍侧下位；无腹鳍；尾鳍消失。

【生态习性】为近海中下层鱼类。栖息于泥沙底质海区。厌强光，喜弱光。性凶猛。肉食性，以鱼类为食，也摄食甲壳类和头足类。

【分布范围】分布于西太平洋海域，我国分布于南海。

【骨骼特征】额骨窄长，两侧具嵴；上枕骨呈拱形；枕骨嵴矮，呈三角形；筛骨极窄；围眶骨薄弱。前颌骨长且弯曲，末端达眼前缘下方；上颌骨末端呈桨状，达眼中部下方；齿骨细长，略长于前颌骨；关节骨细长。脊椎骨数150；髓棘细长，近垂直于脊椎。尾杆骨尖细。匙骨长，呈深叉形；匙骨细长且弯曲，末端达喉部后方；后匙骨尖细；乌喙骨呈斧形。背鳍支鳍骨短小。

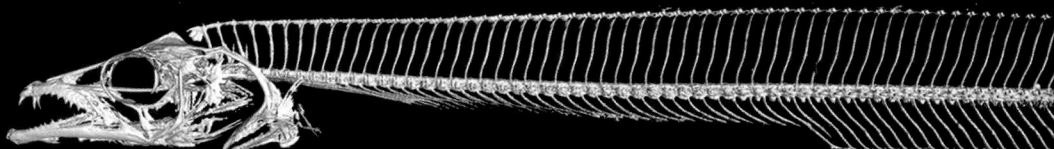

局部侧面观

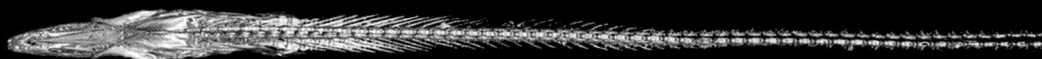

局部背面观

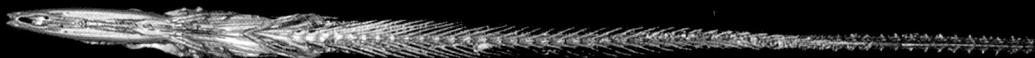

局部腹面观

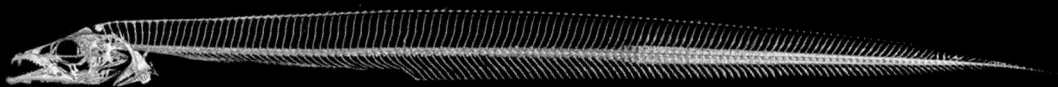

侧面观

34 日本带鱼 *Trichiurus japonicus* Temminck & Schlegel，1844

【同种异名】*Trichiurus japanicus* Temminck & Schlegel，1844；*Trichiurus lepturus japonicus* Temminck & Schlegel，1844。

【英文名】Japanese hairtail。

【地方名】白带、瘦带。

【样本采集】$n = 106$。全长 567.40（346.90～896.70）mm，体长 196.79（47.50～374.60）mm，体重 127.37（28.44～665.00）g。

【资源密度】12 150.126 g/km^2。

【生长条件因子】0.017 g/cm^3。

【形态特征】体甚长，带形，侧扁，背缘和腹缘近平直，尾部渐细，末端如长鞭状。头中大，前端尖突。吻尖长。口大，平直；下颌突出，前端具 1 角锥状突起；两颌齿强大，侧扁而尖，上颌前端具犬齿 2 对，口闭时嵌入下颌凹窝内，上颌具侧齿 10～13 枚，下颌前端具犬齿 1～2 对，较上颌的小，口闭时露出口外，下颌具侧齿 12～14 枚，犁骨、腭骨及舌上均无齿。眼中大，上位，眼间隔宽。鳃耙短而细尖，排列紧密。鳞退化；侧线完全，从胸鳍上方开始下弯，斜行至胸鳍末端后方，再沿体侧下部伸达尾柄末端。

体银白色；背鳍呈透明状，尾黑色。鳍式：背鳍 125～145；胸鳍 10～12；臀鳍 108～112。背鳍 1 个，基底颇长，自鳃盖骨上方沿背缘至尾端；胸鳍侧下位；无腹鳍；尾鳍消失。

【生态习性】为近海中下层鱼类。栖息于水深 100 m 以浅的泥沙底质海区。厌强光，喜弱光。性凶猛。肉食性，以鱼类为食，也摄食甲壳类和头足类。

【分布范围】分布于印度—西太平洋温暖海域，包括日本南部海域、朝鲜半岛海域及我国各大海域。

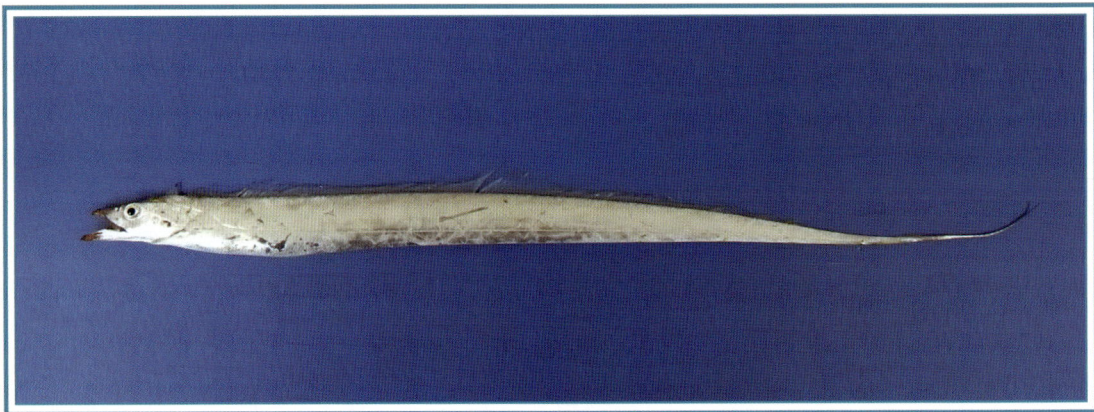

【骨骼特征】额骨窄长，两侧具嵴；上枕骨呈拱形；枕骨嵴呈三角形；筛骨极窄。前颌骨长且弯曲，末端位于眼前缘垂直下方；上颌骨末端呈桨状，位于眼中部垂直下方；齿骨细长，略长于前颌骨；关节骨细长。脊椎骨数 120；髓棘细长。尾杆骨尖细。匙骨长，呈深叉形；匙骨细长弯曲，末端达喉部后方；乌喙骨斧形。背鳍支鳍骨短小。

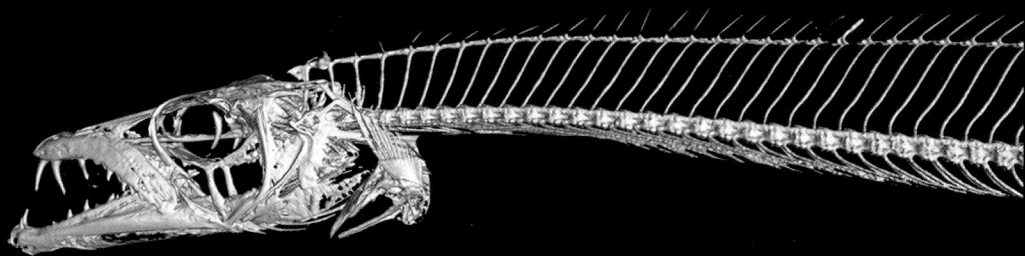

局部侧面观

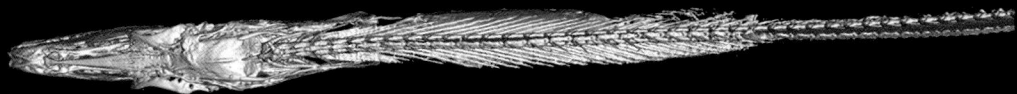

局部背面观

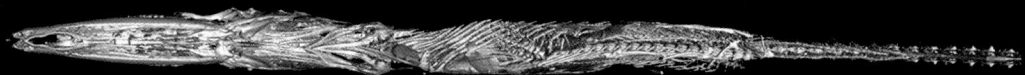

局部腹面观

侧面观

35 黄带绯鲤 *Upeneus sulphureus* Cuvier，1829

【同种异名】*Upeneus sulphurus* Cuvier，1829；*Upeneus suophureus* Cuvier，1829；*Upeneus bilineatus* Valenciennes，1831；*Parupeneus bilineata*（Valenciennes，1831）。

【英文名】sulphur goatfish。

【地方名】须哥、秋姑。

【样本采集】n=450。全长 140.23（62.04～205.87）mm，体长 116.29（51.52～169.31）mm，体重 41.97（2.79～117.13）g。

【资源密度】16 996.49 g/km^2。

【生长条件因子】0.027 g/cm^3。

【形态特征】体延长，侧扁，背缘浅弧形，腹缘较平直；尾柄较长。头中等大。吻圆钝。口小，亚端位；下颌稍短于上颌；两颌、犁骨及腭骨均具绒毛状齿。颏须 1 对，其末端达前鳃盖骨后下缘。眼较大，上位。鳃孔大；前鳃盖后缘平滑；鳃耙 7～10＋18～22，细弱。体被中大薄栉鳞，易脱落；眶前无鳞；侧线完全，侧线鳞 34～39。

体红褐色，体背侧色较深，体下侧色较浅，腹部黄色；体侧具 3～4 条金黄色纵带，其中侧线下方纵带最明显；第 1 背鳍尖端黑色，具 2 红褐色条纹，第 2 背鳍具 3 红褐色条纹；腹鳍及臀鳍淡黄色，基部亮黄色；尾鳍无暗色条带，下叶背缘黄色。鳍式：背鳍Ⅷ，Ⅰ-8；胸鳍 15～17；腹鳍Ⅰ-5；臀鳍Ⅰ-6；尾鳍 17。背鳍 2 个，第 1 背鳍具 8 枚鳍棘，第 2 鳍棘最长；胸鳍中位，稍低；腹鳍略短于胸鳍；臀鳍与第 2 背鳍相对；尾鳍叉形。

【生态习性】为暖水性底层鱼类。栖息于大陆架泥沙底质海区。常用颏须翻动泥沙，捕食底栖甲壳类和软体动物。

【分布范围】分布于印度—西太平洋海域，包括澳大利亚、日本南部海域及我国南海和台湾海域。

【骨骼特征】额骨较宽；上枕骨拱形；枕骨嵴小；侧筛骨宽大。前颌骨较长，前部突起高，末端达筛区前方；上颌骨略长于前颌骨，末端位于眼中部垂直下方；齿骨短小；关节骨较大，三角形。脊椎骨数 24；第 1～2 脊椎骨较短，上方具 3 枚上髓棘。尾杆骨较宽。匙骨细，叉形；匙骨斧形，下端伸至喉部；后匙骨向后延伸至腹鳍基上方。腰带无名骨较长，向前上方延伸至匙骨内侧。背鳍和臀鳍支鳍骨细长。

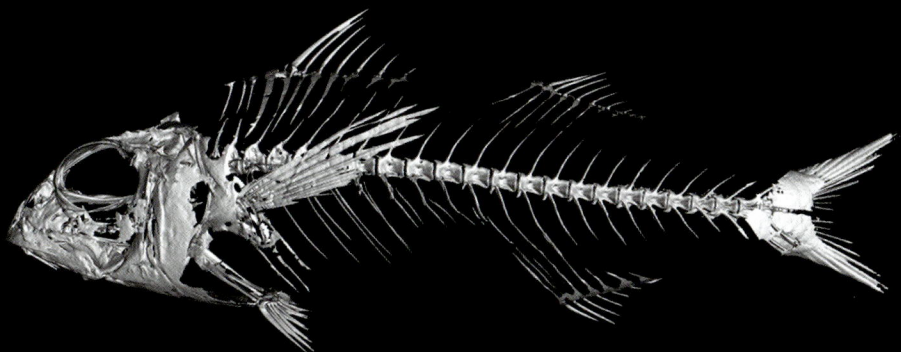

侧面观

背面观

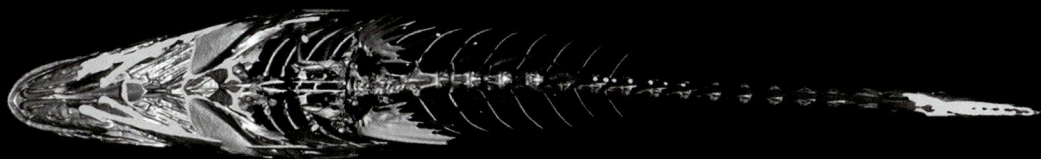

腹面观

36 黄尾绯鲤 *Upeneus sundaicus*（Bleeker，1855）

【同种异名】*Upeneoides sundaicus* Bleeker，1855；*Upeneus sundaecus*（Bleeker，1855）；*Pennon armatoides* Whitley，1955。

【英文名】ochrebanded goatfish。

【地方名】须哥、秋姑。

【样本采集】$n=1$。全长 133.97 mm，体长 109.85 mm，体重 49.87 g。

【资源密度】0.01 g/km^2。

【生长条件因子】0.038 g/cm^3。

【形态特征】体延长，侧扁，背缘浅弧形隆起，腹缘近水平状；侧面观呈长椭圆形；尾柄较长。头中等大。吻长，吻端钝。口小，亚端位；下颌稍短于上颌；两颌齿细小，绒毛状，犁骨和腭骨无齿。颏须 1 对，长且大，其末端前鳃盖骨后下缘。眼较大，上侧位，眼间隔微凸。鳃孔大；前鳃盖后缘平滑，鳃盖骨后缘具 1 短棘；鳃耙 9+20，细弱。体被薄栉鳞，易脱落，头部除吻端外全部被鳞；侧线完全，侧线鳞 39。

体背侧深红色，体侧色淡，腹部淡黄色；体轴中部具 1 红褐色纵带，自眼前端穿过眼部至尾柄处；背鳍鳍膜无条纹，尾鳍上叶色较浅，下叶深红色，末端黑色。鳍式：背鳍 Ⅷ，Ⅰ-8；胸鳍 17；腹鳍 Ⅰ-5；臀鳍 Ⅰ-6；尾鳍 17。背鳍 2 个，第 1 背鳍具 8 鳍棘，第 1 鳍棘极短，第 2、3 鳍棘约等长；胸鳍中等长；腹鳍位于胸鳍基下方，略短于胸鳍；臀鳍与第 2 背鳍相对；尾鳍叉形。

【生态习性】为暖水性底层鱼类。栖息水深小于 110 m。常用颏须翻动泥沙，捕食底栖动物。

【分布范围】分布于我印度—太平洋温暖水域，包括琉球群岛及我国南海和台湾海域。

【骨骼特征】额骨宽大，两侧具嵴；上枕骨宽平；枕骨嵴小；侧筛骨宽大。前颌骨较长，前部突起高，末端达额骨前方；上颌骨略长于前颌骨，末端位于眼中部垂直下方；齿骨短小，略短于上颌骨；关节骨较大，三角形。脊椎骨数 24；第 1～2 脊椎骨较短，上方具 2 枚上髓棘。尾杆骨较宽。颞骨较细，弯钩状；匙骨斧形，下端伸至喉部；乌喙骨宽大。腰带无名骨向前上方延伸至匙骨内侧。背鳍和臀鳍支鳍骨细长。

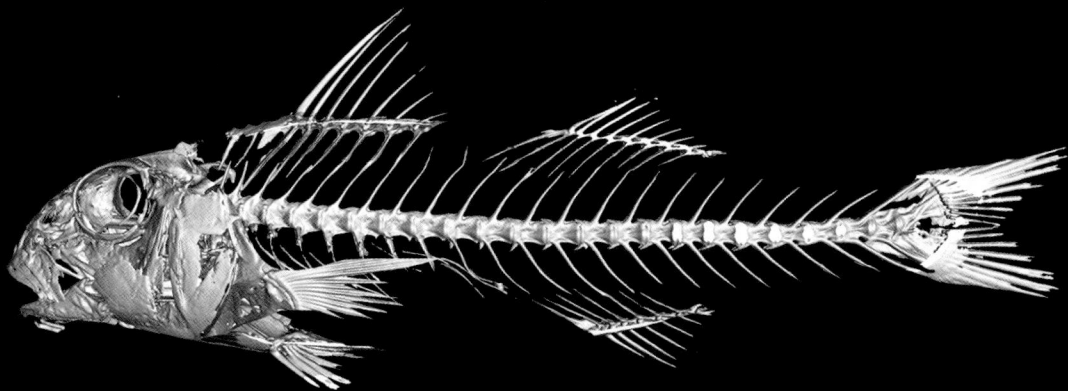

侧面观

背面观

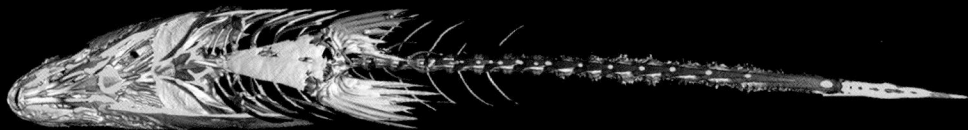

腹面观

37 吕宋绯鲤 *Upeneus luzonius* Jordan & Seale，1907

【同种异名】无。

【英文名】dark-barred goatfish。

【地方名】红鱼仔、红手指。

【样本采集】*n*=7。全长 134.56（101.31～165.64）mm，体长 111.13（86.28～136.25）mm，体重 22.99（12.96～37.44）g。

【资源密度】144.825 g/km²。

【生长条件因子】0.017 g/cm³。

【形态特征】体延长，侧扁，背缘浅弧形，腹缘近水平状；侧面观呈长椭圆形；尾柄较长。头中等大。吻长，吻端钝。口小，亚端位；下颌稍短于上颌；两颌齿细小，绒毛状，犁骨及腭骨具绒毛状齿群。颏须 1 对，其末端达前鳃盖骨后下缘。眼较大，上位。鳃孔大；前鳃盖后缘平滑；鳃耙 9+20，细弱。体被中大薄栉鳞，易脱落，头部除吻端和眼前部无鳞外，其余皆被鳞；侧线完全，侧线鳞 39。

体背侧粉红色，腹侧色稍浅；体鲜活时，体侧自吻端经眼至尾鳍基部具一红褐色纵带，纵带上具 3 个黑褐色斑块，第 1 斑块位于第 1 背鳍第 5～8 鳍棘下方，第 2 斑块位于第 2 背鳍第 1～4 鳍条下方，第 3 斑块位于第 2 背鳍后方，鞍状；各鳍浅红色，尾鳍上下叶各具 4～5 条红色斜纹。鳍式：背鳍Ⅷ，Ⅰ～8；胸鳍 17；腹鳍Ⅰ-5；臀鳍Ⅰ-6；尾鳍 17。背鳍 2 个，第 1 背鳍具 8 鳍棘，第 3 鳍棘最长；胸鳍较长；腹鳍略短于胸鳍；臀鳍与第 2 背鳍相对；尾鳍叉形。

【生态习性】为暖水性沿岸鱼类。栖息于近岸浅海区。主要摄食底栖甲壳类和软体动物。

【分布范围】分布于印度—西太平洋温暖海域，包括我国南海和台湾海域。

【骨骼特征】额骨宽大，两侧翘起；上枕骨宽平；枕骨嵴小；侧筛骨宽大。前颌骨较长，前部突起高，末端达额骨前方；上颌骨略长于前颌骨，末端达眼中部下方；齿骨短小，略短于上颌骨；关节骨较大，呈三角形。脊椎骨数24；第1～2脊椎骨较短，上方具2枚上髓棘。尾杆骨较宽。颞骨细，呈弯钩状；匙骨斧形，下端伸至喉部；后匙骨向后延伸至胸鳍基下方；乌喙骨薄弱。腰带无名骨较长，向前上方延伸至匙骨内侧。背鳍和臀鳍支鳍骨细长。

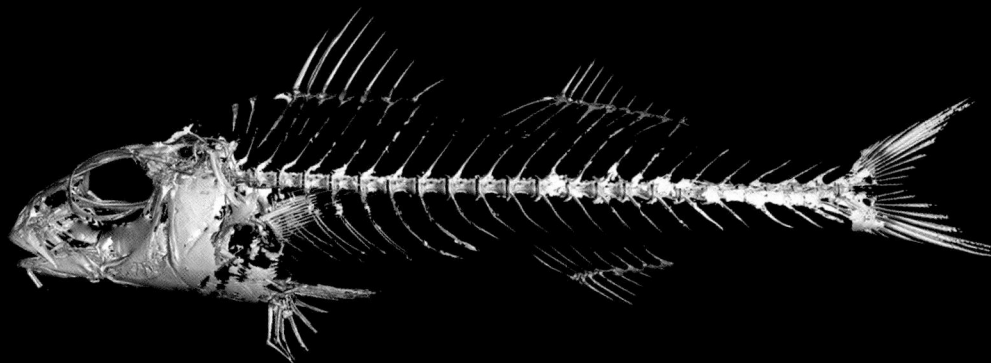

侧面观

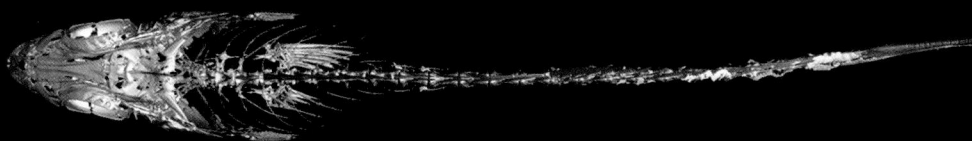

背面观

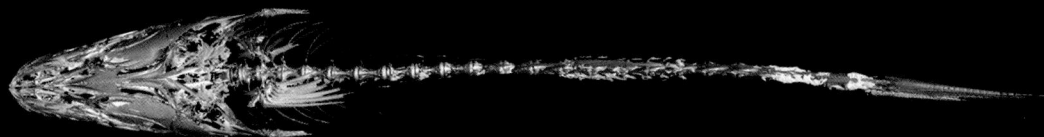

腹面观

38 斑臂鲻 *Callionymus octostigmatus* Fricke，1981

【同种异名】*Repomucenus octostigmatus*（Fricke，1981）。

【英文名】dragonet。

【地方名】滑骨鱼、箭头鱼、狗折。

【样本采集】n＝1。全长 154.83 mm，体长 112.20 mm，体重 12.88 g。

【资源密度】11.591 g/km²。

【生长条件因子】0.009 g/cm³。

【形态特征】体延长，前部稍平扁，向后渐细。头稍小，平扁。吻短，背视呈三角形。口小，亚端位；下颌较上颌略短；两颌具绒毛状齿，犁骨与腭骨无齿。眼稍小，上位，眼间隔很窄，中央为纵凹沟状。鳃孔小；前鳃盖棘向后上方弯曲，其前下缘具 1 向前倒棘，其上缘一般具 3 个向前上方弯曲的小棘。无鳞；侧线 1 条，左右侧线在头枕部及尾柄部各具 1 横支自背侧相连。

体背侧黄褐色，腹侧淡褐色；体背散布若干暗褐色小点；吻和眼下方具若干黄褐色不规则细纹；第 1 背鳍淡黄色，具明显白色条纹，第 2 背鳍基部及后端具暗色斑；尾鳍黄褐色，散布暗色小点。鳍式：背鳍Ⅳ，9；胸鳍 19～23；腹鳍Ⅰ-5；臀鳍 9；尾鳍 12。背鳍 2 个，第 1 背鳍具 4 条延长丝状鳍棘，第 2 背鳍和臀鳍除最后鳍条在基部分支之外，其余鳍条均不分支；胸鳍侧低位；腹鳍喉位，有膜与胸鳍基前方相连；尾鳍延长呈矛尾状。

【生态习性】为暖水性底层鱼类。栖息于泥沙底质海区。以底栖动物为食。

【分布范围】分布于印度—西太平洋温暖海域，包括我国东海、南海和台湾海域。

【骨骼特征】额骨呈三角形，前端细；顶骨和上枕骨宽平；侧筛骨宽大。前颌骨短，前部突起极长，伸至筛骨前端。脊椎骨数 21；椎体前后关节突明显。尾杆骨窄长。

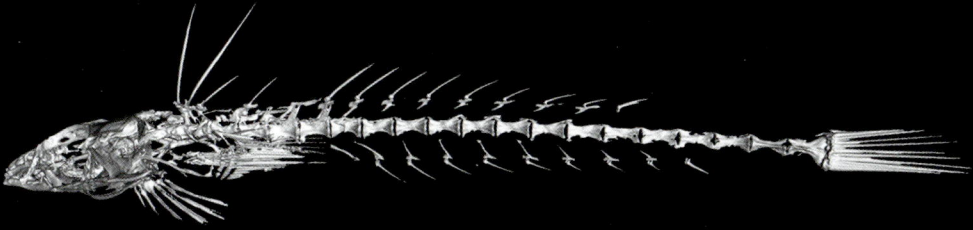

侧面观

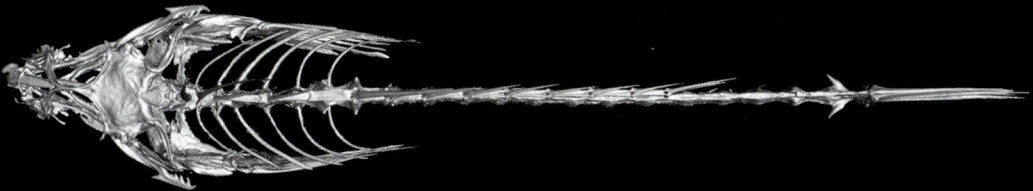

背面观

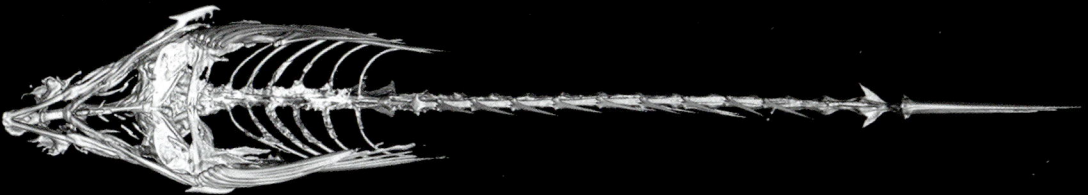

腹面观

39 横带银口天竺鲷 *Jaydia striata*（Smith & Radcliffe，1912）

【同种异名】*Amia striata* Smith & Radcliffe，1912；*Apogon striatus*（Smith & Radcliffe，1912）；*Apogonichthys striatus*（Smith & Radcliffe，1912）；*Apogon striata*（Smith & Radcliffe，1912）。

【英文名】largefin cardinalfish。

【地方名】条纹天竺鲷、梭罗。

【样本采集】*n*=150。全长 83.69（54.00～122.33）mm，体长 68.27（42.92～95.40）mm，体重 8.08（2.53～15.40）g。

【资源密度】1 090.713 g/km²。

【生长条件因子】0.025 g/cm³。

【形态特征】体侧扁，背缘及腹缘均为浅弧形；侧面观呈长椭圆形；尾柄较长。头中等大。吻短。口大，端位，倾斜；两颌约等长；颌齿细小，绒毛状，犁骨及腭骨亦具绒毛状齿。眼大，上位，眼间隔宽，中央有隆起线。鳃孔大；前鳃盖边缘平滑，仅隅角处具细锯齿；鳃耙 5～6+10～11，细短，排列稀疏。体被中大薄栉鳞，鳞片极易脱落；头部仅颊部和鳃盖骨被鳞；侧线完全，侧线鳞 24～25。

体背侧灰褐色，腹侧银色；鲜活时，体侧具 13～15 条黑色横带，带幅较带间隙宽，颊部暗带较明显；各鳍色浅，背鳍顶部具黑色斑纹。鳍式：背鳍Ⅶ，Ⅰ-9；胸鳍 14～15；腹鳍Ⅰ-5；臀鳍Ⅱ-8；尾鳍 17。背鳍 2 个，第 1 背鳍位于胸鳍基部上方，鳍棘较弱，第 2 背鳍高于第 1 背鳍；胸鳍位低，后端伸达肛门上方；腹鳍起点与第 1 背鳍相对；臀鳍与第 2 背鳍相对，起点位于第 2 背鳍第 4 鳍条下方；尾鳍截形。

【生态习性】为暖水性中下层鱼类。栖息于近岸泥沙底质海区。捕食多毛类及其他小型底栖无脊椎动物。

【分布范围】分布于中西太平洋温暖海域，包括菲律宾海域及我国南海和台湾海域。

【骨骼特征】额骨较宽，向上明显隆起；顶骨较小，拱形；枕骨嵴侧视呈三角形；筛骨窄小具沟槽结构。前颌骨细长，前端突起明显，末端位于眼中部垂直下方；上颌骨棒状，末端桨形，位于眼后缘垂直下方；齿骨较高。脊椎骨数 24；前躯椎上方具 3 枚上髓棘，第1～5脊椎髓棘强大，之后尖细。尾杆骨宽大。颡骨较宽，叉形；匙骨上端宽大，下端细长，伸至喉部；后匙骨向后延伸至腹鳍中部上方。腰带无名骨向前上方延伸至匙骨内侧，臀鳍第 1 支鳍骨粗大，支持前 2 枚鳍棘。

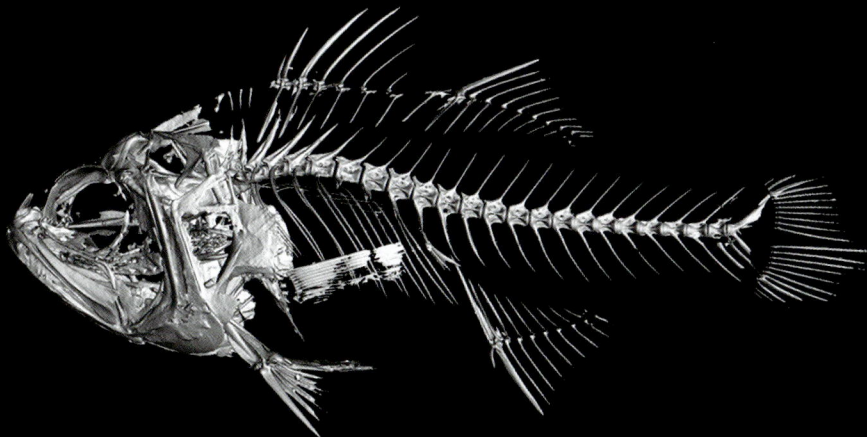

侧面观

背面观

腹面观

40 半线鹦天竺鲷 *Ostorhinchus semilineatus* (Temminck & Schlegel, 1842)

【同种异名】*Apogon semilineatus* Temminck & Schlegel，1842。
【英文名】half-lined cardinal。
【地方名】大目侧仔、梭罗。
【样本采集】$n=7$。全长 93.11（69.63~110.54）mm，体长 75.45（54.50~94.56）mm，体重 12.44（3.63~22.65）g。
【资源密度】78.366 g/km^2。
【生长条件因子】0.029 g/cm^3。
【形态特征】体稍高，侧扁而粗壮；侧面观呈长椭圆形；尾柄较长。头中大。吻较尖。口大，端位，倾斜；下颌稍长于上颌，两颌齿细小，毛绒状，犁骨及腭骨亦具绒毛状齿带。眼大，上侧位，眼间隔狭窄，微凹。鳃孔宽大；前鳃盖骨隅角处锯齿明显；鳃耙细丝状。体被中大薄栉鳞，易脱落；颊部和鳃盖部被鳞；侧线完全，侧线鳞24~26。

体背侧淡红色，腹侧银白色，略带粉红色；体侧具2条黑褐色纵带，上侧纵带自吻端经眼，向后延伸至第2背鳍基底后端，下侧纵带不完全，始于吻端，止于鳃盖后缘，尾柄上有一小于瞳孔的黑色圆斑；第1背鳍上缘黑色，第2背鳍淡粉色。鳍式：背鳍Ⅶ，Ⅰ-9；胸鳍12~13；腹鳍Ⅰ-5；臀鳍Ⅱ-8；尾鳍17。背鳍2个，第1背鳍鳍棘较弱，以第3鳍棘最长，第2背鳍最长鳍条长于第1背鳍最长鳍棘；胸鳍位低，后端伸达臀鳍起点稍前方；腹鳍胸位；臀鳍与第2背鳍相对，起点稍后于第2背鳍起点；尾鳍浅叉形。
【生态习性】为暖水性中下层鱼类。栖息水深小于100 m。以浮游动物和底栖无脊椎动物为食。
【分布范围】分布于西太平洋温暖海域，包括菲律宾海域、日本南部海域及我国东海、南海和台湾海域。

【骨骼特征】额骨较宽，两侧眼眶上部各具 1 枚大棘，颅顶表面具 4 枚小棘；枕骨嵴小；侧筛骨较宽；围眶骨系沟槽明显。前颌骨细长，前端突起明显，末端位于于眼中部垂直下方；上颌骨棒状，末端呈桨状，位于眼后缘垂直下方。脊椎骨数 24；第 1～2 脊椎骨较短，上方具 3 枚上髓棘，第 2～5 脊椎骨髓棘强大。尾杆骨宽大。匙骨宽大，弯钩形；匙骨上端宽大，下端细长，伸向喉部；后匙骨向后延伸至腹鳍中部上方。腰带无名骨向前上方延伸至匙骨内侧上方。臀鳍第 1 支鳍骨粗大，与第 11 脊椎骨脉棘相对，支撑前 2 枚鳍棘。

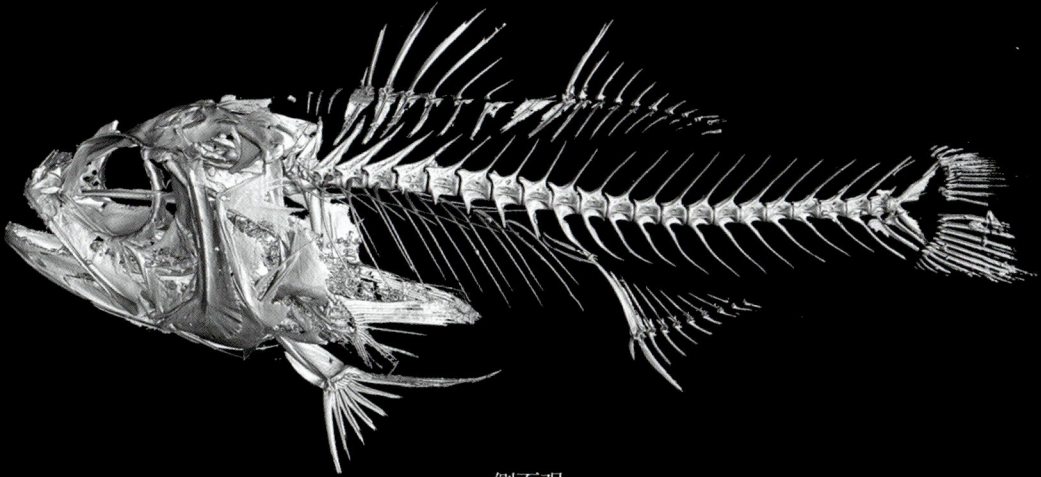

侧面观

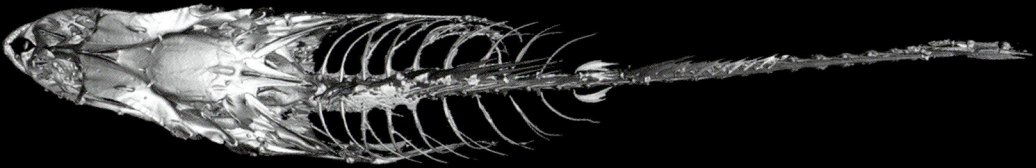

背面观

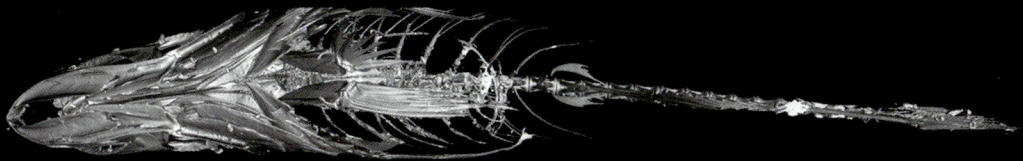

腹面观

41 侧带鹦天竺鲷 *Ostorhinchus pleuron*（Fraser，2005）

【同种异名】*Apogon pleuron* Fraser，2005。

【英文名】rib-bar cardinalfish。

【地方名】梭罗。

【样本采集】n=224。全长 80.48（44.47～112.29）mm，体长 66.63（35.83～91.64）mm，体重 8.57（1.04～18.52）g。

【资源密度】1 727.574 g/km^2。

【生长条件因子】0.029 g/cm^3。

【形态特征】体稍高，侧扁；侧面观呈长椭圆形；尾柄较长。头中大。吻较尖。口大，端位，倾斜；下颌稍长于上颌，两颌齿细小，毛绒状，犁骨及腭骨也具绒毛状齿带。眼大，上位，眼间隔狭窄。鳃孔宽大；前鳃盖骨隅角处锯齿明显；鳃耙 21～23，细丝状。体被中大薄栉鳞，易脱落；颊部和鳃盖部被鳞；侧线完全，侧线鳞 24～25。

体背侧淡黄褐色，腹侧银白色，略带粉红色；体侧有 2 条暗纵带，上方纵带自眼后上缘延伸至尾柄上侧，下方纵带自吻端贯穿眼沿体轴向后延伸至尾鳍末端；口、颌与鳃盖上半部黑色；第 1 背鳍上缘黑色，第 2 背鳍下部具黑色纵带。鳍式：背鳍Ⅶ，Ⅰ-9；胸鳍15；腹鳍Ⅰ-5；臀鳍Ⅱ-8；尾鳍17。背鳍 2 个，分离，第 1 背鳍鳍棘较弱，以第 2 鳍棘最长，第 2 背鳍最长鳍条长于第 1 背鳍最长鳍棘；胸鳍位低，后端伸达臀鳍起点稍前；腹鳍腹位；臀鳍与第 2 背鳍相对，起点稍后于第 2 背鳍起点下方；尾鳍浅叉形。

【生态习性】为暖水性中下层鱼类。栖息于近岸浅海区。以浮游动物和底栖无脊椎动物为食。

【分布范围】分布于西太平洋温暖海域，包括菲律宾海域、日本南部海域及我国东海、南海和台湾海域。

【骨骼特征】额骨较宽，两侧边缘光滑，中央拱起，表面具 4 枚小棘；顶骨与上枕骨小；枕骨嵴较小；侧筛骨较宽；围眶骨系具明显沟槽。前颌骨细长，末端位于眼中部垂直下方；上颌骨棒状，末端桨形，位于眼后缘垂直下方。脊椎骨数 24；第 1～2 脊椎骨较小，上方具 3 枚上髓棘，第 3～5 脊椎骨髓棘强大。尾杆骨宽大。匙骨宽大，叉形；匙骨上端宽大，下端细长，伸至喉部下方；后匙骨向后延伸至腹鳍中部上方。腰带无名骨向前上方延伸至匙骨内侧。臀鳍第 1 支鳍骨极粗大，与第 11 脊椎骨脉棘相对，支持前 2 枚鳍棘。

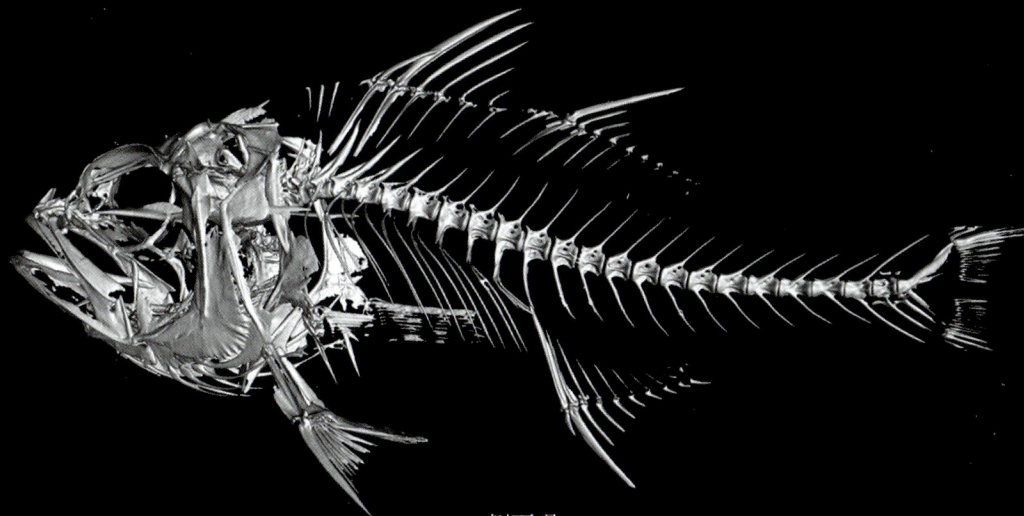

侧面观

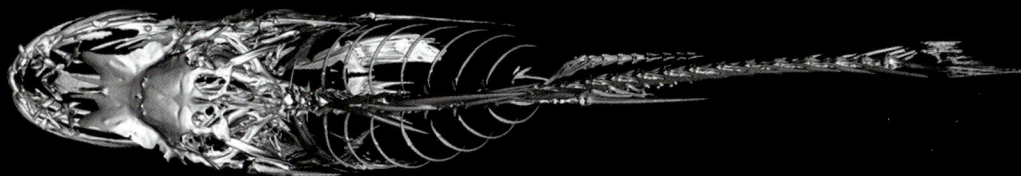

背面观

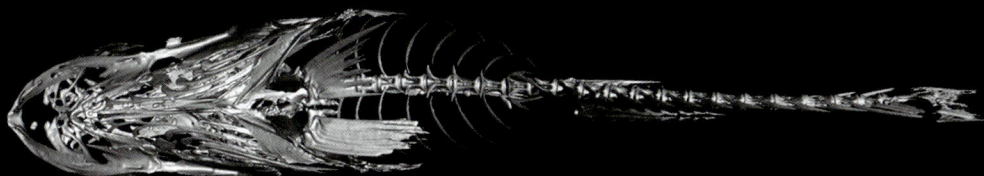

腹面观

42 锯嵴塘鳢 *Butis koilomatodon* (Bleeker，1849)

【同种异名】*Eleotris koilomatodon* Bleeker，1849；*Prionobutis koilomatodon*（Bleeker，1849）；*Eleotris caperatus* Cantor，1849；*Butis caperatus*（Cantor，1849）；*Eleotris delagoensis* Barnard，1927；*Hypseleotris raji* Herre，1945。

【英文名】mud sleeper。

【地方名】黑咕噜。

【样本采集】$n=1$。全长 83.65 mm，体长 60.20 mm，体重 28.92 g。

【资源密度】26.026 g/km²。

【生长条件因子】0.133 g/cm³。

【形态特征】体延长，后部侧扁。头平扁，颊圆突。吻稍短而圆钝，吻长略大于眼径。口大，端位，上下颌约等长；两颌均具绒毛状细齿，犁骨具绒毛状齿带，腭骨及舌上无齿。唇发达。眼小，上位，无游离下眼睑，眼上后缘具半环形锯齿状骨嵴。鳃孔宽大；鳃盖膜与颊部相连；鳃耙 5＋7，短；具假鳃。体被中大弱栉鳞；纵列鳞 30；无侧线。

体褐色，腹侧前部色稍浅；体侧有 6 条暗横带，眼下方有 3 条辐射状灰黑色条纹；各鳍灰黑色。鳍式：背鳍Ⅵ，Ⅰ-8；胸鳍 20；腹鳍Ⅰ-5；臀鳍Ⅰ-7；尾鳍 15。背鳍 2 个，第 1 背鳍基底略短于第 2 背鳍基底；胸鳍略长，下侧位，末端达第 2 背鳍下方；腹鳍胸位；臀鳍与第 2 背鳍同形，相对。

【生态习性】为暖水性底层鱼类。多栖息于河口、红树林和礁石海区。主要摄食底栖动物。

【分布范围】分布于琉球群岛海域及我国东海、南海和台湾海域。

【骨骼特征】额骨中部窄，两侧边缘具锯齿；顶骨较宽，呈拱形半球状；上枕骨和枕骨嵴小；侧筛骨较宽。前颌骨中等长，前部突起较高，末端达眼前缘下方；上颌骨长条状，末端位于眼前缘垂直下方。脊椎骨数 26；第 1~6 脊椎骨椎体前关节突明显。尾杆骨宽短。匙骨较宽，略方；匙骨细长；后匙骨细，末端未达胸鳍基。背鳍和臀鳍支鳍骨尖细。

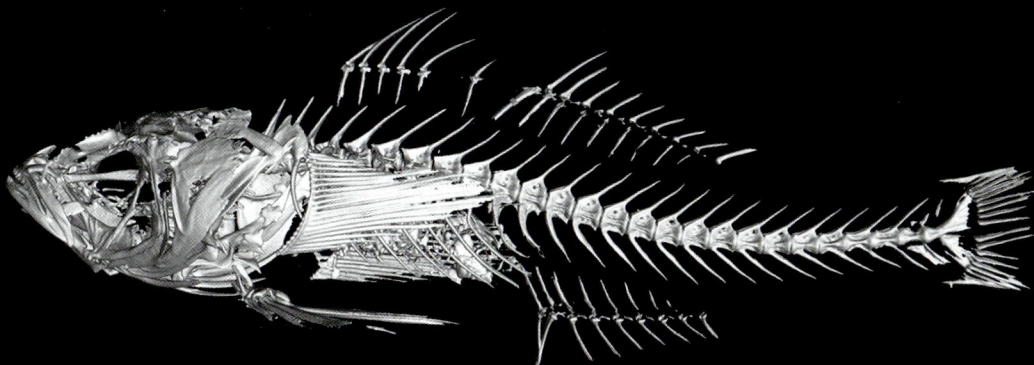

侧面观

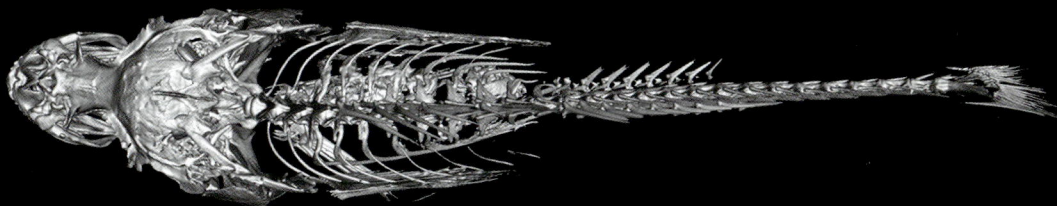

背面观

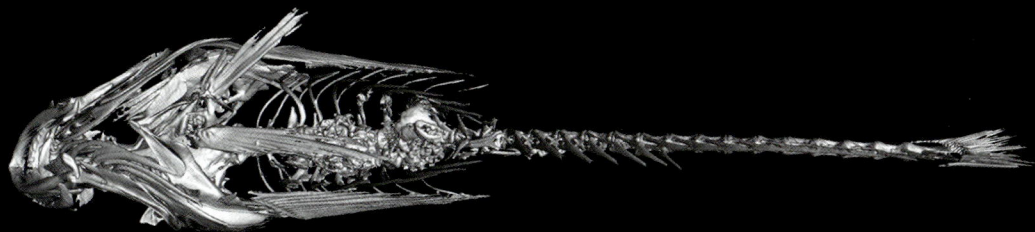

腹面观

43 单色颊沟虾虎鱼 *Aulopareia unicolor*（Valenciennes，1837）

【同种异名】*Gobius unicolor* Valenciennes，1837。

【英文名】greenspotgoby。

【地方名】虾虎鱼。

【样本采集】*n*=4。全长 107.06（95.85～115.84）mm，体长 89.54（80.39～95.98）mm，体重 17.37（13.91～22.56）g。

【资源密度】62.527 g/km^2。

【生长条件因子】0.024 g/cm^3。

【形态特征】体延长，前部亚圆筒形，后部侧扁且宽；尾柄宽大。头短小，圆钝，稍宽扁；头部具感觉管孔。吻短，圆钝。口较大，端位；舌游离，前端截形；下颌稍突出；两颌具尖锐细小齿，多行，外行齿扩大，下颌外行最后 1 枚齿扩大为向后弯的犬齿，犁骨、腭骨及舌上均无齿。唇厚。眼中等大，上位，眼间隔窄。鳃孔中大；鳃盖膜与颊部相连；鳃耙 1～2+8～9，短粗。体被中大栉鳞，后部鳞较大；头部除项部和鳃盖上部被小圆鳞外，其余均无鳞；纵列鳞 25～29；无侧线。

体黄褐色，腹侧色稍浅；鳃盖边缘上方具一深色斑点；背鳍黄褐色，第 1 背鳍较第 2 背鳍色浅，第 2 背鳍与尾鳍均具黑色斑点，胸鳍、腹鳍暗灰色，臀鳍边缘黑色，尾鳍基上部具一黑色斑。鳍式：背鳍Ⅵ，Ⅰ-9～10；胸鳍 18～20；腹鳍Ⅰ-5；臀鳍Ⅰ-9～10；尾鳍 15～17。背鳍 2 个，第 2 背鳍基底较第 1 背鳍基底长；胸鳍宽大；左右腹鳍愈合成 1 吸盘；臀鳍与第 2 背鳍同形；尾鳍后缘圆形。

【生态习性】为暖水性底层鱼类。栖息于河口、红树林及泥沙底质海区。广盐性。肉食性，以小型底栖动物和鱼类为食。

【分布范围】分布于印度洋北部及我国东海和南海。

【骨骼特征】额骨三角形，中央具嵴；上枕骨拱形，中部凸起；枕骨嵴长；侧筛骨宽大。前颌骨较长，末端位于眼前缘垂直下方；上颌骨略短于前颌骨；齿骨约与前颌骨等长；关节骨短小。脊椎骨数 26；第 1 脊椎骨短小，第 2～10 脊椎骨椎体横突明显。尾杆骨宽大。匙骨较大，叉形；匙骨弯曲且细长。腰带无名骨薄弱，愈合呈吸盘状。背鳍和臀鳍支鳍骨细小。

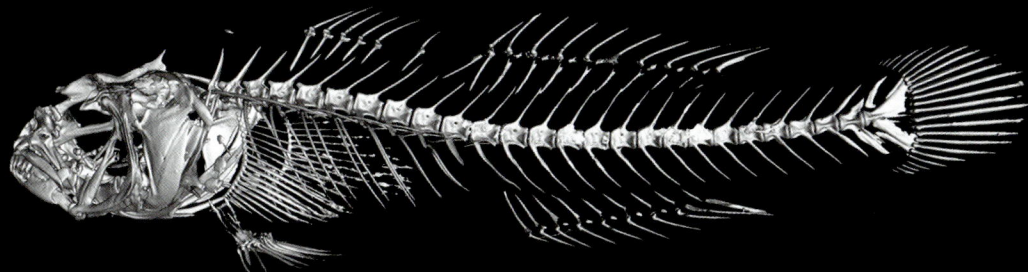

侧面观

背面观

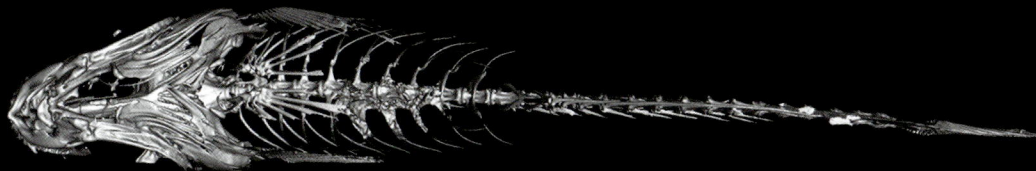

腹面观

44 长丝犁突虾虎鱼 *Myersina filifer* (Valenciennes，1837)

【同种异名】*Gobius filifer* Valenciennes，1837；*Cryptocentrus filifer* (Valenciennes，1837)。

【英文名】goby。

【地方名】丝鳍锄突虾虎、虾虎鱼。

【样本采集】$n=8$。全长 120.13（98.78～139.49）mm，体长 92.34（75.93～105.34）mm，体重 12.46（8.18～21.07）g。

【资源密度】89.705 g/km^2。

【生长条件因子】0.016 g/cm^3。

【形态特征】体延长，侧扁；尾柄稍长。头中等大，稍宽扁；头部具 6 个感觉管孔。吻短而圆钝。口大，端位；舌游离，前端圆形；两颌约等长；颌齿细小，尖锐，多行，上颌外行齿稍扩大，下颌最后 1 枚齿为犬齿，犁骨、腭骨及舌上均无齿。唇厚。眼中等大，上位，眼间隔窄。鳃孔大；鳃盖膜与颊部相连；鳃耙 3～4＋11～12，短而细弱；具假鳃。体被小圆鳞，隐埋于皮下，后部鳞较大；头部和项部均无鳞；纵列鳞 105～120。

体黄绿色，稍带红色，腹侧色稍浅；体侧具 5～6 暗褐色横带，最后 1 条位于尾鳍基，项部具 1 条暗褐色横带，颊部和鳃盖具淡蓝色小点；第 1 背鳍第 1～2 鳍棘间具 1 椭圆形黑斑，第 2 背鳍具 2 行橙色斑点，边缘黑色，胸鳍灰色，腹鳍黄色，边缘暗黑色，臀鳍边缘暗黑色，尾鳍淡黄色，鳍膜暗色，上半部分具橙色斑点。鳍式：背鳍Ⅵ，Ⅰ-10～11；胸鳍 18～19；腹鳍Ⅰ-5；臀鳍Ⅰ-9；尾鳍 16。背鳍 2 个，第 1 背鳍甚高，前 5 鳍棘丝状延长，第 2 背鳍较低，约等于体高；胸鳍宽圆；腹鳍左右愈合成吸盘状；臀鳍与第 2 背鳍同形；尾鳍后缘圆形。

【生态习性】为暖温性底层鱼类。栖息于沿岸泥沙底质海区。喜与枪虾共生。杂食性，以藻类和底栖动物为食。

【分布范围】分布于印度—西太平洋温暖海域，包括日本南部海域、朝鲜半岛海域及我国近岸海域。

【骨骼特征】额骨极窄，表面具沟槽结构；顶骨和上枕骨宽平；枕骨崤长；筛骨宽大。前颌骨较长，前部突起较高，末端位于眼前缘垂直下方；上颌骨细长，棒状，末端位于眼后部垂直下方；齿骨约与前颌骨等长；关节骨短小。脊椎骨数 25；第 1～2 脊椎骨短小，第 2～11 脊椎骨椎体横突明显。尾杆骨宽大。颞骨较大，叉形；匙骨弯曲。腰带无名骨较宽，前端叉形。背鳍和臀鳍支鳍骨细长。

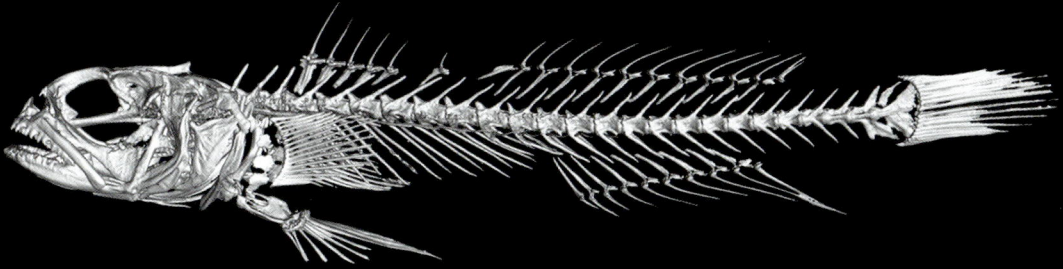

侧面观

背面观

腹面观

45 项鳞沟虾虎鱼 *Oxyurichthys auchenolepis* Bleeker，1876

【同种异名】*Gobius petersenii* Steindachner，1893；*Oxyurichthys petersenii*（Steindachner，1893）；*Oxyurichthys amabalis* Seale，1914；*Oxyurichthus amabalis* Seale，1914；*Oxyurichthys saru* Tomiyama，1936。

【英文名】scaly-nape tentacle goby。

【地方名】尖尾虾虎鱼。

【样本采集】$n=162$。全长 134.09（76.67～209.02）mm，体长 99.49（51.21～149.30）mm，体重 13.47（1.66～39.05）g。

【资源密度】1 963.769 g/km^2。

【生长条件因子】0.014 g/cm^3。

【形态特征】体延长，侧扁；尾柄稍长。头中等大，稍宽扁；头部具 6 个感觉管孔。吻短而圆钝。口大，亚端位；舌游离，前端圆形；两颌约等长或下颌稍突出；上下颌齿细小，尖锐，多行，上颌外行齿稍扩大，下颌最后面的 1 枚齿为犬齿，犁骨、腭骨及舌上均无齿。唇厚。眼中等大，上位，眼间隔窄，稍微隆起。鳃孔大；鳃盖膜与颊部相连；鳃耙 1+5～6，短而细弱；具假鳃。体被小圆鳞，隐埋于皮下，后部鳞较大；头部和项部均无鳞；无侧线。

体背侧黄色，稍带红色，腹侧色浅；体侧具若干暗褐色横带；胸鳍灰色，腹鳍暗色，臀鳍边缘暗黑色，尾鳍淡黄色，鳍膜暗色，具数条暗色横纹。鳍式：背鳍Ⅵ，Ⅰ-12；胸鳍 21～25；腹鳍Ⅰ-5；臀鳍Ⅰ-13；尾鳍 17。背鳍 2 个，第 1 背鳍第 1 鳍棘略呈丝状延长；胸鳍宽圆；腹鳍不愈合为吸盘；臀鳍与第 2 背鳍同形；尾鳍尖长。

【生态习性】为暖水性底层鱼类。栖息于沿海、珊瑚礁和泥沙底质海区。肉食性，以小型底栖动物为食。

【分布范围】分布于印度—西太平洋温暖海域，包括日本南部海域及我国南海和台湾海域。

【骨骼特征】额骨极窄；顶骨小，拱形；上枕骨较小，中部凸起；枕骨嵴小；侧筛骨宽大。前颌骨较长，前部突起较高，末端位于眼前缘垂直下方；上颌骨略长于前颌骨；齿骨约与前颌骨等长；关节骨短小。脊椎骨数 27；第 1～2 脊椎骨短小，第 2～9 脊椎骨椎体横突明显。尾杆骨宽大。匙骨较矮，弯钩形；匙骨弯曲且细长。腰带无名骨弯曲且细小。背鳍和臀鳍支鳍骨细小。

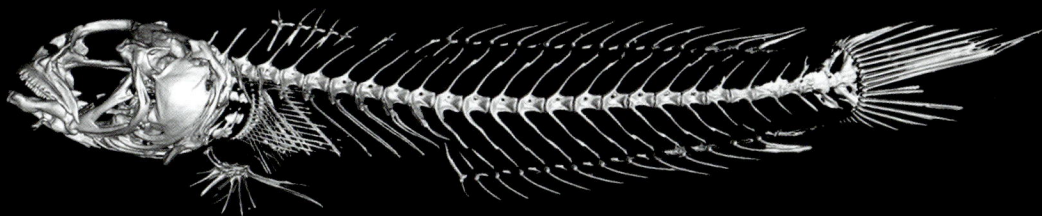

侧面观

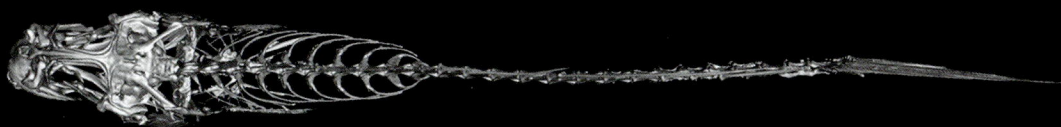

背面观

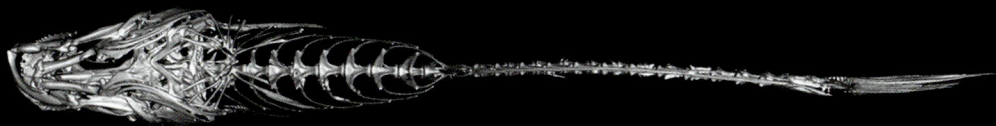

腹面观

46 拟矛尾虾虎鱼 *Parachaeturichthys polynema* （Bleeker，1853）

【同种异名】*Chaeturichthys polynema* Bleeker，1853；*Gobius polynema* （Bleeker，1853）；*Prachaeturichthys palynema* （Bleeker，1853）。

【英文名】taileyed goby。

【地方名】多须拟矛尾虾虎鱼、须虾虎鱼、多须拟虾鲨。

【样本采集】$n=21$。全长 87.56（63.39～105.82）mm，体长 67.44（49.16～81.92）mm，体重 6.16（2.34～13.79）g。

【资源密度】116.415 g/km^2。

【生长条件因子】0.02 g/cm^3。

【形态特征】体延长，后部侧扁，尾柄较长。头中等大，稍平扁，背缘略圆凸；头部具 3 个感觉孔。吻圆钝。口中等大，亚端位，斜裂；舌游离，前端截形或微凹；两颌等长或下颌稍突出；两颌齿尖细，多行，外行齿扩大，具犬齿，犁骨、腭骨及舌上均无齿。唇厚，中等大。下颌腹面两侧各具 1 纵行短须，颏部两侧具 1 纵行较长小须；颏部具 3 纵行黏液沟，眼后鳃盖上方具 1 黏液沟，其前具 1 小孔。眼大，上侧位，眼间隔狭窄，略凹，中央具 1 小孔。鳃耙 3～4＋9～10，细而短；无假鳃。体被大栉鳞，头部、项部、胸部和腹部被圆鳞；纵列鳞 28～31。

　　鲜活时，体淡褐色；各鳍灰黑色，尾鳍上方有一镶白边的椭圆形黑斑。鳍式：背鳍 Ⅵ，Ⅰ-10～12；胸鳍 21～23；腹鳍Ⅰ-5；臀鳍Ⅰ-9；尾鳍 17。胸鳍尖长，无游离鳍条；腹鳍愈合为吸盘；尾鳍尖矛状。

【生态习性】为暖水性底层鱼类。栖息于河口和泥沙底质海区。肉食性，以小型底栖动物和鱼类为食。体内含河豚毒素。

【分布范围】分布于印度—西太平洋温暖海域，包括日本南部海域及我国黄海、东海、南海和台湾海域。

【骨骼特征】额骨三角形，中央具嵴；顶骨较宽，拱形；上枕骨凸起；枕骨嵴长；侧筛骨较宽。前颌骨较短，末端位于眼前缘垂直下方；上颌骨略长于前颌骨，末端位于眼中部垂直下方；齿骨约与前颌骨等长；关节骨短小。脊椎骨数 26；第 1 脊椎骨短小，第 3～10 椎体横突宽大。尾杆骨宽大。匙骨较大，弯钩形；匙骨细长，末端伸至喉部。两侧腰带无名骨接合紧密，叉形。背鳍和臀鳍支鳍骨细小。

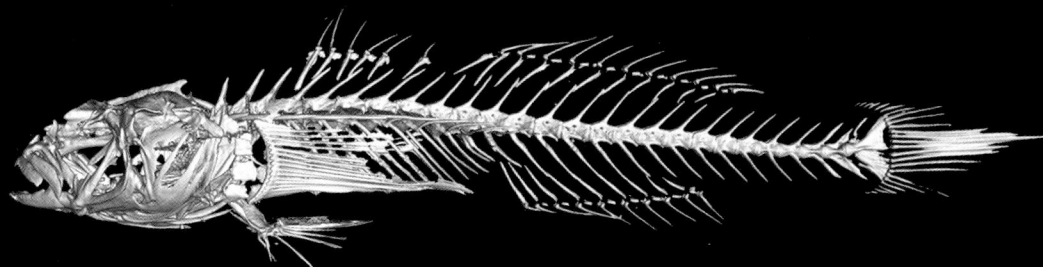

侧面观

背面观

腹面观

47 孔虾虎鱼 *Trypauchen vagina*（Bloch & Schneider，1801）

【同种异名】*Gobius vagina* Bloch & Schneider，1801；*Gobioides ruber* Hamilton，1822；*Trypauchen wakae* Jordan & Snyder，1901。

【英文名】burrowing goby。

【地方名】赤鲨、孔虾虎、瓦格孔虾虎。

【样本采集】$n=69$。全长 140.53（68.98～224.82）mm，体长 123.03（59.77～195.97）mm，体重 12.05（1.42～30.09）g。

【资源密度】748.245 g/km^2。

【生长条件因子】0.006 g/cm^3。

【形态特征】体延长，侧扁。头短，头背倾斜度大，头后部有一菱状嵴。吻短钝。口小，下颌突出，口裂水平；两颌齿 2～3 行，外行齿稍扩大，犁骨、腭骨及舌上无齿。眼小，近背缘，埋于皮下，眼间隔窄。鳃孔中等大；鳃盖上方具一凹窝，前鳃盖后缘光滑；鳃耙 2+5～6。体被小圆鳞，头部裸露无鳞，无背鳍前鳞；纵列鳞 71～86。

体红色或淡紫红色。各鳍色浅透明状。鳍式：背鳍，Ⅵ，42～52；胸鳍 18～21；腹鳍Ⅰ-5；臀鳍Ⅰ，42～49；尾鳍 17。背鳍 2 个，第 2 背鳍基底长，皆由鳍条组成，向后有鳍膜与尾鳍相连；胸鳍短小，上部鳍条较长；腹鳍狭小，愈合为漏斗状吸盘，后缘完整，无缺刻；臀鳍与背鳍同形，向后有鳍膜与尾鳍相连；尾鳍尖。

【生态习性】为暖水性底层鱼类。穴居。肉食性，以小型底栖动物和鱼类为食。

【分布范围】分布于印度—西太平洋温暖海域，包括印度尼西亚海域及我国东海、南海和台湾海域。

【骨骼特征】额骨极窄，中央隆起嵴高；侧筛骨较窄。前颌骨较长；上颌骨棒状，约与前颌骨等长，末端位于眼前缘垂直下方；齿骨约与前颌骨等长；关节骨短小。脊椎骨数29；第1～2脊椎骨短小；髓棘和脉棘尖长。尾杆骨短小。颞骨较大，叉形；两侧匙骨弯曲且细长，末端间距极窄。腰带无名骨愈合呈吸盘状。背鳍和臀鳍支鳍骨细小。

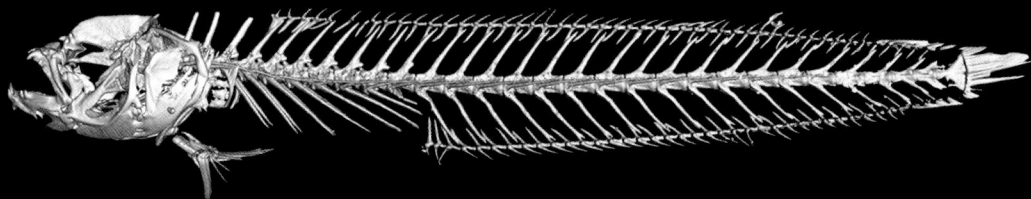

侧面观

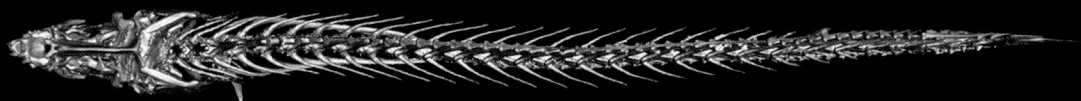

背面观

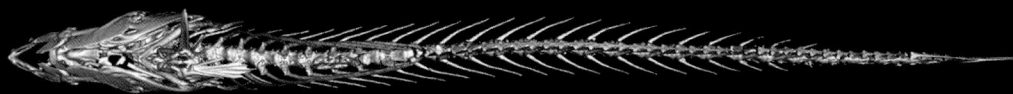

腹面观

48 乳香鱼 *Lactarius lactarius* （Bloch & Schneider，1801）

【同种异名】*Scomber lactarius* Bloch & Schneider，1801；*Lactarius lacta* （Bloch & Schneider，1801）；*Lactarius delicatulus* Valenciennes，1833；*Lactarius burmanicus* Lloyd，1907。
【英文名】ralse trevally。
【地方名】拟鲹。
【样本采集】n=92。全长 140.30（88.08～211.25）mm，体长 112.95（71.18～171.00）mm，体重 38.98（8.85～136.08）g。
【资源密度】3 227.286 g/km²。
【生长条件因子】0.027 g/cm³。
【形态特征】体侧扁而高；侧面观呈长椭圆形；尾柄稍长。头中等大。吻较短。口大，端位，倾斜；下颌长于上颌，上颌后端扩大，伸达眼的后下方；两颌齿细小，各1行，前端皆具2犬齿，上颌犬齿大于下颌犬齿，犁骨、腭骨及舌上具绒毛状齿。眼中等大，近中位，眼间隔较宽。鳃孔宽大；前鳃盖边缘平滑；鳃盖骨无棘，后缘具1凹陷；鳃耙3+12～13。体被大圆鳞，极易脱落；头部、鳃盖部、背鳍基底和臀鳍基底无鳞；侧线完全，侧线鳞68～70。

体背侧浅灰色，腹侧银白色；体侧鳃盖后上角具一黑色斑；各鳍色浅，背鳍、臀鳍和尾鳍的边缘暗色。鳍式：背鳍Ⅶ～Ⅷ，Ⅰ-22；胸鳍15；腹鳍Ⅰ-5；臀鳍Ⅲ-25～27；尾鳍17。背鳍2个，第1背鳍鳍棘弱，第2背鳍基底较长；胸鳍鳍长，镰刀状，其末端超过臀鳍起点；腹鳍小；臀鳍与第2背鳍同形，起点稍前于第2背鳍起点；尾鳍叉形。
【生态习性】为暖水性中下层鱼类。栖息于沿岸泥沙底质浅海。肉食性，以小鱼及小型无脊椎动物为食。
【分布范围】分布于印度—西太平洋温暖海域，包括澳大利亚北部海域、马来半岛海域及我国南海和台湾海域。

【骨骼特征】两侧额骨和顶骨各具1列隆起嵴；枕骨嵴高大；筛骨短。前颌骨前端凸起较高，达眼前部上缘；上颌骨桨状，末端位于眼中部垂直下方；齿骨细长；关节骨宽大。脊椎骨数24；第1~2脊椎骨较短，上方具3枚上髓棘，第1~6脊椎骨髓棘强大。尾杆骨较小。匙骨较小；上匙骨较短；两侧匙骨下端在中缝处接合紧密；后匙骨向后延伸至腹鳍中部上方；乌喙骨宽大。腰带无名骨向前上方延伸至乌喙骨内侧。臀鳍支鳍骨细长，第1支鳍骨扩大，倒"T"形，与第11脊椎脉棘相对。

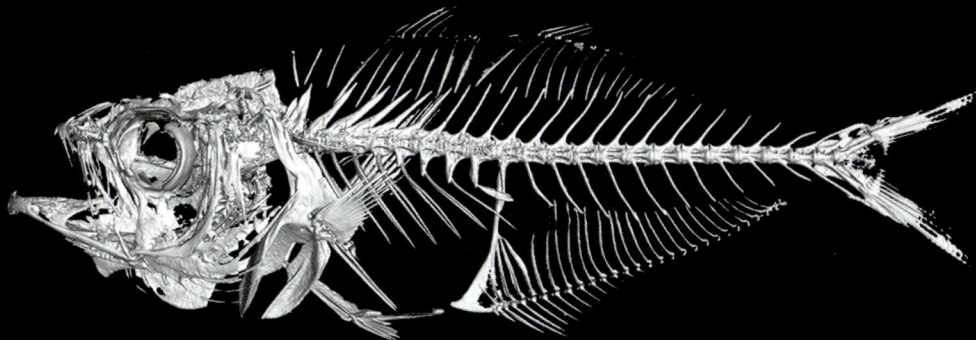

侧面观

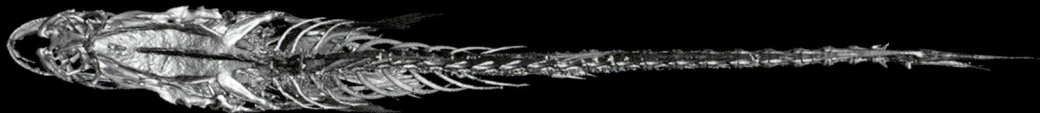

背面观

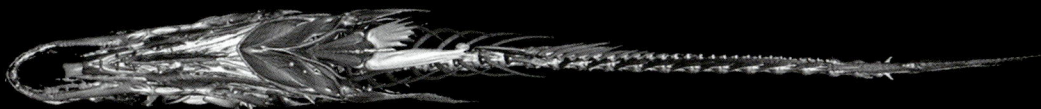

腹面观

49 六指多指马鲅 *Polydactylus sextarius*（Bloch & Schneider，1801）

【同种异名】*Polynemus sextarius* Bloch & Schneider，1801；*Trichidion sextarius*（Bloch & Schneider，1801）。

【英文名】sixfinger threadfin。

【地方名】马友、六丝马鲅、黑斑多指马鲅。

【样本采集】*n*=21。全长 166.33（78.70～229.82）mm，体长 131.06（59.92～180.49）mm，体重 66.08（5.53～152.98）g。

【资源密度】3 032.829 g/km²。

【生长条件因子】0.029 g/cm³。

【形态特征】体侧扁，尾柄宽大。头较小。吻短而圆凸，钝尖。口较小，下位，口裂近水平状；两颌具狭长绒毛状齿带，腭骨齿呈窄带形，犁骨及舌上无齿。下唇发达，末端未伸达下颌缝合处。眼较大，位于头部前方，脂眼睑发达，遮盖眼的全部。鳃孔大；前鳃盖后缘具细锯齿；鳃耙细长。体被中等大栉鳞，头除吻部及颊部外全部被鳞；背鳍、胸鳍及臀鳍基部具鳞鞘，胸鳍及腹鳍基部腋鳞长而尖；侧线完全，侧线鳞44～50。

体背侧灰黄色，腹侧灰白色；侧线起点处具1长条形大黑斑，鳃盖上具1黑斑；各鳍灰黄色，边缘黑色。鳍式：背鳍Ⅷ，Ⅰ-13；胸鳍Ⅰ-13+6；腹鳍Ⅰ-5；臀鳍Ⅲ-11；尾鳍17。背鳍2个，鳍棘细长而较弱；胸鳍下位，其下部具6枚游离丝状鳍条；腹鳍小，亚胸位，末端伸达肛门；臀鳍与第2背鳍同形、相对，起点位于第2背鳍后下方；尾鳍大，深叉形，上下叶均尖长。

【生态习性】暖水性中下层鱼类。栖息于浅海、内湾的泥沙底质海区。喜集群。以浮游动物、虾类、蟹类和小鱼等为食。

【分布范围】分布于印度—西太平洋温暖海域，包括日本南部海域及我国东海、南海和台湾海域。

【**骨骼特征**】额骨窄长，两侧具嵴；上枕骨略呈拱形，中部凸起；筛骨前突明显；围眶骨系呈沟槽状。前颌骨较短，约与眼径等长，位于眼下方；上颌骨略长于前颌骨，末端桨形，止于方骨下方；齿骨约与前颌骨等长；关节骨较小。脊椎骨数 24；椎体前关节突明显；第 1～2 脊椎骨和髓棘较短。尾杆骨宽大。匙骨细，叉形；两侧匙骨细长，末端伸至喉部；后匙骨向后延伸至腹鳍基上方。腰带无名骨粗长。背鳍和臀鳍支鳍骨细长；臀鳍第 1 支鳍骨与第 11 脊椎骨脉棘相对。

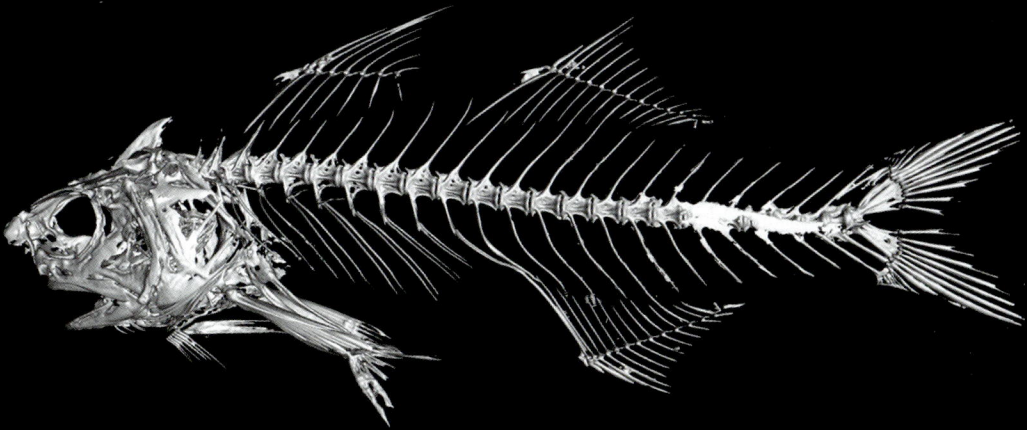

侧面观

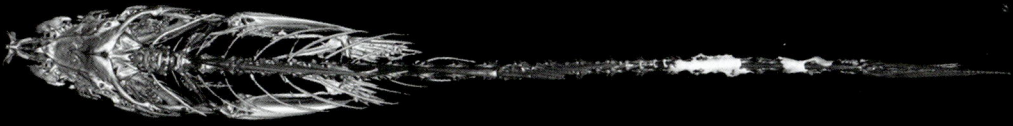

背面观

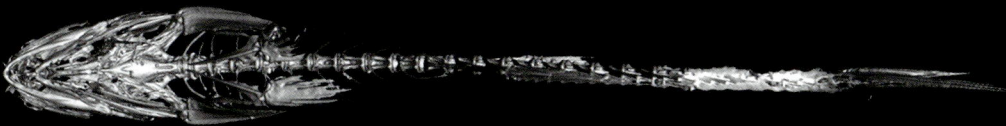

腹面观

50 短鲽 *Laiopteryx novaezeelandiae* (Günther，1862)

【同种异名】*Brachypleura novae-zeelandiae* Günther，1862；*Brachypleura novaezeel-andica* Günther，1862；*Brachypleura novazeelandiae* Günther，1862；*Brachypleura xanthosticta* Alcock，1889。

【英文名】yellow dabbled flounder。

【地方名】新西兰短鲽。

【样本采集】$n=422$。全长 108.83 (52.70～188.92) mm，体长 90.10 (48.69～157.65) mm，体重 9.99 (1.15～22.78) g。

【资源密度】3 794.726 g/km^2。

【生长条件因子】0.014 g/cm^3。

【形态特征】体侧扁；侧面呈长椭圆形；尾柄短而高。头中等大。口大，端位，斜裂；仅无眼侧的上下颌具齿，齿尖细，呈窄带状排列，有眼侧无齿。眼中等大，双眼在头右侧，眼间隔窄，嵴状。鳃孔短狭；鳃盖膜不与颊部相连；鳃耙 3～5＋8～9。体两侧均被小圆鳞，易脱落；头部除吻、两颌及眼间隔裸露外，其余均被鳞。奇鳍被小鳞；左右侧线均发达，于胸鳍上方弯曲，侧线鳞 6＋29～31。

有眼侧体黄褐色，无眼侧色淡；各鳍色浅。鳍式：背鳍 69～74；胸鳍 12～13；腹鳍 I-5；臀鳍 47～49；尾鳍 17～19。背鳍起点偏向无眼侧，位于鼻孔后方头背缘凹处，第 3～10 鳍棘延长呈丝状；胸鳍不等大，有眼侧略长；腹鳍短小，对称；臀鳍与背鳍相对，起点约在胸鳍基底后下方；尾鳍后缘矛形。

【生态习性】为暖水性底层鱼类。栖息于 30 m 以浅泥沙底质海区。肉食性，主要以甲壳类、小鱼、贝类、头足类和环节动物为食。

【分布范围】分布于印度—西太平洋热带、亚热带海域，包括日本南部海域及我国东海、南海和台湾海域。

【骨骼特征】 额骨细长，弯曲变形，两侧不对称；筛骨短小，不对称。前颌骨较长，末端位于眼中部垂直下方；上颌骨略长于前颌骨，末端桨状；齿骨较高，深叉形。脊椎骨数30；第1～4脊椎骨短小，髓棘粗大。尾杆骨宽大。匙骨弯曲，末端较宽，位于喉部后方；后匙骨较短，向后伸至腹鳍后端；乌喙骨较宽。腰带无名骨较短，向前上方伸至匙骨内侧。背鳍支鳍骨细长。

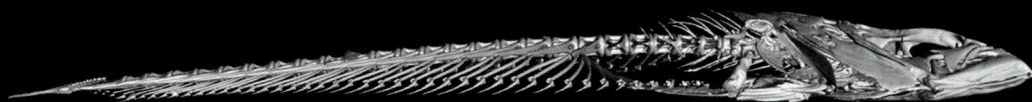

侧面观

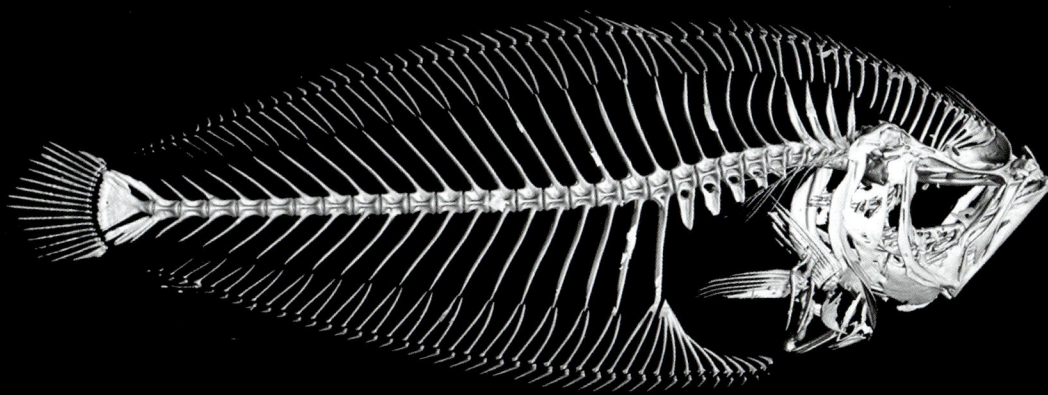

背面观

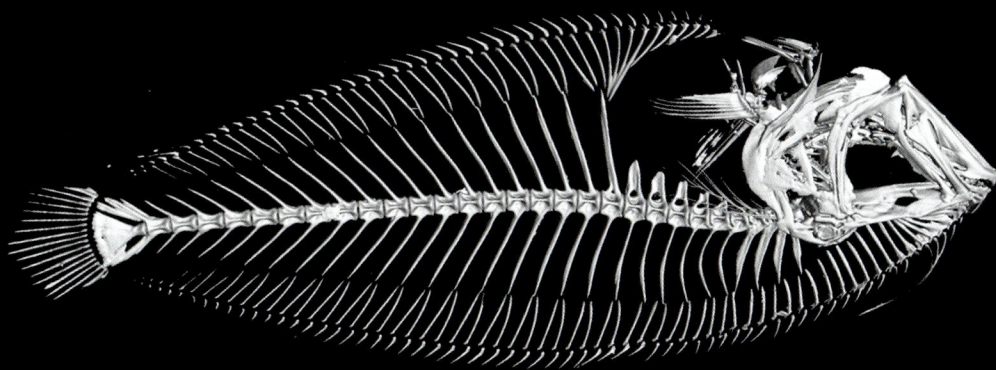

腹面观

51 长冠羊舌鲆 *Arnoglossus macrolophus* Alcock，1889

【同种异名】无。

【英文名】large-crested lefteye flounder。

【地方名】龙利皮、白皮菜。

【样本采集】n=9。全长 105.62（89.68～117.19）mm，体长 89.21（74.23～100.73）mm，体重 8.58（5.44～12.96）g。

【资源密度】69.492 g/km^2。

【生长条件因子】0.012 g/cm^3。

【形态特征】体延长，侧扁，前部宽，后部窄；尾柄短而高。头较小。吻短。口较大，端位；口闭合时下颌略长于上颌，上颌达眼中部下方；上颌前端有犬齿，犁骨、腭骨及舌上无齿。眼较小，两眼均在头部左侧，上眼较下眼稍后位，眼间隔窄，呈嵴状，无鳞；鼻孔每侧 2 个，前鼻孔较高且后缘具 1 皮膜突起。两侧皆被圆鳞，鳞极小；侧线于胸鳍上方弯曲，侧线鳞 54～58。

有眼侧体浅黄褐色；背鳍、臀鳍于尾柄处各具 1 黑斑；背鳍、臀鳍和尾鳍浅褐色，胸鳍和腹鳍深灰色。鳍式：背鳍 93～98；胸鳍 13～14；臀鳍 72～77；侧线鳞 54～58。背鳍起点在眼前缘上方，第 1～2 鳍棘延长呈丝状，第 3～6 鳍棘亦长；胸鳍短；臀鳍始于胸鳍基下方，与背鳍同形、相对；尾鳍矛形。

【生态习性】为暖水性底层鱼类。栖息于泥沙底质海区。以底栖无脊椎动物为食。

【分布范围】分布于我国南海和台湾海域。

【骨骼特征】额骨细长，弯曲变形，两侧不对称；筛骨短小，不对称。前颌骨较长，末端位于眼前部垂直下方；上颌骨略长于前颌骨，末端呈桨状；齿骨较长，约与上颌骨等长。脊椎骨数 40；第 1～2 脊椎骨髓棘粗短。尾杆骨宽大。具肌间骨。匙骨弯曲，末端较宽，止于喉部后方；后匙骨较短。腰带无名骨较短，向上伸至匙骨内侧。臀鳍第 1 支鳍骨弯曲强大，与第 10 脊椎骨脉弓中部相对。

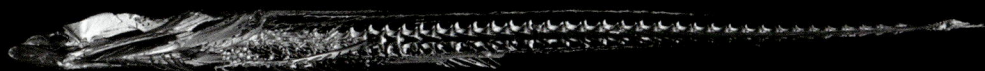

侧面观

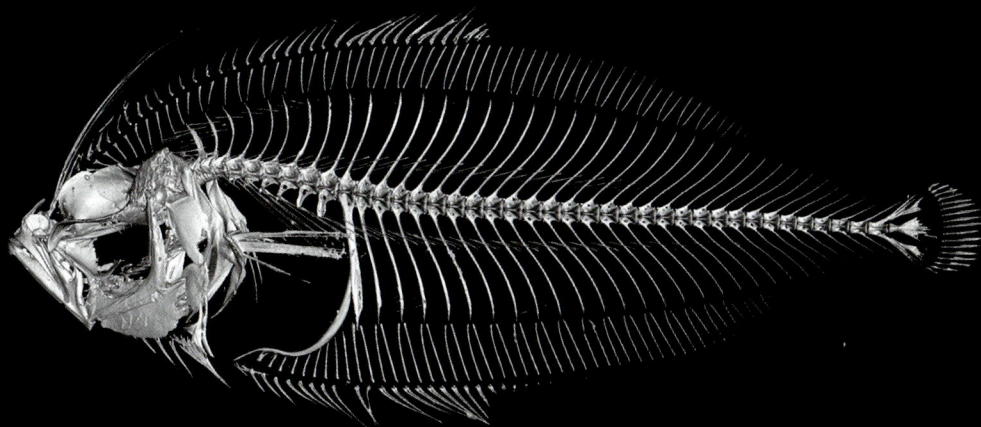

背面观

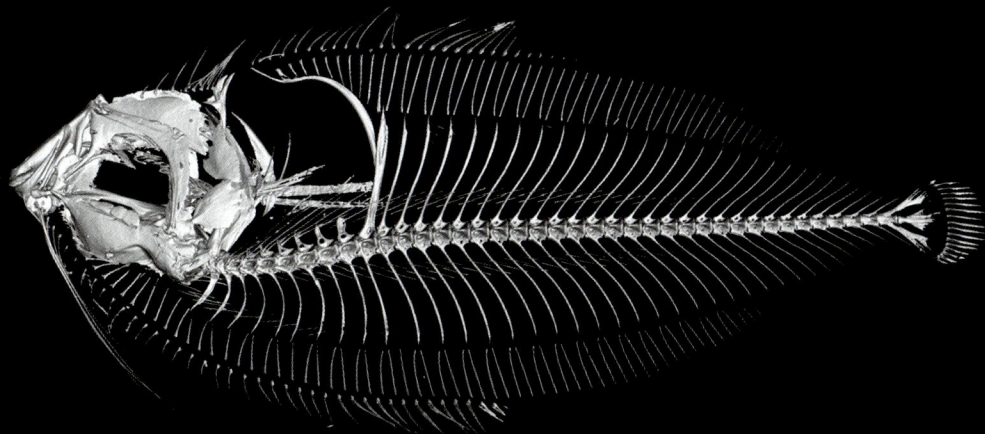

腹面观

52 小眼新左鲆 *Neolaeops microphthalmus*（von Bonde，1922）

【同种异名】*Laeops microphthalmus* von Bonde，1922；*Arnoglossus microphthalmus*（von Bonde，1922）。

【英文名】crosseyed flounder。

【地方名】小眼羊舌鲆、小眼新枪鲽。

【样本采集】$n=74$。全长 126.81（71.22～167.06）mm，体长 109.31（59.70～142.25）mm，体重 11.40（2.91～22.02）g。

【资源密度】759.179 g/km^2。

【生长条件因子】0.009 g/cm^3。

【形态特征】体延长，侧扁，前部宽，后部窄；尾柄短而高。头较小；眼前方有深凹刻。口闭合时下颌略长于上颌；上颌前端有犬齿，犁骨、腭骨及舌上无齿。眼较小，两眼均在头部左侧，上眼较下眼稍后，眼间隔窄，无鳞；鼻孔每侧 2 个，前鼻孔较高且后缘具 1 皮膜突起。鳃耙 1～4＋5～7。体被两侧皆被圆鳞，鳞极小；侧线位于体中部，于胸鳍上方弯曲，侧线鳞 93～105。

有眼侧体淡黄色。背鳍、尾鳍黑色。背部和腹部具 3 条淡黑色纵条纹，第 1 条自眼上方至尾鳍基部，弧度与背缘相似，第 2 条位于侧线上，第 3 条靠近腹部，前部略微向上凸，后部弧度与腹缘相似。鳍式：背鳍 105～114；胸鳍 12～16；腹鳍 6；臀鳍 85～93；侧线鳞 93～105。背鳍起点在眼前缘上方；胸鳍短；臀鳍始于胸鳍基下方，与背鳍同形、相对；尾鳍矛形。

【生态习性】为暖水性底层鱼类。栖息水深 40～300 m。以底栖无脊椎动物为食。

【分布范围】分布于印度—西太平洋温暖海域，包括日本南部海域及我国东海、南海和台湾海域。

【骨骼特征】额骨细长，弯曲变形，两侧不对称；筛骨短小，不对称。前颌骨较短，末端位于眼前缘垂直下方；上颌骨略长于前颌骨，短棒状；齿骨约与上颌骨等长。脊椎骨数38。尾杆骨宽大。具肌间骨。匙骨弯曲，末端较宽，位于喉部；后匙骨较短，向后伸至腹鳍后端。腰带无名骨较短，垂直向上伸至匙骨内侧。背鳍支鳍骨细长；臀鳍支鳍骨细长，第1支鳍骨弯曲强大，与第10脊椎骨脉弓中部相对。

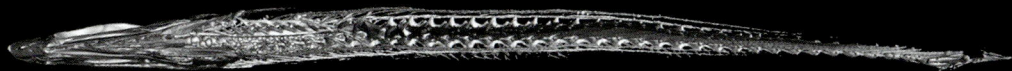

侧面观

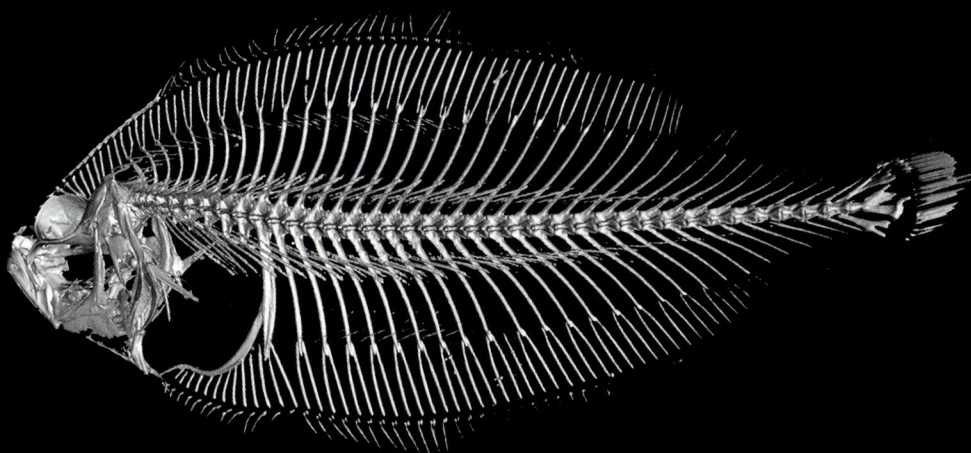

背面观

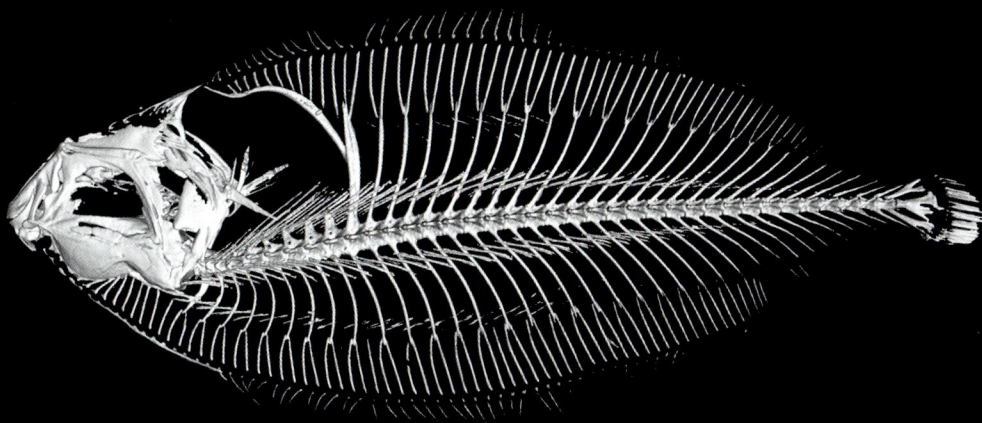

腹面观

53 大牙斑鲆 *Pseudorhombus arsius*（Hamilton，1822）

【同种异名】*Pleuronectes arsius* Hamilton，1822；*Pseudorhombus arius*（Hamilton，1822）；*Rhombus lentiginosus* Richardson，1843；*Rhombus polyspilos* Bleeker，1853；*Pseudorhombus polyspilos*（Bleeker，1853）；*Pseudorhombus polyspilus*（Bleeker，1853）；*Teratorhombus excisiceps* Macleay，1881；*Pleuronectes mortoniensis* De Vis，1882；*Pseudorhombus andersoni* Gilchrist，1904。

【英文名】deep-bodied flounder。

【地方名】扁鱼、大齿鲽、大齿斑鲆。

【样本采集】$n=17$。全长 144.04（106.79～163.96）mm，体长 120.54（90.40～138.52）mm，体重 30.28（11.56～44.08）g。

【资源密度】463.247 g/km²。

【生长条件因子】0.017 g/cm³。

【形态特征】体甚侧扁；侧面观呈长椭圆形；尾柄短而高。头较大，头高大于头长。吻稍短钝。口较大，上颌末端不达下眼后缘垂直下方；两颌齿较尖长。两眼位于头部左侧，眼间隔颇窄。鳃孔狭长；鳃耙 1～7+8～12，内侧缘具细小刺突。有眼侧被栉鳞，无眼侧被圆鳞；背鳍和臀鳍鳍条基部均被鳞；体两侧侧线同样发达，侧线鳞 70～80。

有眼侧体黄灰褐色，无眼侧体乳白色；鲜活时，有眼侧散布许多暗色大斑点，斑点中心乳白色，侧线弯曲部与直线部交汇处具 1 大黑斑，黑斑周围具乳白色小点，侧线中线直线部上另具 2 个较小的暗斑；各鳍灰褐色，散布若干浅色和深色小点。鳍式：背鳍 74～78；胸鳍 11～12；腹鳍 6；臀鳍 57～60；尾鳍 17。背鳍起点在鼻孔前缘上方；有眼侧胸鳍略大；腹鳍短小；臀鳍与背鳍相对；尾鳍矛形。

【生态习性】为暖水性底层鱼类。栖息于 30 m 以浅泥沙底质海区。肉食性，主要以甲壳类、小鱼、贝类、头足类和环节动物为食。

【分布范围】分布于印度—西太平洋热带、亚热带海域，包括日本南部海域及我国东海、南海和台湾海域。

【骨骼特征】额骨细长，弯曲变形，两侧不对称；上枕骨变形，两侧不对称；筛骨短小，不对称。前颌骨较长，末端位于眼前缘垂直下方；上颌骨略长于前颌骨，末端桨状；齿骨较长，约与上颌骨等长。脊椎骨数 37；第 1～3 脊椎骨短小，髓棘粗大。尾杆骨宽大。匙骨弯曲，末端较宽，位于喉部后方；后匙骨较短，向后伸至胸鳍基下端。腰带无名骨较短，垂直向上伸至匙骨内侧。臀鳍第 1 支鳍骨弯曲强大，与第 11 脊椎骨脉棘相对。

侧面观

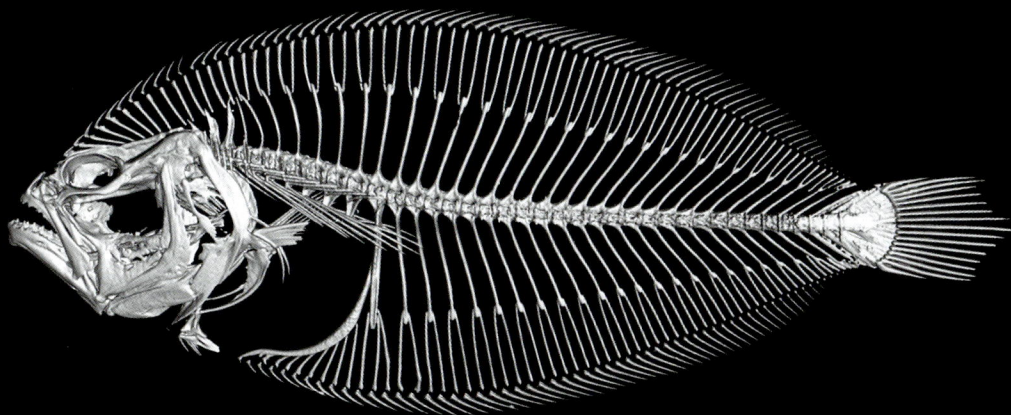

背面观

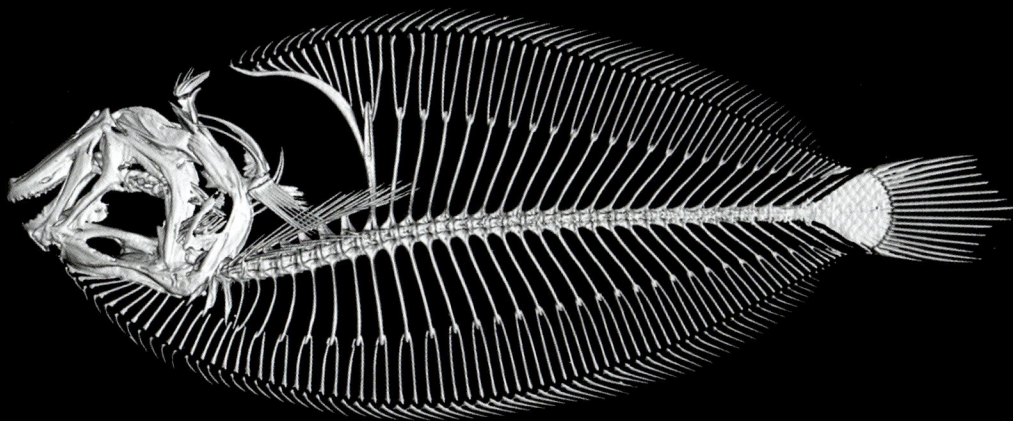

腹面观

54 瓦鲽 *Poecilopsetta plinthus* （Jordan et Starks，1904）

【同种异名】*Alaeops plinthus* Jordan & Starks，1904；*Poecilopsetta megalepis* Fowler，1934。

【英文名】tile-colored righteye flounder。

【地方名】白皮菜、龙利皮。

【样本采集】$n=392$。全长 100.98（58.91～191.99）mm，体长 84.28（49.73～158.97）mm，体重 8.63（0.95～23.98）g。

【资源密度】3 044.42 g/km^2。

【生长条件因子】0.014 g/cm^3。

【形态特征】体侧扁；侧面呈长椭圆形；尾柄短而高。头中等大。口大，端位，斜裂；仅无眼侧的上下颌具齿，齿尖细，呈窄带状排列。眼中等大，双眼在头右侧，眼间隔窄，嵴状，前后端各具 1 强棘。鳃孔短狭；鳃盖膜不与颊部相连；鳃耙 4～9＋9～11，较短。体两侧均被小圆鳞，易脱落；头部除吻、两颌及眼间隔裸露外，其余均被鳞；奇鳍被小鳞；左右侧线均发达，侧线鳞 57～65。

有眼侧黄褐色，无眼侧色淡。鳍式：背鳍 60～66；胸鳍 7～11；腹鳍 6；臀鳍 45～54；尾鳍 19。背鳍起点偏向无眼侧，位于鼻孔后方头背缘凹处；有眼侧胸鳍略长；腹鳍短小；臀鳍与背鳍相对，起点约在胸鳍基底后下方，两鳍鳍条均不分支；尾鳍后缘圆形。

【生态习性】为暖水性底层鱼类。栖息于 20～200 m 的陆架边缘海域。主要以甲壳类、多毛类等底栖无脊椎动物为食。

【分布范围】分布于西太平洋温暖海域，包括菲律宾海域、日本南部海域及我国东海和南海。

【骨骼特征】额骨细长，弯曲变形，两侧不对称；筛骨短小，不对称。前颌骨较长，末端位于眼前缘垂直下方；上颌骨略长于前颌骨，末端桨状；齿骨深叉形。脊椎骨数 31；第 1～4脊椎骨短小，髓棘粗短。尾杆骨宽大。匙骨弯曲，末端较宽，位于喉部后方；后匙骨较短，向后伸至腹鳍后端；乌喙骨较宽。腰带无名骨较短，向前上方伸至匙骨内侧。

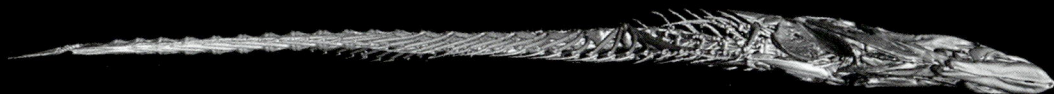

侧面观

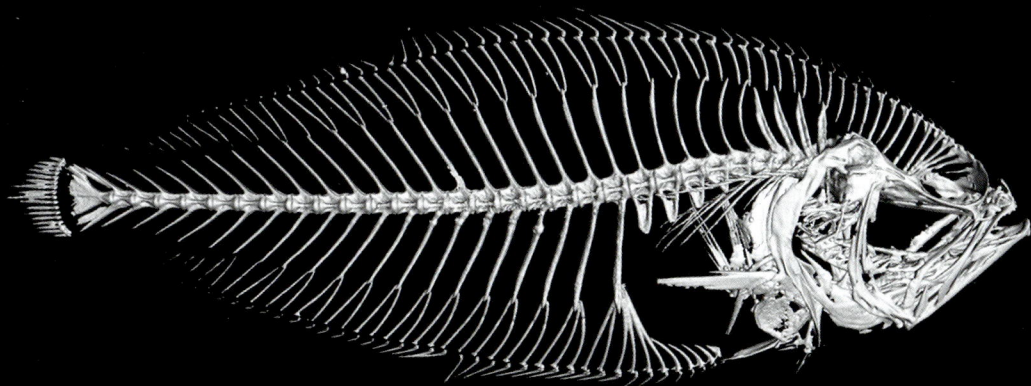

背面观

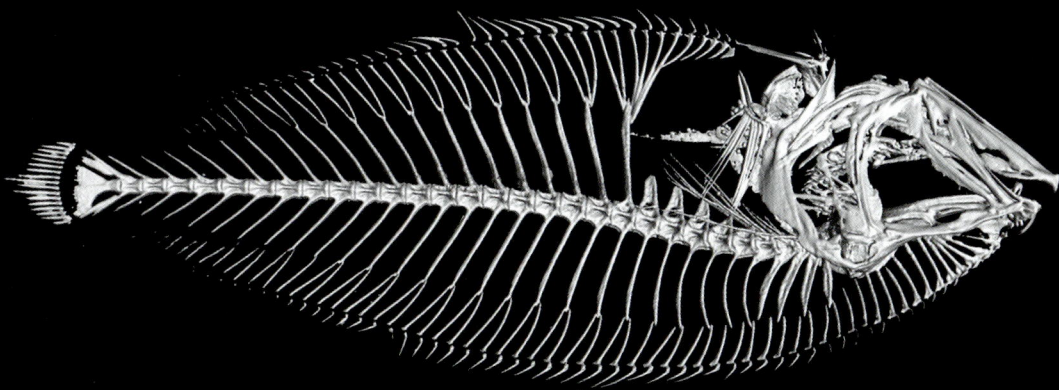

腹面观

55 褐斑栉鳞鳎 *Aseraggodes kobensis* （Steindachner，1896）

【同种异名】*Solea kobensis* Steindachner，1896。

【英文名】milky spotted sole。

【地方名】黑皮龙舌、可勃栉鳞鳎。

【样本采集】$n=2$。全长 96.86（80.91～112.81）mm，体长 83.58（71.54～95.62）mm，体重 12.92（6.57～19.27）g。

【资源密度】23.254 g/km^2。

【生长条件因子】0.022 g/cm^3。

【形态特征】体甚侧扁，后端稍尖，背缘和腹缘均圆凸；侧面呈长椭圆形；尾柄短。头略小。吻短，前端钝圆，略突出于口前方。口小，亚端位，口裂弧形；无眼侧两颌具齿，齿细小，绒毛状。双眼位于头右侧，眼很小，双眼接近，下眼前缘在上眼前缘的后方，眼间隔窄；有眼侧的两鼻孔位于下眼前方，无眼侧的两鼻孔邻近上唇，后鼻孔位置略高。鳃孔窄；鳃盖膜不与颊部相连；鳃耙细小，针尖状。体两侧被小栉鳞，头左侧前部鳞为长绒毛状，各鳍鳍条亦被小鳞，侧线鳞为圆鳞；侧线近直线状，右侧线前方具半弧形颞上支，侧线鳞 53～71。

有眼侧体为褐色，密布暗褐色不规则斑纹和许多黑色斑点，沿背缘、侧线及腹缘各具几个稍大的暗色斑点；各奇鳍褐色，有暗色斑纹。鳍式：背鳍 64～74；腹鳍 5；臀鳍 45～55；尾鳍 18。背鳍起点在眼前上方，中部鳍条最长，后端鳍条短，不连于尾鳍；无胸鳍；腹鳍基底短；臀鳍起点在鳃盖后方，与背鳍形似，后端不连于尾鳍；尾鳍后缘圆形。

【生态习性】为暖水性底层鱼类。栖息于 40～100 m 深的泥沙底质海区。以底栖无脊椎动物为食。

【分布范围】分布于夏威夷海域、日本南部海域及我国东海、南海和台湾海域。

【骨骼特征】额骨细长，弯曲变形，两侧不对称；筛骨短小，不对称。上颌骨短棒状，前端粗大；齿骨三角形。脊椎骨数 36；第 1～2 脊椎骨短小，髓棘粗短弯曲。尾杆骨宽大。臀鳍支鳍骨细长，第 1 支鳍骨弯曲，与第 10 脊椎骨脉棘相对。

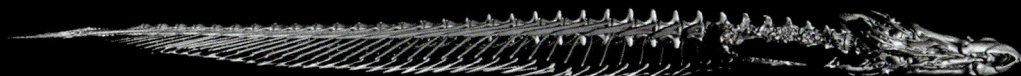

侧面观

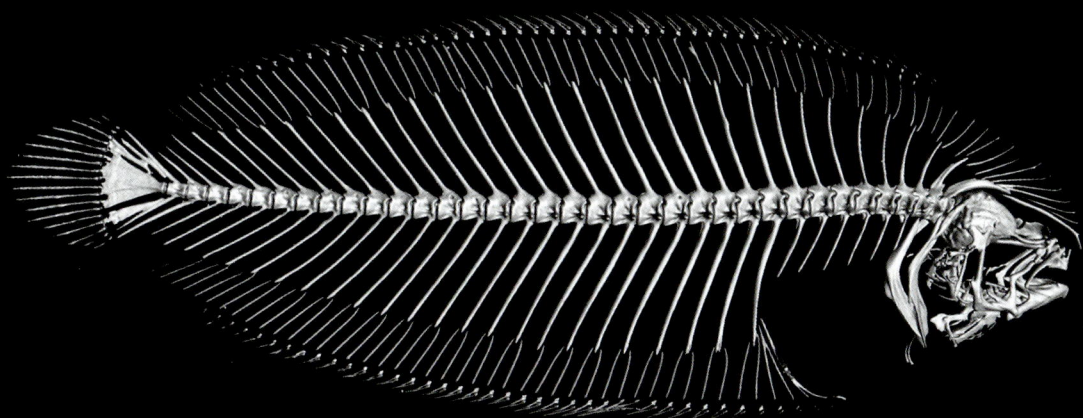

背面观

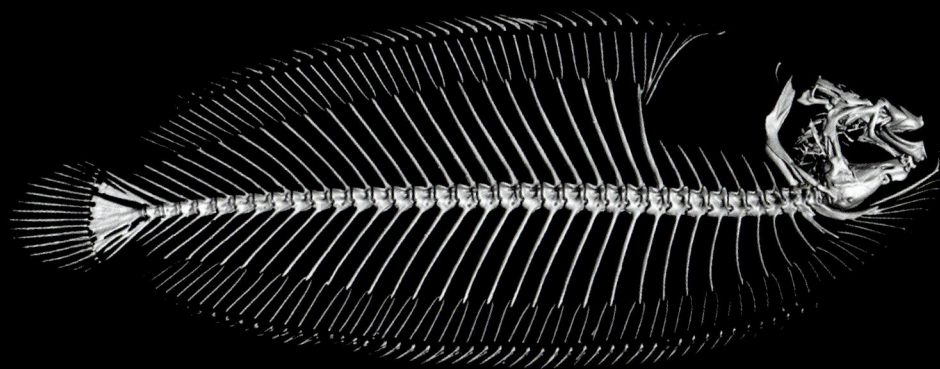

腹面观

56 带纹条鳎 *Zebrias zebra* （Bloch，1787）

【同种异名】*Pleuronectes zebra* Bloch，1787；*Synaptura zebra* （Bloch，1787）。

【英文名】zebra sole。

【地方名】花牛舌、虎舌、花利。

【样本采集】$n=1$。全长 123.80 mm，体长 111.20 mm，体重 23.31 g。

【资源密度】20.977 g/km^2。

【生长条件因子】0.017 g/cm^3。

【形态特征】体长舌状，甚侧扁。头短而钝，不呈钩状。口端位，右口裂未达下眼中央下方；两颌仅无眼侧具绒毛状小齿。眼小，两眼位于头部右侧，凸出，上眼较下眼位稍前，眼间隔有鳞；右侧前鼻孔短管状，不达下眼前缘凹内，左侧后鼻孔位较高。鳃耙 2+23，极细小。头、体两侧均被栉鳞；头无眼侧前部及鳃盖膜后缘鳞为短绒毛状；除胸鳍外各鳍被鳞；侧线鳞 106。

有眼侧体为淡褐色，无眼侧为白色或淡黄色；有眼侧具若干条以深、浅、深相间形式的褐色横带，横带间距小于横带宽，横带上下端深入背鳍和臀鳍内；尾鳍灰黑色，具多个黄斑。鳍式：背鳍80；胸鳍9；腹鳍4；臀鳍65。背鳍始于上眼前上方的吻背缘，后部鳍条最长；右胸鳍略呈尖三角形，鳍上缘具膜连于鳃盖膜，左胸鳍很短，上缘亦具膜连于鳃盖膜；腹鳍近似对称；臀鳍与背鳍相对，起点约在胸鳍基底下方；尾鳍稍尖。

【生态习性】为暖水性底层鱼类。栖息于水深 100 m 以浅的泥沙底质海区。以底栖无脊椎动物为食。

【分布范围】分布于印度—西太平洋温暖海域，包括日本南部海域、朝鲜半岛海域及我国各大海域。

【骨骼特征】 额骨细长，弯曲变形，两侧不对称；筛骨短小，不对称。上颌骨短棒状，前端粗大；齿骨较大，三角形。脊椎骨数 41；第 1～2 脊椎骨短小，髓棘粗短弯曲。尾杆骨窄小。臀鳍第 1 支鳍骨弯曲，与第 8 脊椎骨脉棘相对。

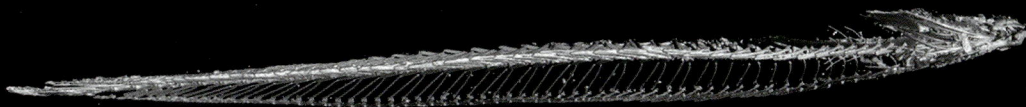

侧面观

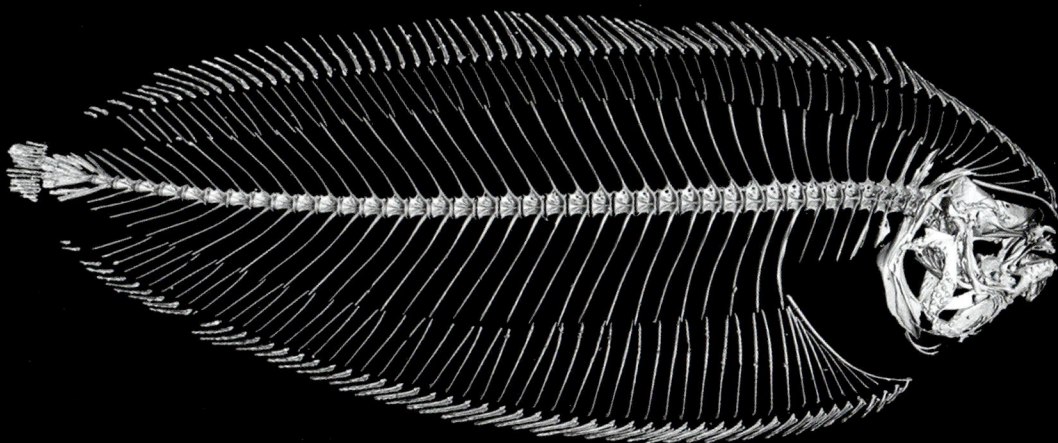

背面观

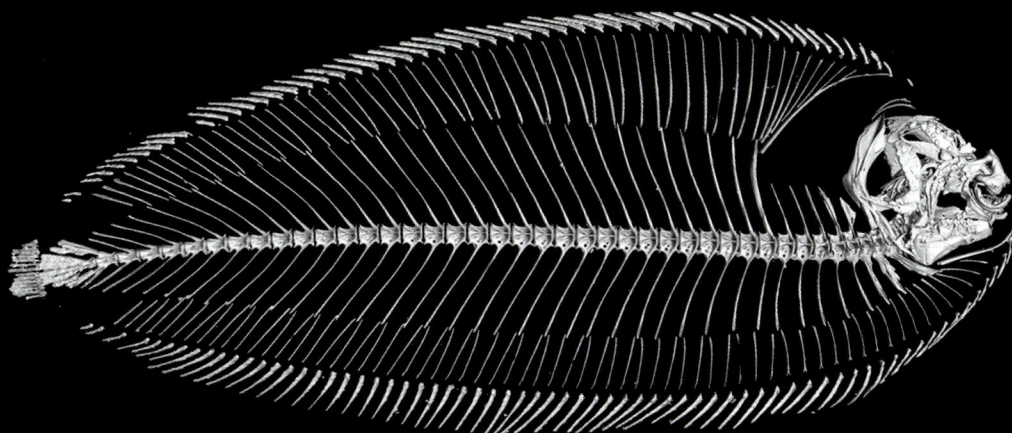

腹面观

57 斑头舌鳎 *Cynoglossus puncticeps*（Richardson，1846）

【同种异名】*Plagusia puncticeps* Richardson，1846；*Cynoglossus punticeps*（Richardson，1846）；*Plagusia punticeps* Richardson，1846；*Plagiusa aurolimbata* Richardson，1846；*Cynoglossus aurolimbatus*（Richardson，1846）；*Cynoglossus aurolineatus*（Richardson，1846）；*Plagusia aurolimbata* Richardson，1846；*Plagiusa nigrolabeculata* Richardson，1846；*Cynoglossus nigrolabeculatus*（Richardson，1846）；*Plagusia nigrolabeculata* Richardson，1846；*Plagusia brachyrhynchos* Bleeker，1851；*Arelia brachyrhynchos*（Bleeker，1851）；*Cynoglossus brachyrhynchus*（Bleeker，1851）；*Plagusia javanica* Bleeker，1851；*Arelia javanica*（Bleeker，1851）；*Cynoglossus brevis* Günther，1862；*Cynoglossus puncticeps immaculata* Pellegrin & Chevey，1940。

【英文名】speckled tonguesole。

【地方名】鞋底、狗舌、花舌。

【样本采集】$n=5$。全长 92.32（69.47～114.04）mm，体长 85.36（63.36～107.21）mm，体重 6.76（3.19～9.98）g。

【资源密度】30.418 g/km^2。

【生长条件因子】0.011 g/cm^3。

【形态特征】体长舌状，甚侧扁，前端较钝，后端较尖。头短钝。吻短，吻钩不达左侧前鼻孔下方。口小，口裂弧形；两颌仅无眼侧具绒毛状齿，齿群窄带状。唇光滑。眼小，两眼位于头左侧，眼间隔窄，有鳞。无鳃耙。头、体两侧均被栉鳞，头右侧前端鳞绒毛状，各鳍仅尾鳍基处具鳞；有眼侧具 2 条侧线，第 1 条自吻前中部延伸至尾部，第 2 条自背鳍后下方延伸至尾部；无眼侧无侧线，侧线鳞 85～90。

有眼侧头、体黄褐色；散布许多不规则的黑褐色斑纹；各鳍黄褐色，奇鳍每间隔 2～6 枚鳍条的鳍膜上具暗褐色细纹。鳍式：背鳍 96～102；腹鳍 4；臀鳍 74～79；尾鳍 9～11。背鳍始于吻端稍后方，后端与尾鳍上缘完全相连；无胸鳍；仅有眼侧具左腹鳍；臀鳍始于鳃孔稍后方，形似背鳍，后端与尾鳍下缘完全相连；尾鳍窄长。

【生态习性】为暖水性底层鱼类。栖息于近海内湾。以底栖无脊椎动物为食。

【分布范围】分布于印度—西太平洋温暖海域，包括印度尼西亚海域、菲律宾海域及我国东海、南海和台湾海域。

【骨骼特征】额骨细长；筛骨短小。上颌骨弯曲，前端较粗；齿骨较大，三角形。脊椎骨数 49；第 1～3 脊椎骨短小，髓棘粗短。尾杆骨细小。

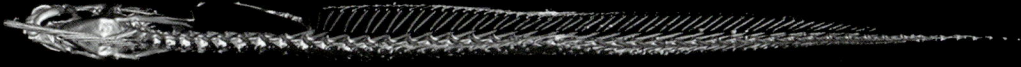

侧面观

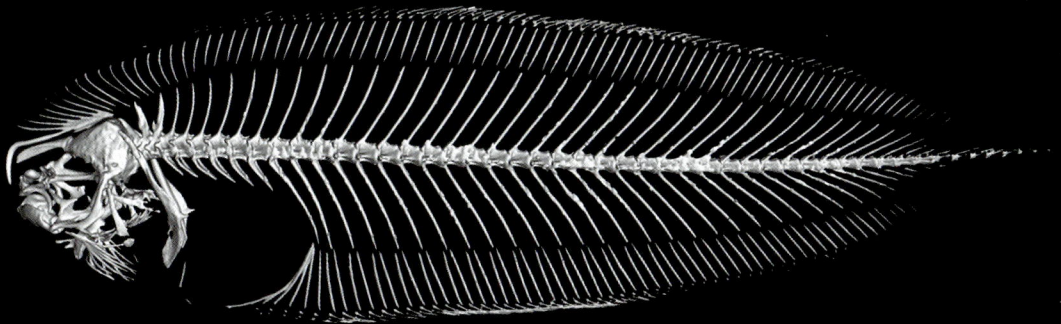

背面观

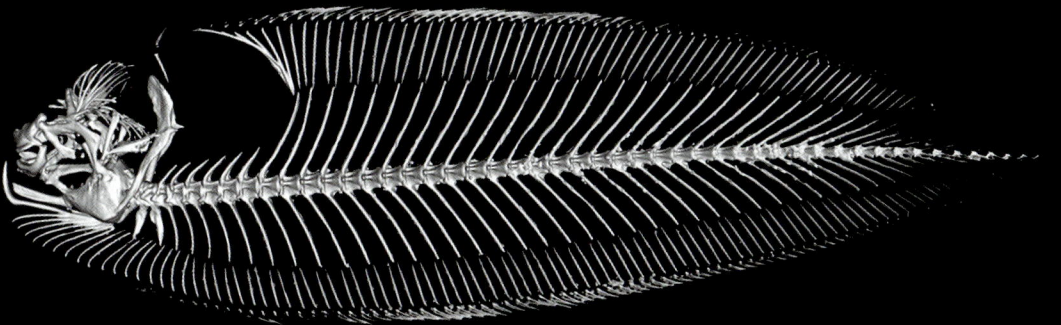

腹面观

58 大鳞舌鳎 *Cynoglossus arel* （Bloch & Schneider，1801）

【同种异名】*Pleuronectes arel* Bloch & Schneider，1801。

【英文名】largescale tonguesole。

【地方名】鳎沙。

【样本采集】n=77。全长 167.51（73.05～263.70）mm，体长 156.49（67.25～248.56）mm，体重 24.83（2.53～103.33）g。

【资源密度】1 720.581 g/km^2。

【生长条件因子】0.006 g/cm^3。

【形态特征】体呈长舌状，甚侧扁。头稍尖。吻钝圆。口歪，下位，左口角达下眼后方；两颌仅无眼侧具绒毛状齿群。唇光滑。眼小，两眼均位于头部左侧，上眼较下眼微靠前，眼间隔窄，稍小于眼径；有眼侧前鼻孔管状，位于下眼前方，后鼻孔位于眼间隔中央前端。有眼侧头、体两侧被栉鳞，体右侧被圆鳞；有眼侧具 2 条侧线，侧线鳞 7+56～65，两侧线间具鳞片 8～9 个。

有眼侧头、体棕褐色，无眼侧头、体淡黄白色，鳃部及腹腔部较暗；各鳍暗褐色，仅外缘浅色。鳍式：背鳍 104～112；腹鳍 4；臀鳍 82～91；尾鳍 10。背鳍始于头前端附近，中部鳍条最长；无胸鳍；仅有左腹鳍，与臀鳍相连；背鳍和臀鳍后部与尾鳍完全相连；尾鳍尖形。

【生态习性】为暖水性底层鱼类。栖息于水深 150 m 以浅的泥沙底质海区。主要以甲壳类、多毛类等底栖无脊椎动物为食。

【分布范围】分布于西北太平洋热带、亚热带海域，包括越南海域、日本南部海域及我国东海和南海。

【骨骼特征】额骨细长；筛骨短小，不对称。上颌骨细且弯曲；齿骨较大，三角形。脊椎骨数 50；第 1～2 脊椎骨短小，髓棘粗短。尾杆骨细小。

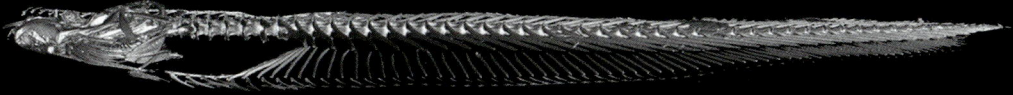

侧面观

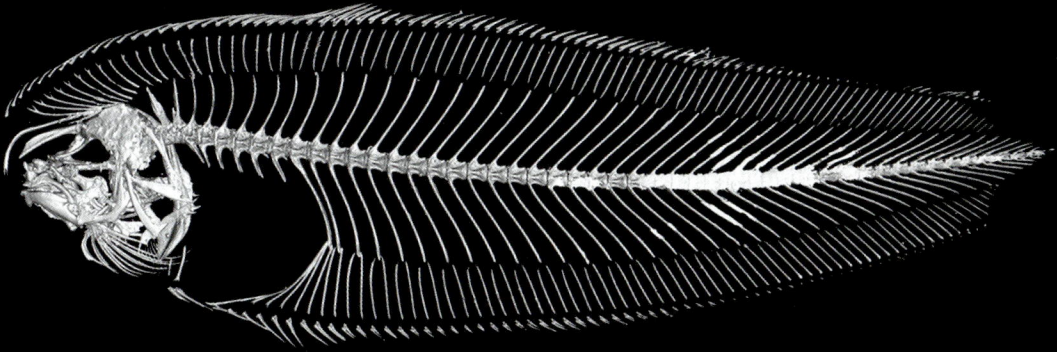

背面观

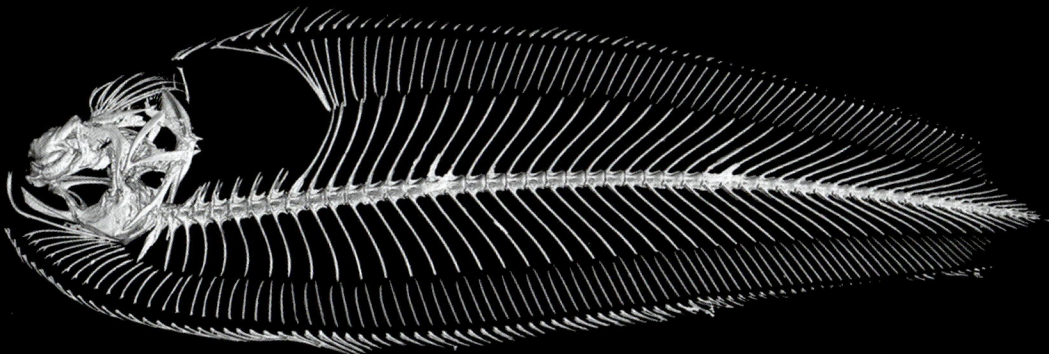

腹面观

59 眼镜鱼 *Mene maculata*（Bloch & Schneider，1801）

【同种异名】*Zeus maculatus* Bloch & Schneider，1801；*Mene maculate*（Bloch & Schneider，1801）。

【英文名】moonfish。

【地方名】眼眶鱼、皮刀、斧头鲳。

【样本采集】*n*＝29。全长 72.46（51.28～196.86）mm，体长 59.4（42.06～164.45）mm，体重 12.52（2.82～159.41）g。

【资源密度】326.746 g/km^2。

【生长条件因子】0.06 g/cm^3。

【形态特征】体极侧扁，背缘近平直，腹缘突出而薄，刀刃状；侧面观呈三角形；尾柄细。头小，侧扁，枕骨棱高。吻短。口小，前上位，口裂几乎垂直；前颌可伸缩，上颌外露，下颌稍长于上颌；两颌具绒毛带状齿。眼中等大，上位。鳃孔大；前鳃盖和鳃盖边缘光滑；鳃耙 6～8＋23～25，细长。体被微小鳞片，不易观察，极易脱落；侧线不完全，分 2 支，1 支自鳃盖后角弯曲至背鳍起点前，另 1 支与背缘平行达尾柄上方。

体背侧灰蓝色，腹侧银白色或略带黄色；在侧线上下缘散布 2～4 列圆形或椭圆形蓝黑色斑点；各鳍色浅。鳍式：背鳍Ⅲ～Ⅳ-40～45；胸鳍 15；腹鳍Ⅰ-5；臀鳍 30～33；尾鳍 17。背鳍 1 个，基底长，前方具 3～4 枚退化鳍棘，埋于皮下；胸鳍较宽；成鱼腹鳍第 1 鳍条特别延长；臀鳍在幼鱼时具 2 鳍棘，成鱼时鳍棘退化，鳍条大部埋于皮下；尾鳍叉形。

【生态习性】为暖水性中上层鱼类。栖息于沿岸内湾等浅海区。有趋光性。以浮游动物和底栖动物为食。

【分布范围】分布于印度—太平洋温暖海域，包含我国东海和南海。

【骨骼特征】额骨短，向前弯曲；顶骨较窄；枕骨嵴突出明显；侧筛骨窄。前颌骨较短，三角形，前端突起高；上颌骨宽大，顶端突起，覆盖筛区；齿骨叉形。脊椎骨数23；椎体前关节突明显；第1~2脊椎骨短小，上方具3枚上髓棘。尾杆骨较窄。匙骨薄弱；匙骨匕首形；后匙骨宽大且延长，延伸至臀鳍第1支鳍骨基部；乌喙骨较宽，钳形。腰带无名骨宽且长，前端伸至匙骨内侧。背鳍和臀鳍支鳍骨细长；臀鳍第1支鳍骨极长，与第10脊椎骨脉棘相对。

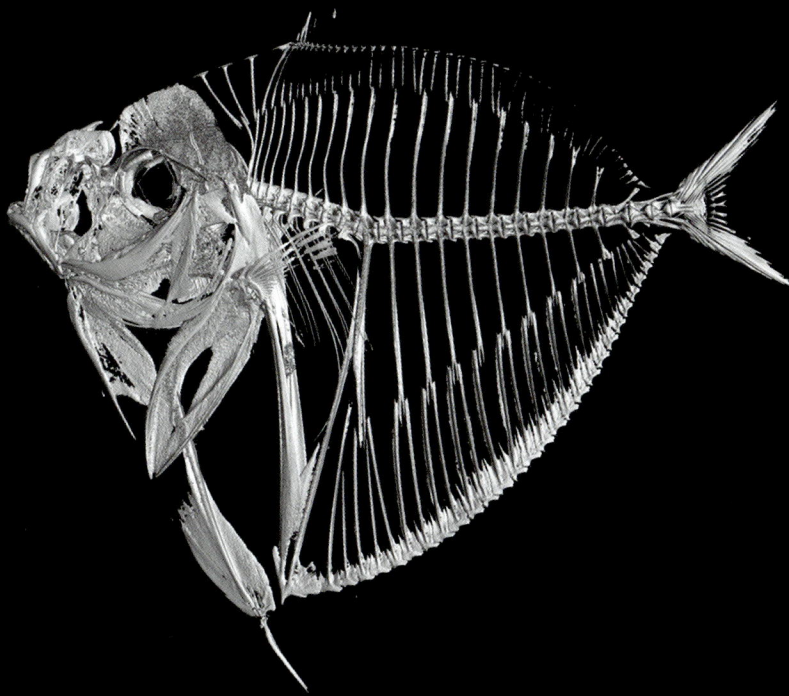

侧面观

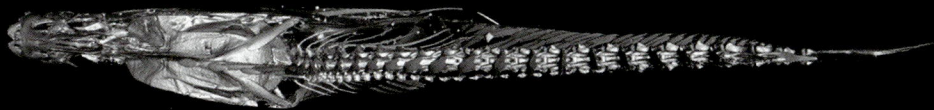

背面观

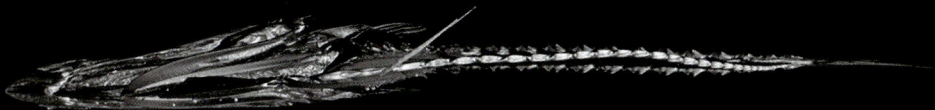

腹面观

60 黑鳍副叶鲹 *Alepes melanoptera* （Swainson，1839）

【同种异名】*Trachinus melanoptera* Swainson，1839；*Alepes melanopterus* （Swainson，1839）；*Selar malam* Bleeker，1851；*Alepes malam* （Bleeker，1851）；*Atule malam* （Bleeker，1851）；*Caranx malam* （Bleeker，1851）；*Caranx nigripinnis* Day，1876；*Caranx pectoralis* Chu & Cheng，1958；*Atule pectoralis* （Chu & Cheng，1958）。

【英文名】blackfin scad。

【地方名】黄尾鱼、黑鳍并。

【样本采集】$n=15$。全长 161.72（120.53~199.86）mm，体长 135.76（100.13~168.74）mm，体重 68.63（22.86~111.14）g。

【资源密度】926.431 g/km^2。

【生长条件因子】0.027 g/cm^3。

【形态特征】体侧扁；侧面观呈长椭圆形；尾柄细短。头中等大，稍侧扁。吻圆钝。口中等大，端位，斜裂；前颌能伸缩，下颌稍长于上颌；两颌齿尖细，各1行，犁骨、腭骨及舌上均具细齿。眼较大，近中位，脂眼睑发达。鳃孔大；前鳃盖及鳃盖边缘光滑；鳃耙6~10+20~21；具假鳃。体被小圆鳞，第2背鳍及臀鳍具鳞鞘；侧线完全，前方弯曲度大，在第2背鳍第2~3鳍条下方转直，直线部分为棱鳞，棱鳞52~68。

体背侧浅灰蓝色，腹侧银白色；鲜活时，体侧自背缘至体中部常具7~8条暗色横带；鳃盖后上缘有一明显的黑斑；第1背鳍黑色，第2背鳍灰黑色，前部鳍条端部白色，胸鳍、臀鳍灰黑色，腹鳍色浅，尾鳍暗黄色，边缘黑色。鳍式：背鳍Ⅷ，Ⅰ-23~26；胸鳍20~22；腹鳍Ⅰ-5；臀鳍Ⅱ，Ⅰ-19~21；尾鳍17。背鳍2个；胸鳍尖长；腹鳍胸位；臀鳍与第2背鳍同形、相对，前方具2游离短棘；尾鳍叉形。

【生态习性】为暖水性近海鱼类。栖息于沿岸泥沙底质海区。肉食性，捕食小型甲壳类和小鱼等。

【分布范围】分布于印度—太平洋温暖海域，包括日本南部海域及我国南海和台湾海域。

【骨骼特征】额骨较宽，两侧具嵴；上枕骨中部微凸；枕骨嵴大；侧筛骨较宽。前颌骨细长，末端位于眼前部下方；上颌骨棒状，末端位于眼中部垂直下方；齿骨深叉形；关节骨宽大。脊椎骨数 24；椎体前关节突明显；第 1～2 脊椎骨短小，上方具 3 枚上髓棘，第 1～3 脊椎骨髓棘粗短。尾杆骨窄小。颞骨小，叉形；两侧匙骨细长，末端间距极窄；后匙骨向后延伸至腹鳍中部上方；乌喙骨宽大。腰带无名骨长，伸至匙骨内侧。臀鳍第 1 支鳍骨强大，倒"T"形，顶端与第 12 脊椎骨脉棘相对，支持 2 枚游离鳍棘；靠近尾部的背鳍与臀鳍支鳍骨细长，戟形。

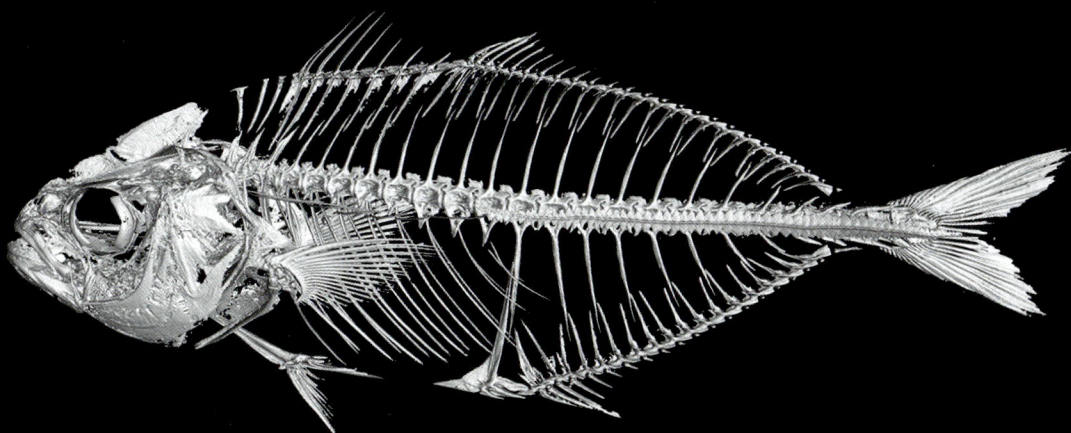

侧面观

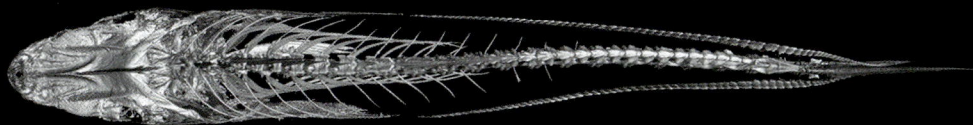

背面观

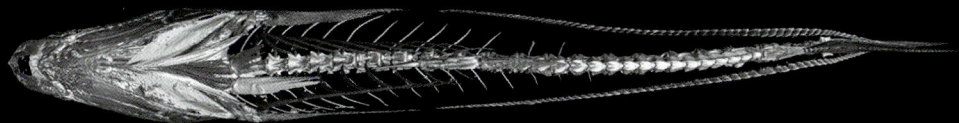

腹面观

61 克氏副叶鲹 *Alepes kleinii*（Bloch，1793）

【同种异名】*Scomber kleinii* Bloch，1793；*Caranx kleinii*（Bloch，1793）；*Alepes kleinni*（Bloch，1793）；*Alepes kalla*（Cuvier，1833）；*Caranx para* Cuvier，1833；*Alepes para*（Cuvier，1833）；*Carangoides parax*（Cuvier，1833）；*Caranx microchir* Cuvier，1833；*Selar megalaspis* Bleeker，1854；*Alepes megalaspis*（Bleeker，1854）；*Micropteryx queenslandiae* De Vis，1884；*Caranx miyakamii* Wakiya，1924。

【英文名】razorbelly scad。

【地方名】结尾鱼、甘仔鱼。

【样本采集】$n=103$。全长 114.96（51.86~176.09）mm，体长 96.56（43.97~149.11）mm，体重 18.83（1.92~46.94）g。

【资源密度】1 745.401 g/km^2。

【生长条件因子】0.021 g/cm^3。

【形态特征】体侧扁；侧面呈长椭圆形；尾柄细短。头中等大，稍侧扁。吻圆钝。口大，端位；前颌能伸缩，下颌稍长于上颌；两颌齿细小，上颌齿多行，呈带状排列，下颌前端具1行齿，侧方齿2行，犁骨、腭骨及舌上均具细齿。眼较大，中位，脂眼睑发达。鳃孔大；鳃耙9~12+27~32；具假鳃。体被小圆鳞；头部除吻和眼间隔前部裸露外均被鳞；侧线完全，在第2背鳍第5~6鳍条下方转平直，直线部全被棱鳞覆盖，棱鳞35~45。

鲜活时，体背侧青蓝色，腹侧银色；体侧自背缘至体中部常具6~8条暗色横带，鳃盖后上角有1显著大黑斑；背鳍、胸鳍、腹鳍和臀鳍灰白色，尾鳍黄色。鳍式：背鳍Ⅷ，Ⅰ-21~26；胸鳍20~22；腹鳍Ⅰ-5；臀鳍Ⅱ，Ⅰ-19~22；尾鳍17。背鳍2个，第1背鳍小，具1向前的平卧棘和7枚鳍棘，第2背鳍与臀鳍同形，两背鳍基底均较长；胸鳍尖长，镰刀状；腹鳍胸位；臀鳍鳍条前部具2枚游离短棘；尾鳍深叉形，上叶长于下叶。

【生态习性】暖水性中上层鱼类。栖息水深小于60 m。常聚集成群。以浮游性甲壳类、小鱼为食。

【分布范围】分布于印度—西太平洋温暖海域，包括日本南部海域及我国东海、南海和台湾海域。

【骨骼特征】 额骨较宽，前端向下弯曲；上枕骨中央微凸；枕骨嵴较高；筛骨较短。前颌骨细长；上颌骨桨状，末端位于眼中部垂直下方；齿骨深叉形；关节骨宽大。脊椎骨数24；椎体前关节突明显；第1～2脊椎骨上方具3枚上髓棘，第1～4脊椎骨较短。尾杆骨较窄。颞骨弯曲；两侧匙骨细长，末端间距窄；后匙骨向后延伸至腹鳍中部上方；乌喙骨宽大。腰带无名骨较长，伸至匙骨内侧。臀鳍第1支鳍骨强大，倒"T"形，与第11脊椎脉棘相对，支持2枚游离鳍棘；靠近尾部的背鳍与臀鳍支鳍骨较短，呈戟形。

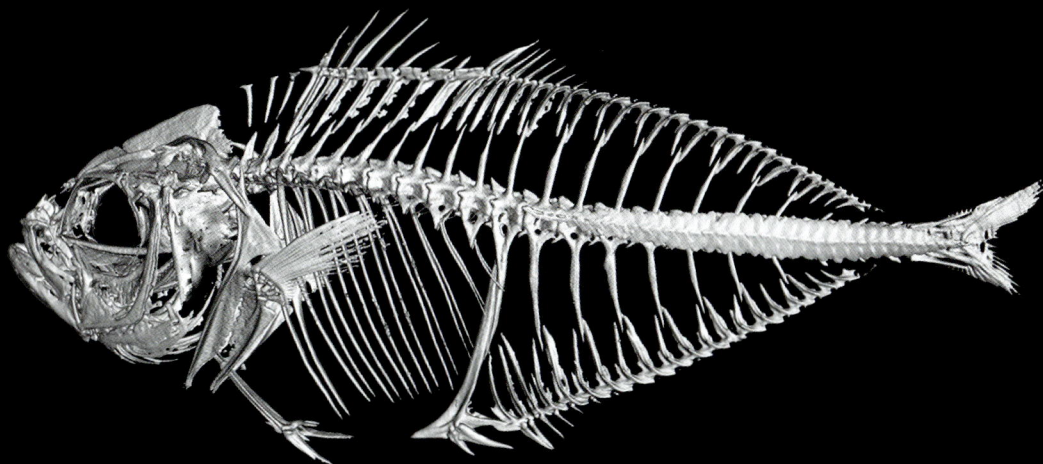

侧面观

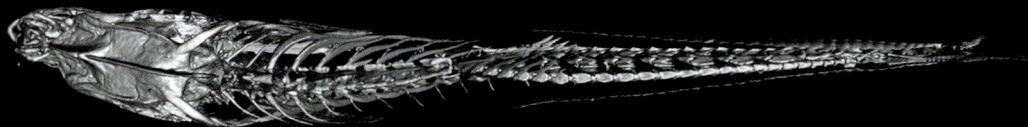

背面观

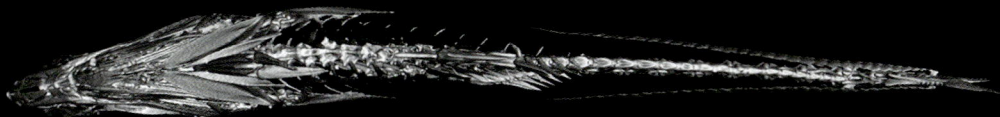

腹面观

62 沟鲹 *Atropus atropos*（Bloch & Schneider，1801）

【同种异名】*Brama atropos* Bloch & Schneider，1801；*Caranx atropus*（Bloch & Schneider，1801）；*Atropus atropus*（Bloch & Schneider，1801）。

【英文名】blackfin jack。

【地方名】黑皮鲳、甲鱼、古斑。

【样本采集】n=4。全长 126.31（119.04～133.25）mm，体长 105.21（100.20～110.68）mm，体重 37.16（31.83～43.48）g。

【资源密度】133.765 g/km²。

【生长条件因子】0.032 g/cm³。

【形态特征】体侧扁而高；侧面观呈卵圆形；尾柄细短。头中等大。吻较短。口中等大，端位，斜裂；下颌稍突出；两颌具多行绒毛状齿带，颌齿细，前部呈带状排列，犁骨、腭骨和舌上均有齿。眼较大，近中位，脂眼睑不发达。鳃孔大；前鳃盖和鳃盖边缘光滑；鳃耙 8～11＋19～23，细长。体被小圆鳞，胸部无鳞区大；侧线完全，在胸鳍上方具一大弧形弯曲，直线部全部覆盖棱鳞；棱鳞 31～37，较弱。

体背侧青蓝色，腹侧银白色；背鳍和臀鳍色淡，腹鳍前端色浅，后端黑色，尾鳍淡黄色。鳍式：背鳍Ⅷ，Ⅰ-19～23；胸鳍 18～22；腹鳍Ⅰ-5；臀鳍Ⅱ，Ⅰ-17～19；尾鳍 17。背鳍 2 个，距离近，第 1 背鳍低小，前方具 2 枚游离短棘；胸鳍尖长，镰刀状；腹部平直，有一深沟，腹鳍可藏于其中，2 枚臀鳍棘亦位于此沟内；尾鳍叉形。

【生态习性】为暖水性中上层鱼类。喜集群，游泳速度快。摄食浮游动物、小鱼和小虾。

【分布范围】分布于印度—太平洋温暖海域，包括日本南部海域及我国南海和台湾海域。

【骨骼特征】额骨较宽，中部略微内凹；上枕骨中部微凸；枕骨嵴大；筛骨短。前颌骨较短；上颌骨桨状，末端位于眼中部垂直下方；齿骨深叉形。脊椎骨数 24；第 1 脊椎骨短小，第 1～2 脊椎骨上方具 3 枚上髓棘，第 1～4 脊椎骨髓棘粗短。尾杆骨窄长。颞骨弯钩形；两侧匙骨细长，末端间距极窄；后匙骨向后延伸至腹鳍中部上方；乌喙骨宽大。腰带无名骨较长，近垂直，前端深插至匙骨内侧。臀鳍第 1 支鳍骨强大，倒"T"形，与第 11 脊椎脉棘相对，支持 2 枚游离鳍棘；靠近尾部的背鳍与臀鳍支鳍骨较短，呈戟形。

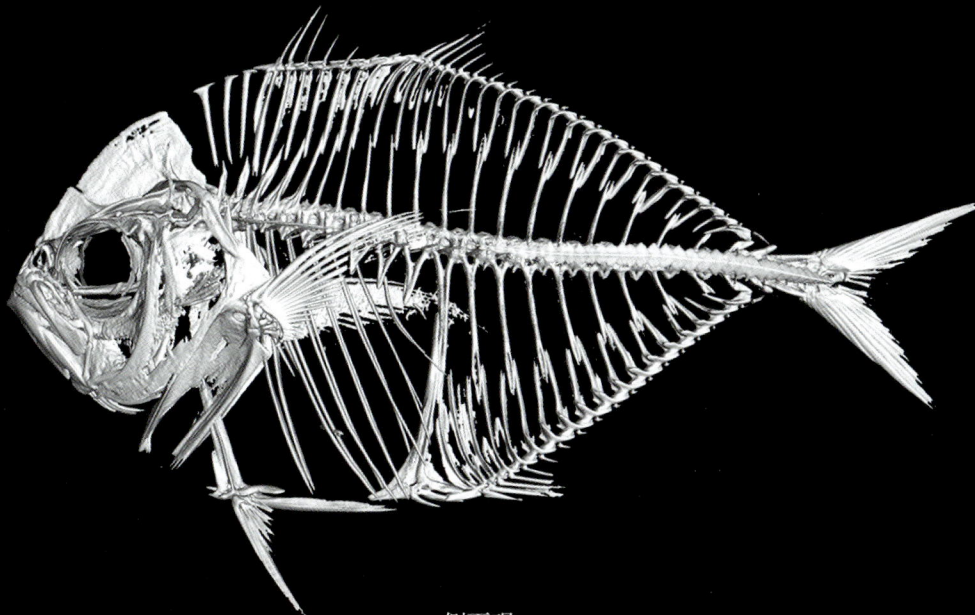

侧面观

背面观

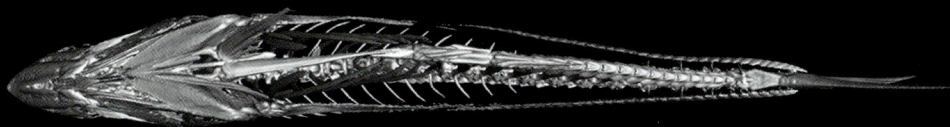

腹面观

63 游鳍叶鲹 *Atule mate* （Cuvier，1833）

【同种异名】*Caranx mate* Cuvier，1833；*Alepes mate*（Cuvier，1833）；*Selar mate*（Cuvier，1833）；*Atule mute*（Cuvier，1833）；*Caranx xanthurus* Cuvier，1833；*Caranx affinis* Rüppell，1836；*Selar affinis*（Rüppell，1836）；*Selar hasseltii* Bleeker，1851；*Caranx hasseltii*（Bleeker，1851）；*Carangus politus* Jenkins，1903；*Decapterus politus*（Jenkins，1903）；*Decapterus lundini* Jordan & Seale，1906；*Decapterus normani* Bertin & Dollfus，1948。

【英文名】black pompano。

【地方名】巴浪鱼、平瓜仔、黄尾瓜仔。

【样本采集】n = 31。全长 119.21（82.76～157.86）mm，体长 99.7（69.38～133.57）mm，体重 21.55（5.44～44.66）g。

【资源密度】601.197 g/km²。

【生长条件因子】0.022 g/cm³。

【形态特征】体侧扁；侧面长椭圆形；尾柄细长。头长。吻锥状，吻长大于眼径。口小，斜裂；两颌约等长，齿尖细，下颌齿 1 行，犁骨、腭骨及舌上具绒毛状齿带。眼较大，上位，脂眼睑发达，开口呈裂隙状。鳃孔大；前鳃盖后缘光滑，鳃盖膜不与颊部相连；鳃耙 10～13＋24～31；具假鳃。体被小圆鳞；颊部、鳃盖上半部、颞部、胸部亦被鳞；第 2 背鳍和臀鳍具发达鳞鞘；侧线完全，直线部具明显棱鳞，棱鳞 36～49。

体背侧青蓝色，腹侧银白色；体侧上部具 7～10 条绿色横带；鳃盖后上缘具一黑斑；尾鳍褐黄色，其余各鳍浅黄色。鳍式：背鳍Ⅷ，Ⅰ-22～25；胸鳍 22～24；腹鳍Ⅰ-5；臀鳍Ⅱ，Ⅰ-18～21；尾鳍 17。背鳍 2 个，相靠近，第 2 背鳍基底长，前部鳍条稍延长；胸鳍尖长，镰刀状，后端伸达臀鳍起点稍后上方；腹鳍胸位；臀鳍与第 2 背鳍同形、相对，前方具 2 枚游离短棘；尾鳍叉形。

【生态习性】为暖水性小型鱼类。肉食性，捕食小型甲壳类和小鱼等。

【分布范围】分布于印度—太平洋温暖海域，包括日本南部沿海及我国东海和南海近岸水域。

【骨骼特征】额骨较宽，中部微凹；上枕骨中部微凸；枕骨嵴较长；侧筛骨较宽。前颌骨中等长，末端伸至筛区后方；上颌骨桨状，稍长于前颌骨，末端位于眼前缘垂直下方；齿骨叉形；关节骨粗短。脊椎骨数 24；椎体前关节突明显；第 1～2 脊椎骨短小，上方具 3 枚上髓棘。尾杆骨窄小。颞骨较粗，叉形；两侧匙骨细长，末端间距窄；后匙骨向后延伸至腹鳍末端上方。腰带无名骨较长，向前上方延伸至匙骨内侧。臀鳍第 1 支鳍骨强大，倒"T"形，顶端与第 11 脊椎骨脉棘相对，支持 2 枚游离鳍棘。

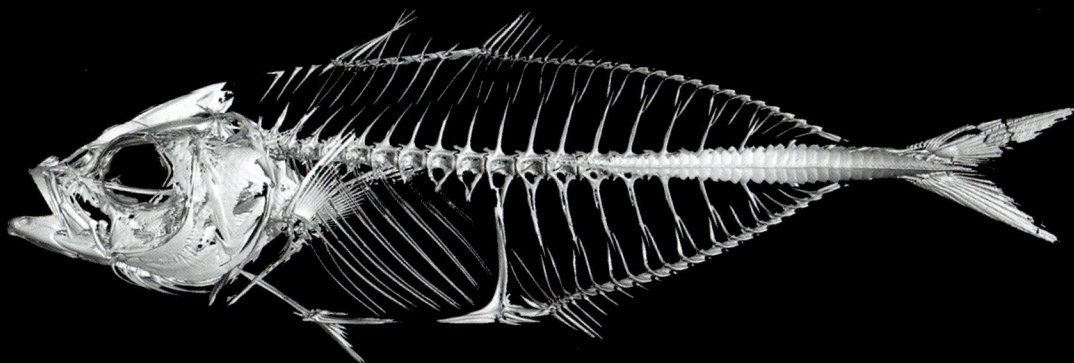

侧面观

背面观

腹面观

64 蓝圆鲹 *Decapterus maruadsi*（Temminck & Schlegel，1843）

【同种异名】*Caranx maruadsi* Temminck & Schlegel，1843；*Decapterus maraudsi*（Temminck & Schlegel，1843）。

【英文名】round scad。

【地方名】池鱼、巴浪。

【样本采集】n=373。全长 166.08（26.70~280.87）mm，体长 145.77（60.65~245.86）mm，体重 49.02（3.31~139.49）g。

【资源密度】16 454.698 g/km^2。

【生长条件因子】0.016 g/cm^3。

【形态特征】体延长，稍侧扁；侧面呈纺锤形；尾柄细长。头较高。吻钝尖。口中大，端位，倾斜；前颌能伸缩，上下颌约等长，上颌末端伸达眼前缘下方；两颌各具 1 行细齿，颌齿较发达，犁骨齿群呈箭形，腭骨及舌上均具齿带。眼大，脂眼睑发达，前后均达眼中部，仅瞳孔中央露出 1 条缝。鳃孔大；前鳃盖后缘光滑，鳃盖膜不与颊部相连；鳃耙12~13+35~39，细密。体被小圆鳞，颊部、鳃盖上部、头顶部和胸部亦被鳞；背部前鳞达瞳孔前缘；侧线前部弯曲，在第 2 背鳍中部转直，弯曲部略长于直线部，整个直线部分被棱鳞，棱鳞30~37。

　　体背侧蓝绿色，腹侧银白色；体侧鳃盖后上角处具 1 黑斑；腹鳍和臀鳍色淡，其余各鳍淡黄色，边缘色暗。鳍式：背鳍Ⅷ，Ⅰ-30~36+1；胸鳍 21~23；腹鳍Ⅰ-5；臀鳍Ⅱ，Ⅰ-26~31+1；尾鳍17。背鳍 2 个，第 1 背鳍短，略呈三角形，第 2 背鳍基底长，前部鳍条较长，第 2 背鳍和臀鳍后方各具 1 小鳍；胸鳍尖长，镰形，尖端达第 2 背鳍起点下方；腹鳍胸位；臀鳍与第 2 背鳍同形、相对，前方具 2 游离短棘；尾鳍叉形。

【生态习性】为暖水性中上层鱼类。栖息于沿岸内湾海域。喜集群。夜间具弱趋光性。主要摄食磷虾类、桡足类、端足类和介形类等浮游动物及小型鱼类。

【分布范围】分布于印度—西太平洋温暖海域，包括日本南部海域及我国黄海、东海、南海和台湾海域。

【骨骼特征】额骨较窄，两侧具嵴；上枕骨中部微凸；枕骨嵴较长。前颌骨中等长，末端伸至筛区后方；上颌骨桨状，稍长于前颌骨；齿骨深叉形。脊椎骨数 24；椎体前关节突明显；第 1～2 脊椎骨较短。尾杆骨窄小。颞骨较粗，弯钩状；两侧匙骨细长，末端间距极窄；后匙骨向后延伸至腹鳍中部上方。臀鳍第 1 支鳍骨较长，与第 11 脊椎骨脉棘相对，支持 2 枚游离鳍棘。

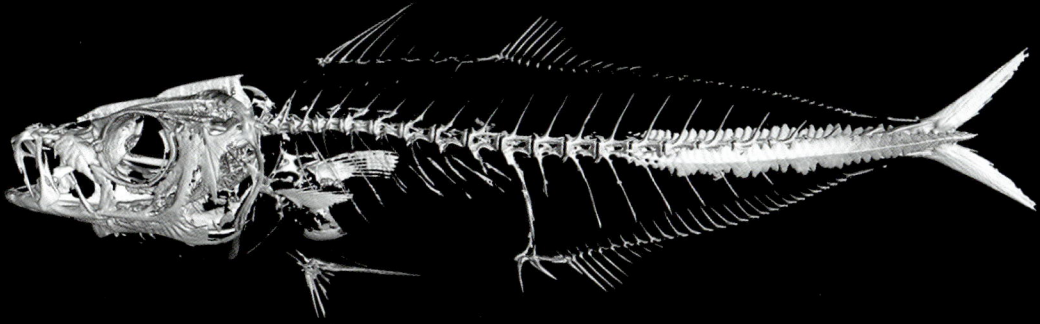

侧面观

背面观

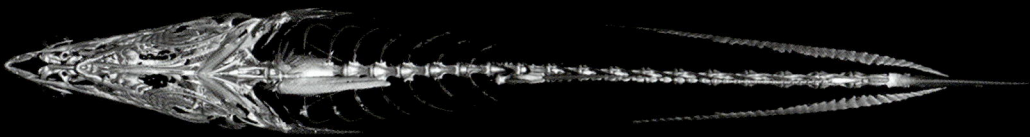

腹面观

65 大甲鲹 *Megalaspis cordyla* (Linnaeus, 1758)

【同种异名】*Scomber cordyla* Linnaeus, 1758; *Magalaspis cordyla* (Linnaeus, 1758); *Megalapsis cordyla* (Linnaeus, 1758); *Megalaspis cordylaa* (Linnaeus, 1758); *Scomber rottleri* Bloch, 1793; *Caranx rottleri* (Bloch, 1793); *Citula plumbea* Quoy & Gaimard, 1825。

【英文名】torpedo scad。

【地方名】铁甲、硬尾铅、八哥脚。

【样本采集】$n=1$。全长 172.96 mm，体长 152.46 mm，体重 70.58 g。

【资源密度】63.517 g/km^2。

【生长条件因子】0.02 g/cm^3。

【形态特征】体延长，稍侧扁；侧面观呈长椭圆形；尾柄宽而平扁。头近圆锥形。吻钝尖。口中等大，亚端位；上颌后端位于眼中部垂直下方；上颌具齿数行，带状，下颌齿前端2行，两侧各1行，犁骨、腭骨及舌上均具细齿带。眼大，上位，脂眼睑发达，仅瞳孔中央露出1条缝。鳃孔大；前鳃盖和鳃盖边缘光滑；鳃耙11+18；具假鳃。体被小圆鳞，仅胸部侧下和腹面无鳞；侧线完全，前部弧形，直线部长于弯曲部，弧形后部及直线全覆盖强大棱鳞，棱鳞56，在尾柄处连接形成1个显著隆起嵴。

体背侧灰蓝色带金黄色光泽，腹侧银白色；鳃盖后缘上方具1黑色斑；背鳍及尾鳍深灰色，具黑色边缘，胸鳍上部棕黑色，下半部色淡，后端黄色，腹鳍、臀鳍乳白色透明状，腹鳍外半部黑色。鳍式：背鳍Ⅷ，Ⅰ-9+8；胸鳍21，腹鳍Ⅰ-5；臀鳍Ⅱ，Ⅰ-8+8；尾鳍17。背鳍2个，第1背鳍稍高，前方具1向前平卧棘，第2背鳍前部略呈三角形，后具8个游离小鳍；胸鳍长而大，镰形；腹鳍小；臀鳍与第2背鳍相对，前方具2枚游离短棘，后部具8枚小鳍；尾鳍叉形。

【生态习性】为暖水性中上层鱼类。喜集群，游泳速度快。摄食浮游动物、小鱼和小虾。

【分布范围】分布于印度—西太平洋温暖海域，包括日本南部海域及我国东海、南海和台湾海域。

【骨骼特征】额骨较宽；上枕骨中部微凸；枕骨崤长；侧筛骨较宽。前颌骨较短；上颌骨桨状，末端位于眼中部垂直下方；齿骨深叉形。脊椎骨数 24；椎体关节前突明显；第 1 脊椎骨短小，第 1~2 脊椎骨上方具 3 枚上髓棘，第 1~4 脊椎骨髓棘粗短。尾杆骨窄小。颞骨叉形；两侧匙骨细长，末端间距窄；后匙骨向后延伸至腹鳍后部上方。腰带无名骨较长，向前上方延伸至匙骨内侧。臀鳍第 1 支鳍骨强大，倒"T"形，支持游离的两枚鳍棘；靠近尾部的背鳍与臀鳍支鳍骨粗短，戟形。

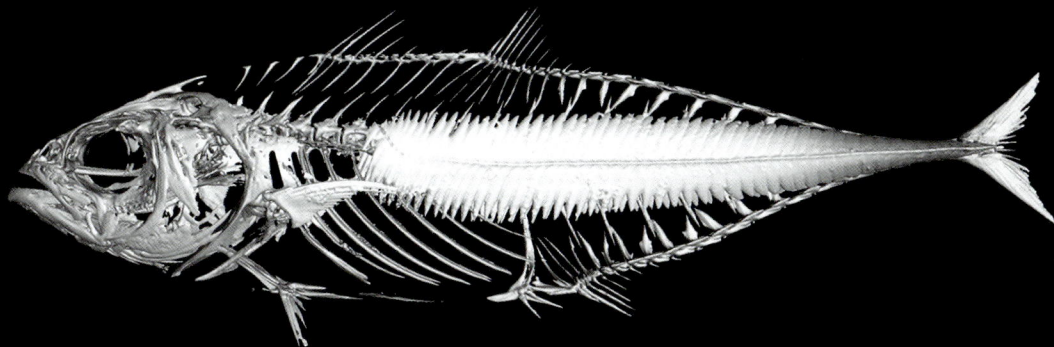

侧面观

背面观

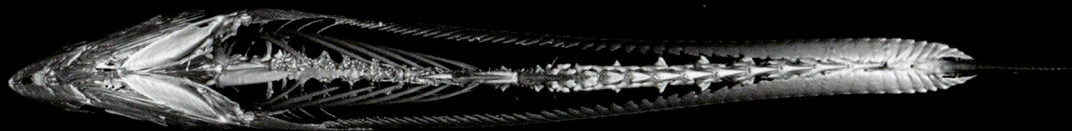

腹面观

66 舟鲕 *Naucrates ductor* （Linnaeus，1758）

【同种异名】*Gasterosteus ductor* Linnaeus，1758；*Hemitripteronotus quinque-maculatus* Lacepède，1801；*Hemitripteronotus quinquemaculatus* Lacepède，1801；*Naucrates fanfarus* Rafinesque，1810；*Naucrates indicus* Lesson，1831；*Naucrates noveboracensis* Cuvier，1832；*Nauclerus compressus* Valenciennes，1833；*Seriola dussumieri* Valenciennes，1833；*Seriola succincta* Valenciennes，1833；*Seriola succinta* Valenciennes，1833；*Nauclerus abreviatus* Valenciennes，1833；*Nauclerus brachycentrus* Valenciennes，1833；*Nauclerus triacanthus* Valenciennes，1833；*Nauclerus annularis* Valenciennes，1833；*Nauclerus leucurus* Valenciennes，1833；*Naucrates cyanophrys* Swainson，1839；*Naucrates serratus* Swainson，1839；*Thynnus pompilus* Gronow，1854；*Naucrates polysarcus* Fowler，1905；*Naucrates angeli* Whitley，1931。

【英文名】pilotfish。

【地方名】黑带鲹、领航鱼、带水鱼。

【样本采集】$n=1$。全长 177.42 mm，体长 136.87 mm，体重 126.77 g。

【资源密度】114.084 g/km^2。

【生长条件因子】0.049 g/cm^3。

【形态特征】体延长；侧面观呈纺锤形；尾柄短。头中等大，侧扁。吻圆钝。口中大，端位，稍倾斜；下颌稍突出；两颌齿尖细，尖端向内弯，排列呈宽带状，犁骨和腭骨均具绒毛状齿。眼中大，近中位，脂眼睑不发达，眼间隔宽。鳃孔大；前鳃盖后缘光滑，鳃盖膜不与颊部相连；鳃耙 7＋19。体被小圆鳞，颊部、鳃盖上部及胸部亦被鳞；侧线完全，无棱鳞。

鲜活时，体背侧深蓝色，腹侧色浅；体侧具 6 条黑色横带；背鳍、腹鳍和臀鳍暗褐色，胸鳍黑色，尾鳍暗褐色，上、下叶末端白色。鳍式：背鳍Ⅵ，Ⅰ-29；胸鳍 17～19；腹鳍Ⅰ-5；臀鳍Ⅱ，Ⅰ-17；尾鳍 17。背鳍 2 个，第 1 背鳍颇短小，第 2 背鳍略呈三角形，基底长，前部鳍条较长；腹鳍胸位；臀鳍基较第 2 背鳍基短，前方具 2 枚游离短棘，背鳍和臀鳍后方无小鳍；尾鳍叉形，尾柄两侧具纵嵴。

【生态习性】为暖水性中小型鱼类。肉食性，捕食小型甲壳类和小鱼等。

【分布范围】分布于印度—太平洋海域，包括日本南部沿海及我国东海和南海近岸水域。

【骨骼特征】额骨较宽；上枕骨中部微凸；枕骨嵴较长。前颌骨中等长，末端伸至眼前缘下方；上颌骨桨状，稍长于前颌骨，末端位于眼中部垂直下方；齿骨叉形；关节骨粗短。脊椎骨数 25；椎体前后关节突明显；第 1～2 脊椎骨短，髓棘粗短，上方具 3 枚上髓棘。尾杆骨窄小。匙骨较宽，弯钩状；两侧匙骨细长，末端间距窄；后匙骨向后延伸至腹鳍末端上方；乌喙骨宽大，钳形。腰带无名骨较长，向前上方延伸至匙骨内侧。臀鳍第 1 支鳍骨较长，与第 11 脊椎骨脉棘相对，支持 2 枚游离鳍棘。

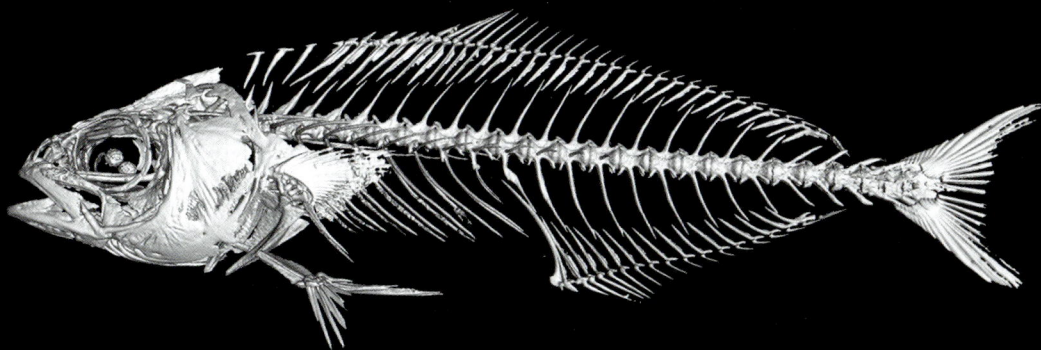

侧面观

背面观

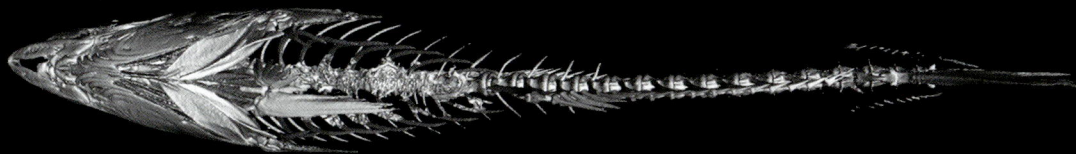

腹面观

67 乌鲳 *Parastromateus niger*（Bloch，1795）

【同种异名】*Stromateus niger* Bloch，1795；*Formio niger*（Bloch，1795）；*Parastro-maeus niger* Bloch，1795；*Temnodon inornatus* Kuhl & van Hasselt，1851；*Citula halli* Evermann & Seale，1907。

【英文名】black pompano。

【地方名】黑鲳、黑仓。

【样本采集】$n=27$。全长 139.98（94.39～170.98）mm，体长 116（80.49～139.57）mm，体重 70.99（22.31～123.00）g。

【资源密度】1 724.919 g/km^2。

【生长条件因子】0.045 g/cm^3。

【形态特征】体侧扁而高，背缘和腹缘均显著隆起；侧面观呈卵圆形；尾柄细长。头中等大。吻短钝。口小，端位，稍倾斜；两颌约等长；两颌各具 1 行尖细齿，排列稀松，犁骨、腭骨及舌上无齿。眼较小，近中位，脂眼睑不发达，眼间隔宽。鳃孔大；前鳃盖后缘光滑，鳃盖膜不与颊部相连；鳃耙 5～7＋13～16，粗短。体被细小圆鳞，各鳍基部均具鳞；侧线完全，侧线鳞 8～19，在尾柄处较大，鳞上具向后棘，各棘相连形成 1 隆起嵴。

全身黑褐色，尤以腹部更暗，尾柄偏淡；背鳍和臀鳍黑色，胸鳍黑褐色，尾鳍色浅。鳍式：背鳍Ⅳ-40～45；胸鳍 21～23；臀鳍Ⅱ，Ⅰ-35～39；尾鳍 17。背鳍 1 个，鳍基长，前部鳍条延长；胸鳍镰刀状；腹鳍胸位，成鱼腹鳍消失；臀鳍与背鳍同形、相对；尾鳍深叉形。

【生态习性】为暖水性中上层鱼类。栖息于泥沙底质海区。具弱趋光性，白天栖息于水体底层，晚上在表层活动。喜集群。以浮游动物和小型水母为食。

【分布范围】分布于印度—西太平洋温暖海域，包括日本南部海域及我国黄海、东海、南海和台湾海域。

【骨骼特征】额骨较宽；上枕骨中部微凸；枕骨嵴较大；侧筛骨较宽。前颌骨短小，末端位于筛区中部下方；上颌骨桨形，末端位于眼前部垂直下方；齿骨叉形；关节骨粗短。脊椎骨数 24；椎体前关节突明显；第 1～2 脊椎骨和髓棘短小，上方具 3 枚上髓棘。尾杆骨短小。匙骨弯钩形；两侧匙骨细长，近水平；后匙骨较短，略超过胸鳍基下方。腰带无名骨较长，近垂直上挑，伸至匙骨内侧。背鳍支鳍骨细长；臀鳍第 1 支鳍骨强大且弯曲，与第 11 脊椎骨脉棘相对，支持 2 枚游离鳍棘。

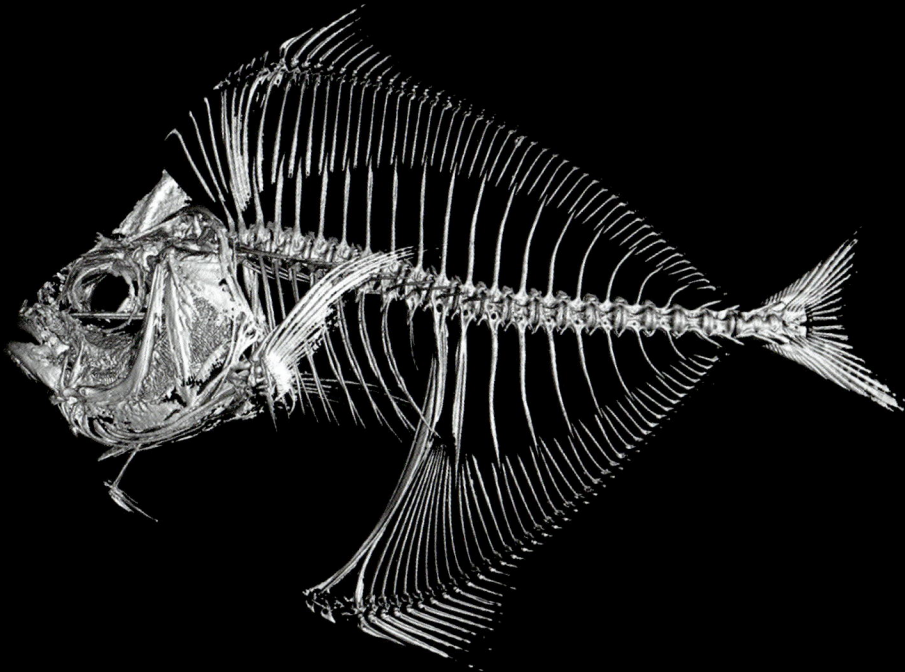

侧面观

背面观

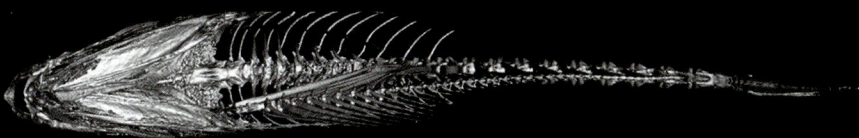

腹面观

68 马拉巴裸胸鲹 *Platycaranx malabaricus*（Bloch & Schneider，1801）

【同种异名】*Scomber malabaricus* Bloch & Schneider，1801；*Caranx malabaricus*（Bloch & Schneider，1801）；*Carangoides rectipinnus* Williams，1958；*Carangoides rhomboides* Kotthaus，1974

【英文名】malabar kingfish。

【地方名】珍鱼、短毛白鱼。

【样本采集】n=52。全长 156.06（104.86～261.39）mm，体长 129.05（84.92～217.16）mm，体重 73.44（16.63～766.38）g。

【资源密度】3 436.717 g/km^2。

【生长条件因子】0.034 g/cm^3。

【形态特征】体侧扁而高，自吻端至第 1 背鳍起点倾斜度大；侧面观呈卵圆形；尾柄细长。头中等大；枕骨嵴发达。吻尖长，下颌突出。口中等大，端位；前颌能伸缩，下颌稍长于上颌，上颌末端位于瞳孔前缘垂直下方；两颌具绒毛状齿，犁骨、腭骨及舌上均具齿带。眼较大，上位，眼前头背缘弧形，脂眼睑不发达。鳃孔大；前鳃盖后缘光滑，鳃盖膜不与颊部相连；鳃耙 7～12＋21～27。除胸部侧腹面裸露外，全身被小圆鳞；侧线完全，弯曲部长于直线部，侧线直线部的后半部具弱棱鳞，棱鳞 19～36。

鲜活时，体背部青蓝色，体侧及腹部银白色；背鳍淡灰色，第 1 背鳍前缘淡黑色，胸鳍淡灰色，腹鳍及臀鳍色浅，具青黄色细横，靠近鳍基处具 1 列白斑。鳍式：背鳍Ⅷ，Ⅰ-20～23；胸鳍 18-20；腹鳍Ⅰ-5；臀鳍Ⅱ，Ⅰ-17～19；尾鳍 17。背鳍 2 个，相靠近，第 2 背鳍基底长，前部鳍条延长呈镰状；胸鳍镰刀状，无鳞区包含胸鳍基上方；腹鳍胸位；臀鳍与第 2 背鳍同形、相对；尾鳍叉形。

【生态习性】为暖水性中上层鱼类。捕食小型甲壳类、乌贼和小鱼等。

【分布范围】分布于印度—太平洋温、热带海域，包括日本南部海域及我国东海、南海和台湾海域。

【骨骼特征】额骨较宽，中部微凹；上枕骨具嵴；枕骨嵴大；筛骨较短。前颌骨较长，三叉形；上颌骨桨形；齿骨叉形；关节骨粗短。脊椎骨数 23；椎体前关节突明显；第1~2脊椎骨短小，上方具3枚上髓棘，第1~4脊椎骨髓棘粗短。尾杆骨窄小。颞骨小，三角形；匙骨斧形，下端细长；后匙骨向后延伸至腹鳍中部上方；乌喙骨宽大，钳形。腰带无名骨较长，伸至匙骨内侧。背鳍支鳍骨细长；臀鳍第1支鳍骨强大，倒"T"形，与第11脊椎骨脉棘相对，支持2枚游离鳍棘。

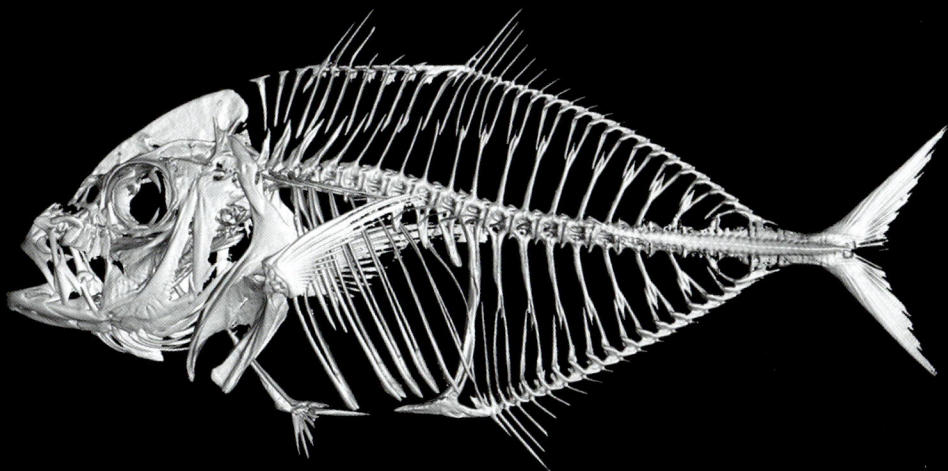

侧面观

背面观

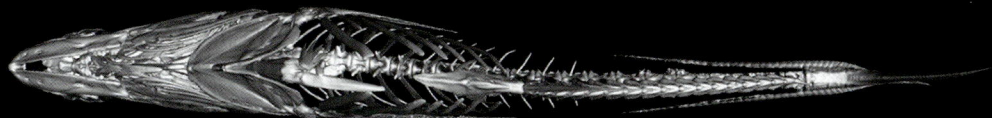

腹面观

69 长吻丝鲹 *Scyris indica* （Rüppell，1830）

【同种异名】*Scyris indicus* Rüppell，1830；*Seriolichthys indicus*（Rüppell，1830）；*Alectes indicus*（Rüppell，1830）；*Alectis indicus*（Rüppell，1830）；*Hynnis insanus* Valenciennes，1862；*Hynnis momsa* Herre，1927。

【英文名】large threadfin jackfish。

【地方名】草扇、羽并、大花串。

【样本采集】*n*=2。全长 109.45（106.82~112.07）mm，体长 86.05（83.29~88.81）mm，体重 23.35（22.13~24.57）g。

【资源密度】42.027 g/km^2。

【生长条件因子】0.037 g/cm^3。

【形态特征】体侧扁而高；侧面菱形；尾柄细长。头高大于头长，头部显著隆起。吻长大于眼径。口较大，端位，偏低；下颌稍突出，上颌后端位于眼前缘垂直下方；两颌齿细小，上颌齿 2~4 行，下颌齿 2 行，犁骨、腭骨和舌上均具细齿。眼较小，上位，脂眼睑不发达。前鳃盖后缘光滑，鳃盖膜不与颊部相连；鳃耙 7~11+21~26。体表光滑；侧线发达，前部弧形弯曲，直线部分的后部具弱棱鳞，棱鳞 9~13。

体背侧银白色带灰蓝色光泽，腹侧银白色；背鳍浅褐色，胸鳍浅褐色透明状，腹鳍及臀鳍浅灰色；幼鱼时，体侧具多条弧形暗色横带，第 2 背鳍及腹鳍基部前部具黑斑。鳍式：背鳍 V~Ⅵ，Ⅰ-18~20；胸鳍 18~19；腹鳍 Ⅰ-5；臀鳍 Ⅱ，Ⅰ-15~17；尾鳍 17。第 1 背鳍鳍棘短小，棘间具短膜相连，第 2 背鳍第 1~7 鳍条延长呈细丝状；胸鳍镰形；腹鳍胸位，幼鱼时，第 1~3 鳍条呈丝状延长；臀鳍与第 2 背鳍同形，前方 1~4 鳍条延长呈细丝状；尾鳍叉形。

【生态习性】为暖水性近海鱼类。栖息于沿岸泥沙底质海区。幼鱼游泳能力差，营漂浮生活。以行动缓慢的小型鱼类和甲壳类为食。

【分布范围】分布于印度—太平洋温暖海域，包括日本南部海域及我国南海和台湾海域。

【骨骼特征】额骨较窄长，向前弯曲；上枕骨较宽，中部微凸；枕骨嵴甚大；筛骨高；眶前骨宽大。前颌骨较长，前端突起高；上颌骨桨形，末端位于眼中部垂直下方；齿骨叉形；关节骨粗短。脊椎骨数 24；椎体前关节突明显；第 1～2 脊椎骨短小，髓棘粗短，上方具 3 枚上髓棘。尾杆骨窄小。颞骨较宽，叉形；匙骨斧形，下端细长；后匙骨向后延伸至腹鳍中部上方；乌喙骨宽且长。腰带无名骨较长，近垂直，伸至匙骨内侧。背鳍支鳍骨细长；臀鳍第 1 支鳍骨强大，倒 "T" 形，顶端与第 11 脊椎骨脉棘相对，支持 2 枚游离鳍棘。

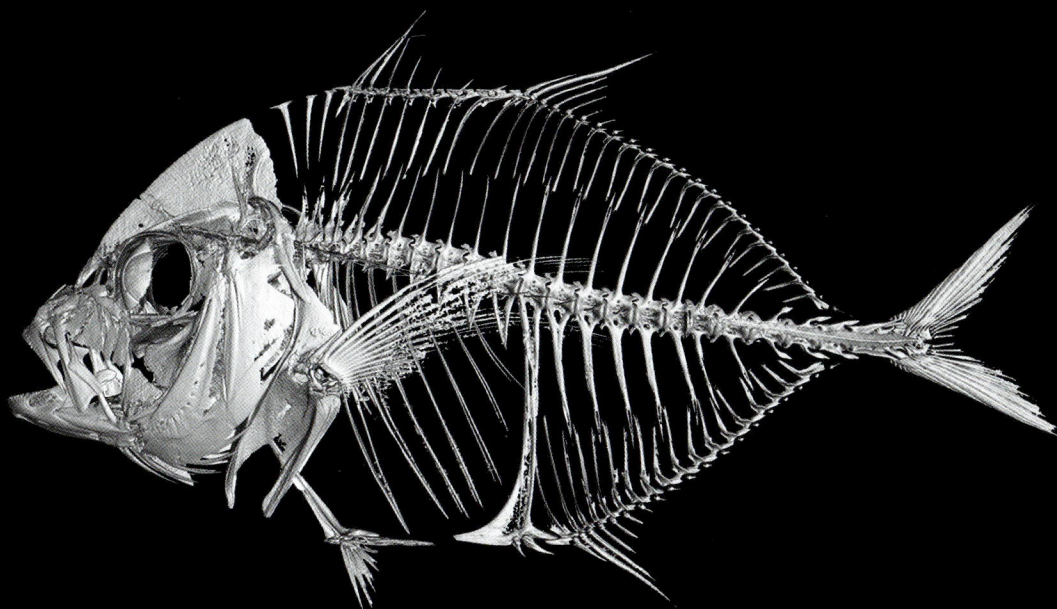

侧面观

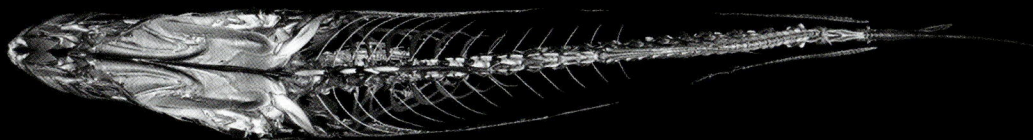

背面观

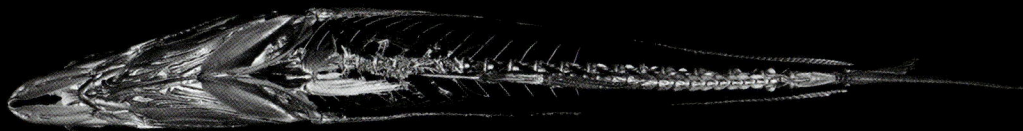

腹面观

70 金带细鲹 *Selaroides leptolepis* （Cuvier，1833）

【同种异名】*Caranx leptolepis* Cuvier，1833；*Selar leptolepis* （Cuvier，1833）；*Selariodes leptolepis* （Cuvier，1833）；*Caranx mertensii* Cuvier，1833；*Caranx procaranx* De Vis，1884。

【英文名】yellow-striped trevally。

【地方名】金边池、木叶鲹、目孔。

【样本采集】n＝23。全长 93.96（69.40～108.58）mm，体长 77.96（57.79～90.11）mm，体重 11.03（5.07～17.04）g。

【资源密度】228.303 g/km^2。

【生长条件因子】0.023 g/cm^3。

【形态特征】体侧扁；侧面长椭圆形；尾柄细短。头中等大，稍侧扁。吻圆钝。口大，端位；前颌能伸缩，下颌稍长于上颌；下颌具1列细齿，上颌、犁骨及腭骨均无齿，舌上具退化的齿带。眼较大，近中位，脂眼睑发达。鳃孔大；前鳃盖和鳃盖边缘光滑；鳃耙10～14＋27～34。体被小圆鳞，颊部、前鳃盖、鳃盖上缘、眼间隔、头顶及胸部有鳞；侧线前部稍弯曲，弯曲部长于直线部，侧线直线部分被弱棱鳞，棱鳞20～33。

体背侧青蓝色，腹侧银白色；体侧中部自眼上缘至尾鳍基上缘具1金黄色宽纵带，鳃盖后上角有一大黑斑；背鳍、胸鳍、臀鳍及尾鳍淡褐色，腹鳍乳白色呈透明状。鳍式：背鳍Ⅷ，Ⅰ-24～26；胸鳍19～20；腹鳍Ⅰ-5；臀鳍Ⅱ，Ⅰ-20～23；尾鳍17。背鳍2个，第1背鳍基底短，鳍棘弱，第2背鳍基底长，前部鳍条较长；胸鳍尖长，镰形；腹鳍胸位；臀鳍与第2背鳍几乎同形，前方具2枚游离短棘；尾鳍叉形。

【生态习性】为暖水性中下层鱼类。栖息于沿岸泥沙底质海区，水深小于50 m。常聚集于水体表层。滤食性，以浮游动物和底栖无脊椎动物为食。

【分布范围】分布于印度—西太平洋温暖海域，包括日本南部海域及我国东海、南海和台湾海域。

【骨骼特征】额骨较宽，两侧具嵴；上枕骨微凸；枕骨嵴长；筛骨短。前颌骨细长，末端位于眼前部下方；上颌骨桨状，末端位于眼中部垂直下方；齿骨深叉形；关节骨宽大。脊椎骨数 24；椎体前关节突明显；第 1～2 脊椎骨短小，上方具 3 枚上髓棘，第 1～3 脊椎骨髓棘粗状。尾杆骨窄小。匙骨小；两侧匙骨细长，末端间距极窄；后匙骨向后延伸至腹鳍中部上方；乌喙骨宽大。腰带无名骨较长，伸至匙骨内侧。臀鳍第 1 支鳍骨强大，倒 "T" 形，顶端与第 11 脊椎脉棘相对，支持 2 枚游离鳍棘。

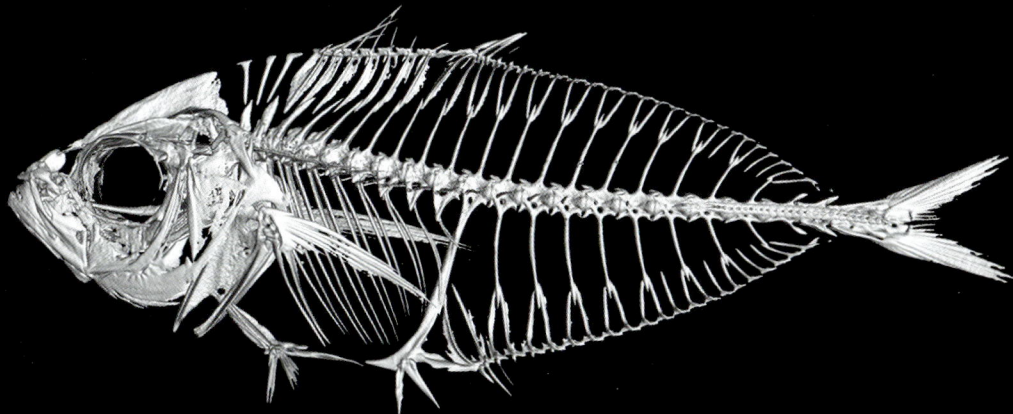

侧面观

背面观

腹面观

71 布氏鲳鲹 *Trachinotus blochii* (Lacepède，1801)

【同种异名】*Caesiomorus blochii* Lacepède，1801；*Trachinotus blochi* (Lacepède，1801)；*Trachynotus blochi* (Lacepède，1801)；*Scomber falcatus* Forsskål，1775；*Trachinotus fuscus* Cuvier，1832。

【英文名】silver pampano。

【地方名】金鲳、黄腊鲳。

【样本采集】$n=1$。全长 238.90 mm，体长 198.64 mm，体重 127.68 g。

【资源密度】114.903 g/km^2。

【生长条件因子】0.016 g/cm^3。

【形态特征】体侧扁而高；侧面观呈卵圆形；尾柄细短。头中等大。吻短钝，前端几成截形。口小，下位，口裂微稍斜；前颌能伸缩，上颌后端伸达眼前缘或稍后下方，末端达眼中部下方；两颌均有细齿，随年龄增长逐渐消失，犁骨、腭骨、舌上具绒毛状齿，上下唇具许多绒毛小突起。眼小，近中位，眼位于口裂水平线以上。鳃孔大；前鳃盖和鳃盖后缘光滑；鳃耙8＋10，粗短，排列稀疏。体被小圆鳞，头部仅眼后方具鳞，体及胸部鳞片部分埋于皮下；背鳍、臀鳍和尾鳍基具细鳞，无棱鳞；侧线完全。

体背侧青灰色，带银蓝色光泽，腹侧银白色；体侧无斑；背鳍、腹鳍、臀鳍和尾鳍橙黄色，胸鳍暗褐色。鳍式：背鳍Ⅵ，Ⅰ-18；胸鳍20；腹鳍Ⅰ-5；臀鳍Ⅱ，Ⅰ-16；尾鳍18。第1背鳍具6枚鳍棘，棘间膜退化，鳍棘成为游离棘，第2背鳍基底长，前部鳍条延长，呈镰刀状；胸鳍较宽；腹鳍胸位；臀鳍与背鳍鳍条部同形，前方有2条游离短棘，前部鳍条延长；尾鳍叉形。

【生态习性】暖水性中上层鱼类。栖息于沿岸浅海区。以软体动物和甲壳类为食。

【分布范围】分布于印度—太平洋和西非沿海，包括日本南部海域及我国南海和台湾海域。

【骨骼特征】额骨较宽，中部内凹；上枕骨较宽平；枕骨嵴大；侧筛骨较宽。前颌骨短小；上颌骨棒状，末端位于眼中部垂直下方；齿骨短小；关节骨较齿骨大。脊椎骨数 24；椎体前关节突明显；第 1 脊椎骨短小，第 1～3 脊椎骨上方具 3 枚强大上髓棘，第 2～9 脊椎骨髓棘强大。尾杆骨较小。颞骨弯钩形；上匙骨较宽；两侧匙骨末端间距极窄；后匙骨向后延伸至腹鳍中部上方；乌喙骨较宽。腰带无名骨较长，向前上方延伸至乌喙骨内侧。臀鳍第 1 支鳍骨粗长，与第 11 脊椎骨脉棘相对，支持 2 枚游离鳍棘。

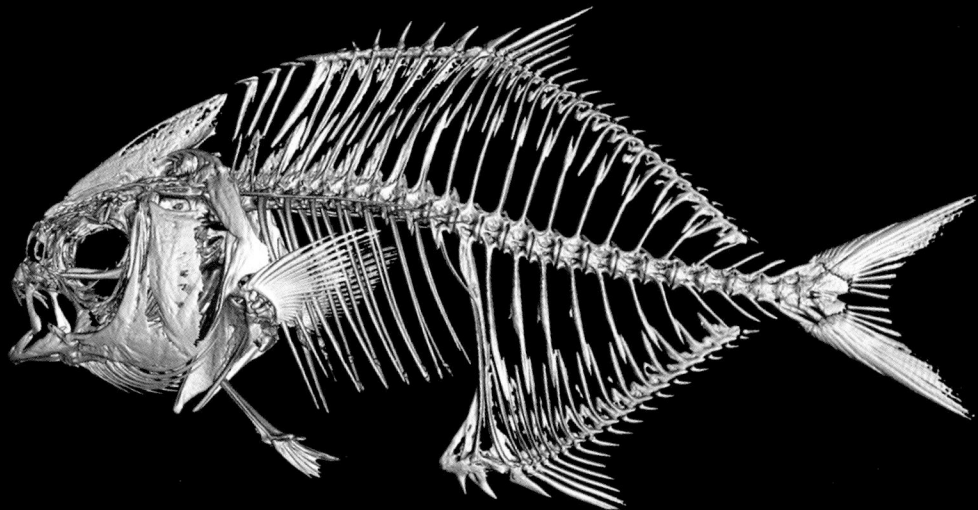

侧面观

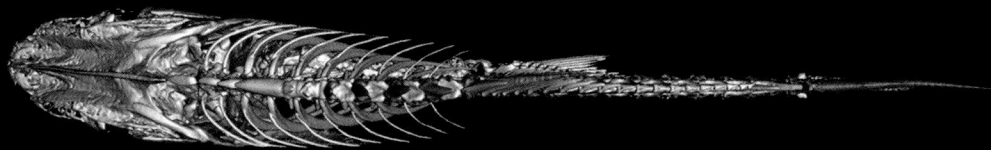

背面观

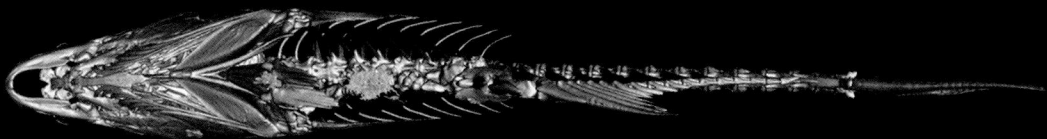

腹面观

72 竹筴鱼 *Trachurus japonicus*（Temminck & Schlegel，1844）

【同种异名】*Caranx trachurus japonicus* Temminck & Schlegel，1844；*Trachurops japonicus*（Temminck & Schlegel，1844）；*Trachurus argenteus* Wakiya，1924。

【英文名】Japanese scad。

【地方名】真鲹、瓜仔鱼、大眼池。

【样本采集】$n=273$。全长 129.59（95.75～216.44）mm，体长 110.16（82.3～185.63）mm，体重 22.3（8.65～78.47）g。

【资源密度】5 478.672 g/km²。

【生长条件因子】0.017 g/cm³。

【形态特征】体延长，侧扁；侧面长椭圆形；尾柄细长。头中等大。吻长而呈锥形。口大，端位，倾斜；前颌能伸缩，下颌稍长于上颌，上颌后端位于眼前缘垂直下方；两颌具细齿，犁骨齿发达，齿带呈丁字形，腭骨及舌上亦具细长齿带。眼大，上位，脂眼睑发达，遮盖眼前缘及后部。鳃孔大；前鳃盖及鳃盖边缘光滑；鳃耙 13～15＋37～41，细长；具假鳃。体被圆鳞，易脱落，头部除吻及眼间隔外均被小鳞；侧线上位，全部被强大棱鳞，直线部棱鳞形成明显隆起崤，棱鳞 69～73。

体背部青绿色，体侧及腹部银白色；体侧鳃盖后缘具 1 黑色斑点；背鳍、胸鳍、腹鳍及臀鳍色浅；第 1 背鳍前部略带浅褐色；尾鳍前部色浅，后部暗褐色。鳍式：背鳍Ⅷ，Ⅰ-30～35；胸鳍 21～22；腹鳍Ⅰ-5；臀鳍Ⅱ，Ⅰ-26～30；尾鳍 17。背鳍 2 个，第 2 背鳍基底长，前部鳍条较高；胸鳍长而大，镰形；腹鳍胸位；臀鳍与第 2 背鳍同形，前方具 2 枚游离短棘，第 2 背鳍及臀鳍后方无小鳍；尾鳍叉形。

【生态习性】为洄游性中上层鱼类。喜集群，夜间有趋光性。摄食桡足类、长尾类、短尾类和幼鱼。

【分布范围】分布于西北太平洋温暖海域，包括日本海域、朝鲜半岛海域及我国各大海域。

【骨骼特征】额骨较窄，两侧具嵴；上枕骨宽大，中部微凸；枕骨嵴较长。前颌骨中等长，末端位于眼前缘垂直下方；上颌骨桨状，稍长于前颌骨；齿骨深叉形。脊椎骨数 24；椎体前关节突明显；第 1～2 脊椎骨短小，上方具 3 枚上髓棘，第 1～3 脊椎骨髓棘粗短。尾杆骨窄小。匙骨叉形；两侧匙骨细长，末端间距极窄；后匙骨向后延伸至腹鳍中部上方；乌喙骨较宽，钳形。腰带无名骨较长，向前上方伸至匙骨内侧。臀鳍第 1 支鳍骨强大，顶端与第 11 脊椎骨脉棘相对，支持 2 枚游离鳍棘。

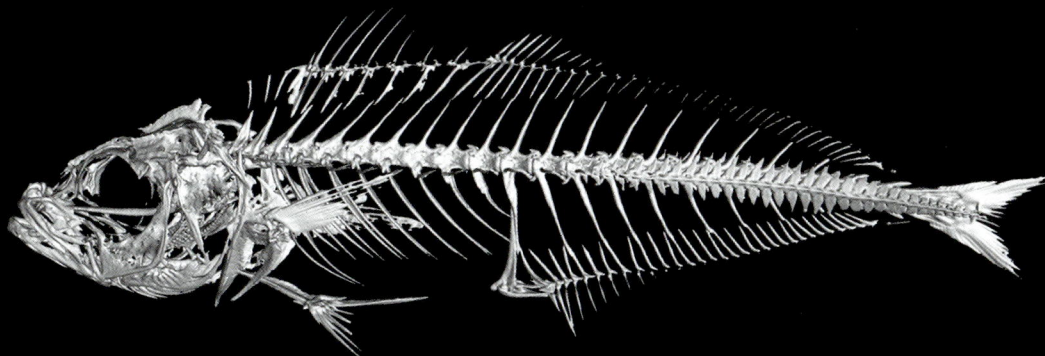

侧面观

背面观

腹面观

73 青羽若鲹 *Turrum coeruleopinnatum*（Rüppell，1830）

【同种异名】*Scomber fulvoguttatus* Forsskål，1775；*Caranx fulvoguttatus*（Forsskål，1775）；*Carangoides fulvogutatus*（Forsskål，1775）；*Turrum emburyi* Whitley，1932；*Carangoides emburyi*（Whitley，1932）；*Caranx emburyi*（Whitley，1932）；*Ferdauia claeszooni* Whitley，1947。

【英文名】coastal trevally。

【地方名】青羽鲹。

【样本采集】$n=2$。全长 106.66（100.32～112.99）mm，体长 86.28（80.31～92.25）mm，体重 22.97（14.34～31.60）g。

【资源密度】41.343 g/km²。

【生长条件因子】0.036 g/cm³。

【形态特征】体侧扁而高，自吻端至头顶部陡斜；侧面呈长卵圆形；尾柄细长。头中等大。吻长小于眼径。口中大，端位，稍倾斜；前颌能伸缩，下颌稍长于上颌，上颌末端伸达瞳孔前缘至眼中部下方；两颌齿尖细，尖端内弯，上颌齿 2～6 行，下颌齿 3～4 行，犁骨齿群呈倒扇形，腭骨及舌上均具细齿带。眼较大，上位，脂眼睑不发达，眼间隔宽。鳃孔大；前鳃盖后缘光滑，鳃盖膜不与颊部相连；鳃耙 5～9＋15～18。体被除胸部的侧面和腹面裸露外，全身被小圆鳞；第 2 背鳍和臀鳍具鳞鞘；侧线完全，直线部始于第 2 背鳍第 10～11 鳍条下方；棱鳞弱，20～37，仅存在于侧线直线部后半部。

体背侧银灰色带蓝色光泽，腹侧银白色；体侧鳃盖后上角具 1 条形黑斑；背鳍色淡，第 2 背鳍边缘黑色，其余各鳍浅黄色。鳍式：背鳍Ⅷ，Ⅰ-18～20；胸鳍 19～21；腹鳍Ⅰ-5；臀鳍Ⅱ，Ⅰ-14～17；尾鳍 17。背鳍 2 个，距离近，第 2 背鳍基底长，前部鳍条延长呈镰状，幼鱼第二背鳍前方鳍条呈丝状延长，长度大于头长；胸鳍尖长，镰刀状；腹鳍较小，胸位；臀鳍与第 2 背鳍同形、相对，前方具 2 枚游离短棘；尾鳍叉形。

【生态习性】为暖水性中上层鱼类。肉食性，捕食小型甲壳类和小鱼等。

【分布范围】分布于印度—太平洋温、热带海域，包括日本南部海域及我国东海、南海和台湾海域。

【骨骼特征】额骨较宽，两侧具嵴；上枕骨宽，中部微凸；枕骨嵴高大；筛骨较短；眶前骨大。前颌骨较长，三叉形；上颌骨桨形，末端位于眼中部垂直下方；齿骨叉形；关节骨粗短。脊椎骨数 24；椎体前关节突明显；第 1~2 脊椎骨短小，上方具 3 枚上髓棘，第 1~3 脊椎骨髓棘较粗。尾杆骨短小。匙骨较粗，弯钩状；匙骨斧形，下端细长；后匙骨向后延伸至腹鳍中部上方；乌喙骨宽大，钳形。腰带无名骨较长，伸至匙骨内侧。臀鳍第 1 支鳍骨强大，倒 "T" 形，与第 11 脊椎骨脉棘相对，支持 2 枚游离鳍棘。

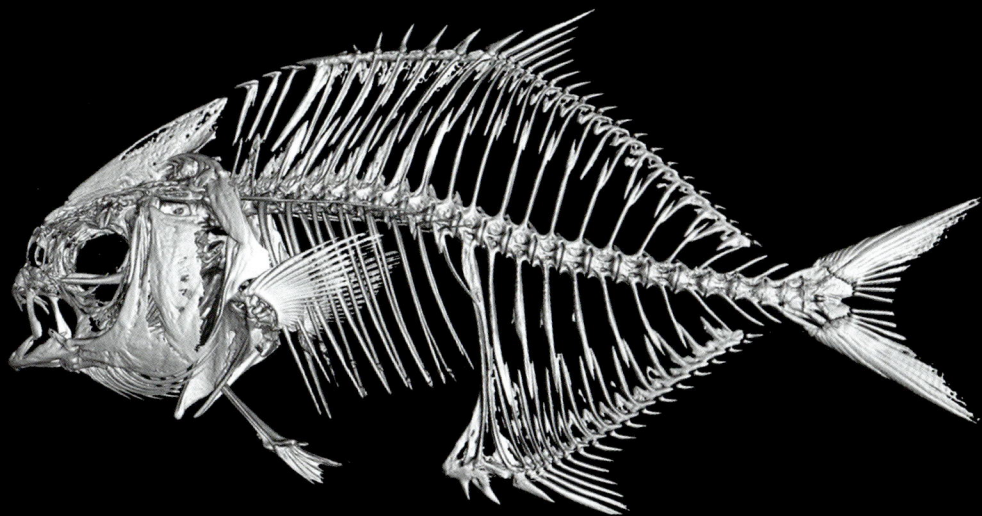

侧面观

背面观

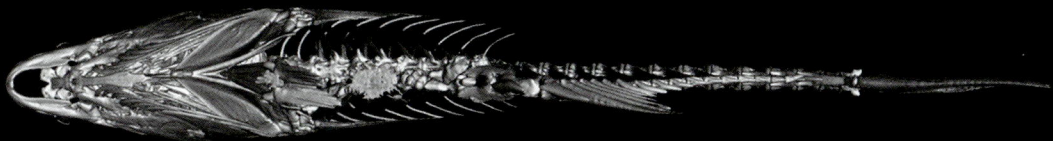

腹面观

74 鲯鳅 *Coryphaena hippurus* Linnaeus，1758

【同种异名】*Coriphaena hippurus* Linnaeus，1758；*Corypaena hippurua* Linnaeus，1758；*Coryphaena hipporus* Linnaeus，1758；*Coryphaena hyppurus* Linnaeus，1758；*Scomber pelagicus* Linnaeus，1758；*Coryphaena fasciolata* Pallas，1770；*Coryphaena chrysurus* Lacepède，1801；*Coryphaena imperialis* Rafinesque，1810；*Lepimphis hippuroides* Rafinesque，1810；*Coryphaena immaculata* Agassiz，1831；*Lampugus siculus* Valenciennes，1833；*Coryphaena scomberoïdes* Valenciennes，1833；*Coryphaena scomberoides* Valenciennes，1833；*Coryphaena margravii* Valenciennes，1833；*Coryphaena suerii* Valenciennes，1833；*Coryphaena dorado* Valenciennes，1833；*Coryphaena dolfyn* Valenciennes，1833；*Coryphaena virgata* Valenciennes，1833；*Coryphaena argyrurus* Valenciennes，1833；*Coryphaena vlamingii* Valenciennes，1833；*Coryphaena nortoniana* Lowe，1839。

【英文名】dolphin fish。

【地方名】鬼头刀、飞鸟虎。

【样本采集】$n=1$。全长 122.89 mm，体长 109.71 mm，体重 87.92 g。

【资源密度】79.122 g/km^2。

【生长条件因子】0.067 g/cm^3。

【形态特征】体延长，侧扁，向尾部逐渐变细，背缘和腹缘几近直线，体最高点位于腹鳍上方；侧面观呈镰刀状；尾柄短。头大，略呈方形，背缘很窄，额部高耸，具 1 骨质隆起。吻钝。口较大，端位，稍倾斜；下颌稍突出，上颌后端达眼中部下方；两颌齿尖锐，前端具齿多行，两侧具齿 1 行，犁骨和腭骨具小齿，舌上具绒毛状齿。眼中大。鳃孔大；鳃耙 1+9，粗短，排列稀疏。体被细小圆鳞，头上仅颊部被鳞；侧线完全，侧线鳞 250。

体背侧蓝褐色，腹侧乳黄色（成鱼体侧及腹部具小圆点）；背鳍和腹鳍灰黑色，胸鳍色浅，略透明，臀鳍灰白色，尾鳍灰白色，上、下叶末端色浅而透明。鳍式：背鳍 67；胸鳍 20；腹鳍 I-5；臀鳍 30；尾鳍 18。背鳍 1 个，鳍基甚长，前部鳍条高；胸鳍小，镰形；腹鳍长，胸位，左右紧相连，部分可藏于腹沟中；臀鳍无棘，基底较短，起点约在背鳍中部鳍条下方；尾鳍深叉形。

【生态习性】为暖水性中上层鱼类。喜集群于海面漂浮物之下。游泳迅速。肉食性，主要捕食中上层鱼类。

【分布范围】分布于太平洋、印度洋和大西洋温暖海域，包括日本南部海域及我国各大海域。

【骨骼特征】额骨较宽；顶骨宽大，两侧边缘具嵴；枕骨嵴矮长；筛骨较宽；围眶骨细弱。上颌骨棒状，末端至眼中部下方；齿骨深叉形。脊椎骨数 30；椎体前后关节突明显；第 1 脊椎骨短小，第 1～4 脊椎骨髓棘强大。尾杆骨较窄。匙骨较小；匙骨斧形，下端细长；后匙骨向后延伸至腹鳍中部上方；乌喙骨长。腰带无名骨较细，向前上方延伸至匙骨内侧。背鳍和臀鳍支鳍骨短小。

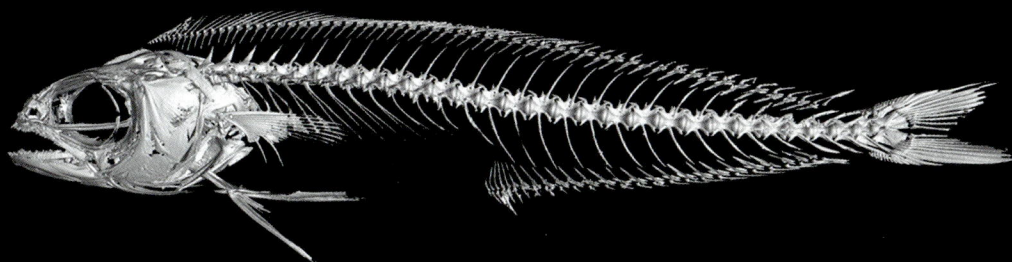

侧面观

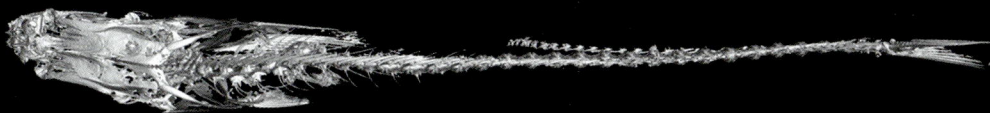

背面观

腹面观

75 粗鳞后颌鰧 *Opisthognathus macrolepis*（Peters，1866）

【同种异名】*Opisthognathus macrolepis* Peters，1866；*Merogymnoides carpentariae* Whitley，1966。

【英文名】bigscale jawfish。

【地方名】后颌鱼。

【样本采集】*n*＝1。全长 99.99 mm，体长 89.04 mm，体重 14.50 g。

【资源密度】13.049 g/km²。

【生长条件因子】0.021 g/cm³。

【形态特征】体侧扁；侧面观呈长椭圆形。头大，无鳞，头后背缘弧形，腹缘稍平直。吻短而圆钝。口大，端位，斜裂；上颌宽大，稍长于下颌，远超过眼后缘下方；两颌均具齿，各 1 行，犬齿状，犁骨无齿。眼大，前位，眼间隔窄。鳃孔大；前鳃盖后缘圆弧形，光滑无棘；鳃耙细长，排列稀疏。体被大型鳞；侧线 1 条，位高且不完全，侧线鳞 46。

体浅黄色略带红色；背鳍和臀鳍具黑色带，胸鳍色浅，腹鳍浅灰色，尾鳍黑色。鳍式：背鳍Ⅺ-11；胸鳍20；腹鳍Ⅰ-5；臀鳍Ⅱ-10；尾鳍12。背鳍 1 个，基底长，起点始于头后背部，止于臀鳍后部上侧，鳍棘基部略短于鳍条基部，背鳍中部深凹，鳍棘细弱，各鳍棘间鳍膜均有凹刻；胸鳍位低，后缘尖形；腹鳍亚喉位；尾鳍后缘圆弧形。

【生态习性】具趋光性。主要摄食桡足类、端足类等浮游动物。

【分布范围】分布于印度—西太平洋温暖海域，包括日本南部海域及我国东海、南海和台湾海域。

【骨骼特征】额骨三角形，表面具沟槽结构；围眶骨发达，沟槽明显。前颌骨前端突起高，末端达眼前部下方；上颌骨桨状，表面粗糙，末端位于眼后缘垂直下方；齿骨粗短；关节骨强大。脊椎骨数 25；第 1～6 脊椎骨髓棘粗短。尾杆骨较宽。匙骨叉形；匙骨顶端较宽，下端伸至喉部；后匙骨短小。腰带无名骨向前上方深入匙骨内侧。背鳍和臀鳍支鳍骨具延展薄片，前端支鳍骨薄片较大，往后渐小。

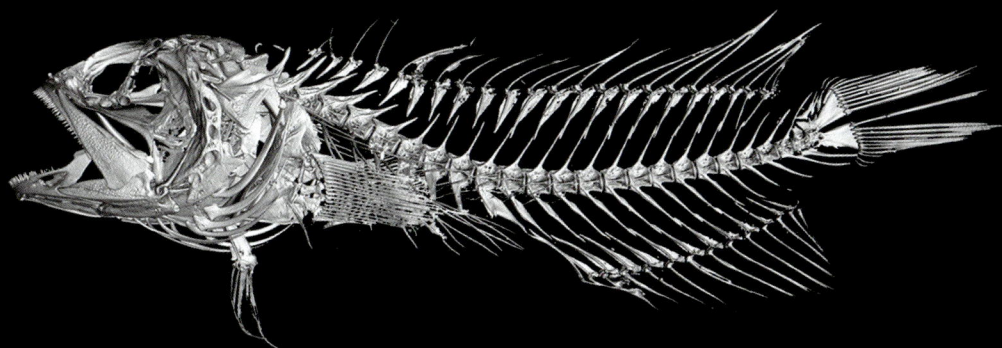

侧面观

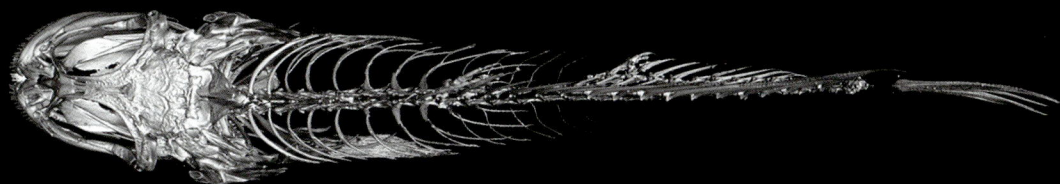

背面观

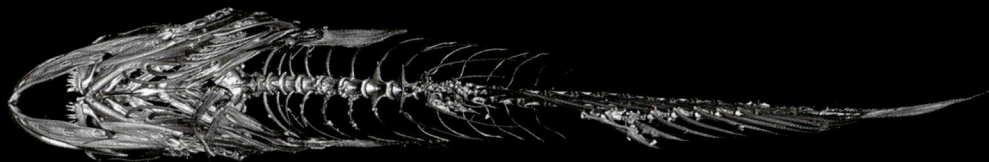

腹面观

76 绿背鲛 *Planiliza subviridis*（Valenciennes，1836）

【同种异名】*Mugil subviridis* Valenciennes，1836；*Chelon subviridis*（Valenciennes，1836）；*Liza subviridis*（Valenciennes，1836）；*Liza subvirdis*（Valenciennes，1836）；*Mugil dussumieri* Valenciennes，1836；*Liza dussumieri*（Valenciennes，1836）；*Mugil javanicus* Bleeker，1853；*Mugil sundanensis* Bleeker，1853；*Mugil jerdoni* Day，1876；*Mugil stevensi* Ogilby，1908；*Mugil alcocki* Ogilby，1908；*Mugil tadopsis* Ogilby，1908；*Mugil lepidopterus* Fowler，1918；*Mugil ogilbyi* Fowler，1918；*Mugil ruthveni* Fowler，1918；*Mugil philippinus* Fowler，1918。

【英文名】greenback mullet。

【地方名】乌仔、乌鱼、豆仔鱼。

【样本采集】$n=30$。全长 162.03（137.09～197.81）mm，体长 137.05（116.28～167.57）mm，体重 35.17（18.65～61.96）g。

【资源密度】949.514 g/km^2。

【生长条件因子】0.014 g/cm^3。

【形态特征】体延长，呈长纺锤形，稍粗壮，前部近圆筒形，后部侧扁。头短，侧扁，两侧略隆起。吻短，圆钝，吻长小于眼径。口小，亚下位；两颌齿细弱，犁骨、腭骨和舌上无齿。上颌唇部发达，中央具1缺刻，下颌唇部薄，中央具1突起。眼中等大，上位，具脂眼睑，脂眼睑长为眼径的 1.2～1.9 倍，覆盖范围至前鳃盖，眼间隔宽平。鳃孔宽大；前鳃盖骨和鳃盖骨边缘光滑；鳃盖膜不与颊部相连；鳃耙细密。体被栉鳞，鳞大，头被圆鳞；纵列鳞 31～34，侧线鳞 61。

体背侧灰绿色，腹侧银白色；背鳍和尾鳍灰白色，胸鳍上部深灰色，基部有黑色素沉积，腹鳍和臀鳍色淡。鳍式：背鳍Ⅳ，8～10；胸鳍 15～17；臀鳍Ⅲ-9；尾鳍14。背鳍2个，第1背鳍始于体中部的上方，第2背鳍稍后于臀鳍；胸鳍上侧位，较宽大；腹鳍短于胸鳍；臀鳍较大；尾鳍浅叉形。

【生态习性】为暖水性沿岸鱼类。栖息于内湾、河口。具趋光性。成鱼以浮游动物、底栖动物和有机碎屑为食。

【分布范围】栖息于内湾、河口。分布于印度—太平洋温暖水域，包括日本南部海域及我国南海和台湾海域。

【骨骼特征】额骨和上枕骨宽平；枕骨嵴矮，向后延伸；侧筛骨宽。前颌骨完全被眶前骨遮盖；上颌骨末端宽大，向下弯曲达口角后缘。脊椎骨数 24；椎体前关节突明显，髓棘细长；躯椎前部上方具 3 枚上髓棘。尾杆骨较短。颞骨较长，棒状；匙骨斧形，前伸至喉部；后匙骨细长，延伸至腹鳍起点；乌喙骨发达，弯钩状。

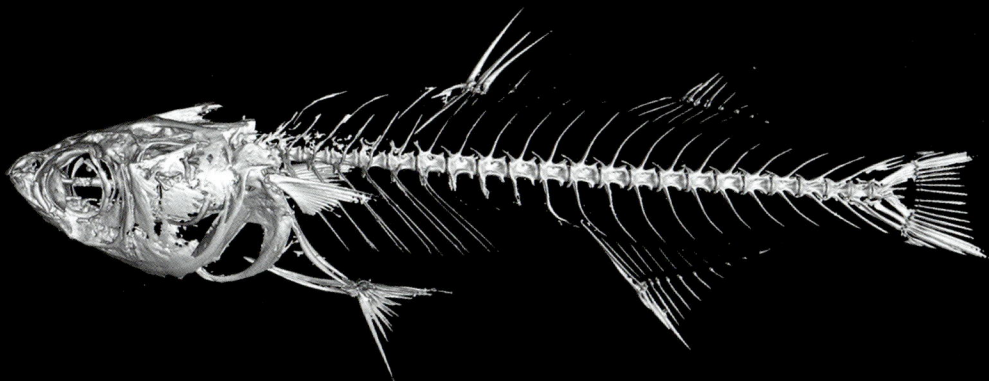

侧面观

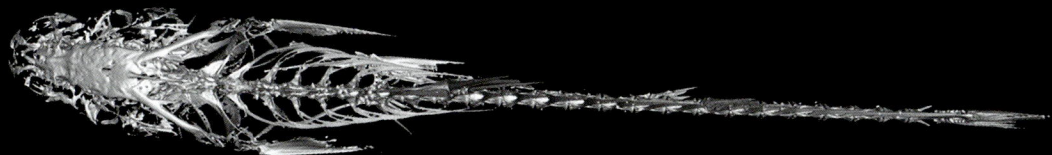

背面观

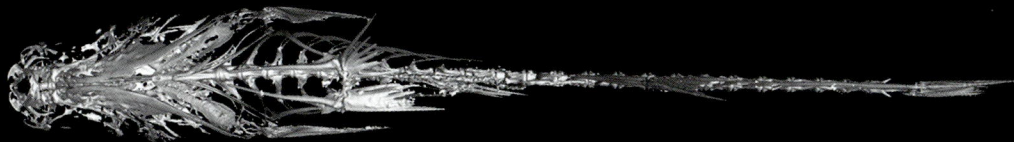

腹面观

77 叉短带鳚 *Plagiotremus spilistius*（Gill，1865）

【同种异名】*Plagiostremus spilisteus* Gill，1865。

【英文名】slender blenny。

【地方名】狗鲦。

【样本采集】$n=3$。全长 152.35（150.81～153.74）mm，体长 134.13（127.04～138.59）mm，体重 4.85（3.63～5.52）g。

【资源密度】13.094 g/km^2。

【生长条件因子】0.002 g/cm^3。

【形态特征】体细长，带状，侧扁。头小，头顶无冠膜。吻短而陡，近似直立。口宽短，下位，位于吻下缘；两颌在唇内缘各具 1 对犬齿，犁骨、腭骨及舌上无齿。唇发达，上下唇边缘平滑。鼻须无分支。眼较小，上位，眼间隔窄。鳃孔极小；前鳃盖后缘光滑，鳃盖后方具 1 黑斑；鳃耙短小。体无鳞；侧线不明显。

体背侧深蓝色，腹侧前部黄白色，体后部为蓝黑色；鲜活时，体侧具深蓝色斑点带；背鳍及臀鳍黑褐色，胸鳍淡黄色，尾鳍淡黄色，边缘黑色。鳍式：背鳍 X-60；胸鳍 12；臀鳍 II-57；尾鳍 11。背鳍 1 个，鳍棘部与鳍条部之间几乎无缺刻，最后鳍条以鳍膜连于尾鳍上缘的前部；胸鳍短小；臀鳍最后鳍条基部具鳍膜连于尾柄前部；尾鳍叉形，上下叶具丝状延长。

【生态习性】为暖水性底层鱼类。栖息于泥沙底质海区。喜钻泥沙。以底栖动物为食。

【分布范围】分布于西太平洋温暖海域，包括日本南部海域及我国南海和台湾海域。

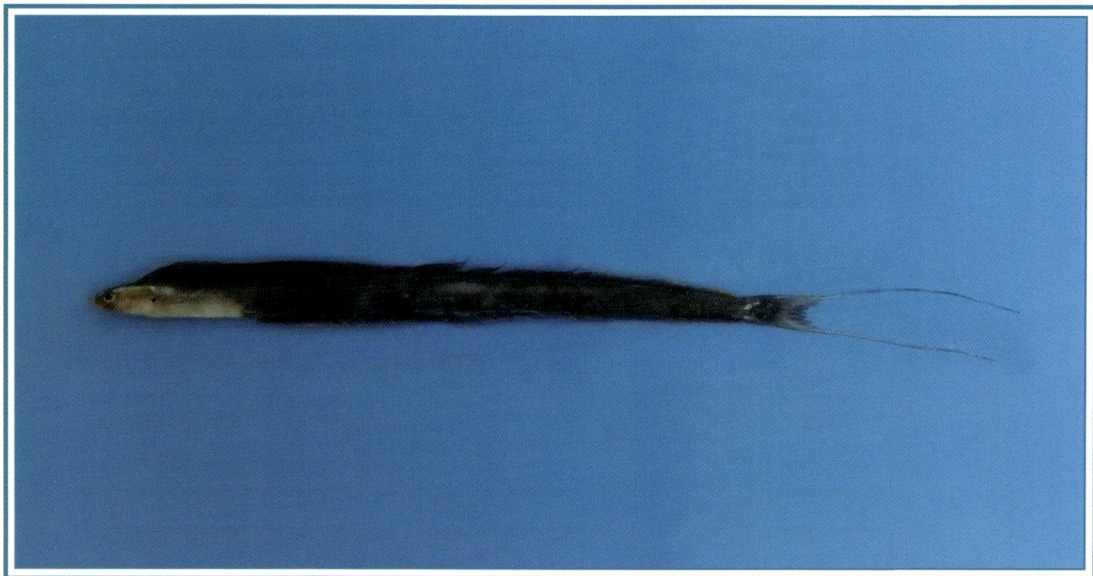

【骨骼特征】额骨宽大，中央具 1 凹窝；顶骨和上枕骨宽平；无枕骨嵴；筛骨宽大；围眶骨较大。前颌骨左右愈合，门板状，近垂直；下颌左右齿骨愈合，矩形板状。脊椎骨数77。尾杆骨尖细。颞骨小，三角形；乌喙骨较窄。

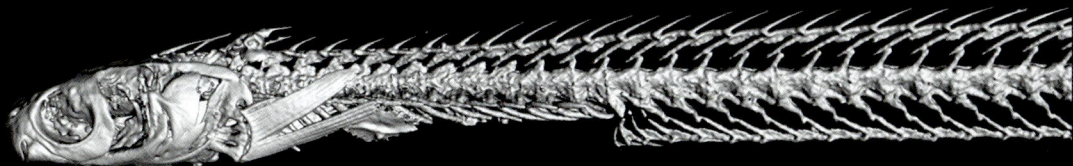

局部侧面观

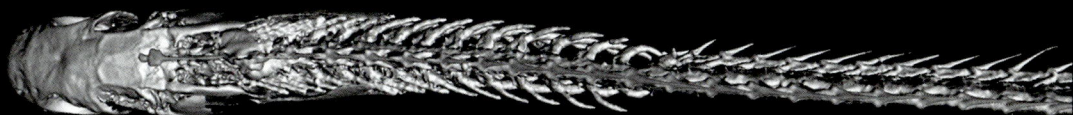

局部背面观

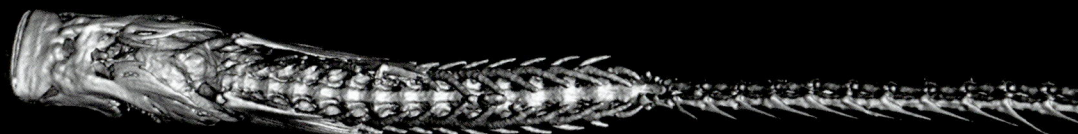

局部腹面观

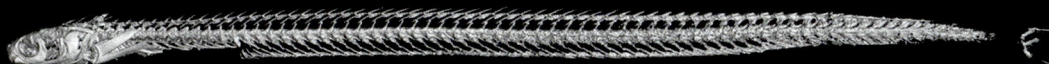

侧面观

78 带䲁 *Xiphasia setifer* Swainson，1839

【同种异名】无。

【英文名】hairtail blenny。

【地方名】裙带鱼。

【样本采集】$n=1$。全长 477.09 mm，体长 86.10 mm，体重 46.03 g。

【资源密度】41.424 g/km²。

【生长条件因子】0.072 g/cm³。

【形态特征】体鳗形，稍侧扁。头小，近圆形，无冠膜及皮须。吻短而陡，圆钝，近似直立。口裂小，位于吻端；两颌在唇内缘各具 1 对犬齿，犁骨、腭骨及舌上无齿。唇发达，上、下唇边缘平滑。眼小，上位。鳃孔小，位于胸鳍基上方；前鳃盖后缘光滑；鳃耙短小。体无鳞；侧线不明显。

全身黄褐色，腹部乳白色；体侧具 23 条灰褐色环纹；背鳍灰黄色，鳍棘部有黑点，胸鳍和腹鳍乳白色，臀鳍灰黄色，边缘色暗，尾鳍黄色。鳍式：背鳍 XⅢ-113；胸鳍 14；腹鳍 3；臀鳍Ⅱ-119；尾鳍 12。背鳍 1 个，鳍棘部与鳍条部之间几无缺刻，最后鳍条以鳍膜连于尾鳍前上缘；胸鳍短小，边缘圆形；腹鳍短小，喉位；臀鳍最后鳍条基部有鳍膜连于尾柄前部。

【生态习性】为暖水性底层鱼类。栖息于内湾或泥沙底质海区。喜钻泥沙。以底栖动物为食。

【分布范围】分布于印度—西太平洋温暖海域，包括澳大利亚海域、日本南部海域及我国南海和台湾海域。

【骨骼特征】额骨窄长，中央凹陷。无枕骨嵴；侧筛骨宽大；围眶骨较大。前颌骨短且高；下颌两侧齿骨接合紧密，略呈矩形板状。脊椎骨数 132；椎体前后关节突明显；第 1～15 脊椎骨椎体横突明显。尾杆骨尖细。乌喙骨窄。背鳍支鳍骨基部盾状。

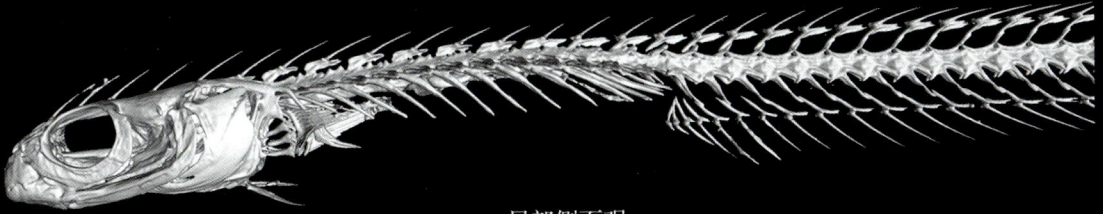

局部侧面观

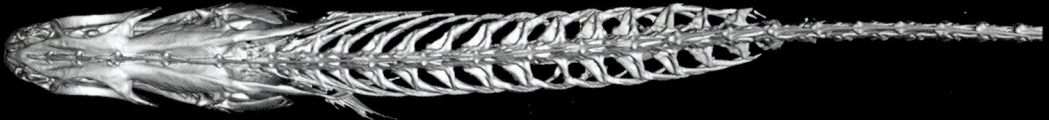

局部背面观

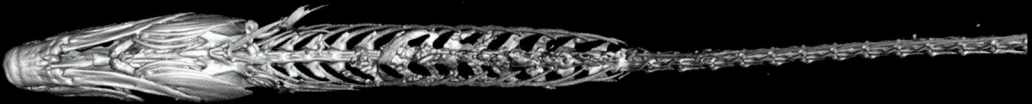

局部腹面观

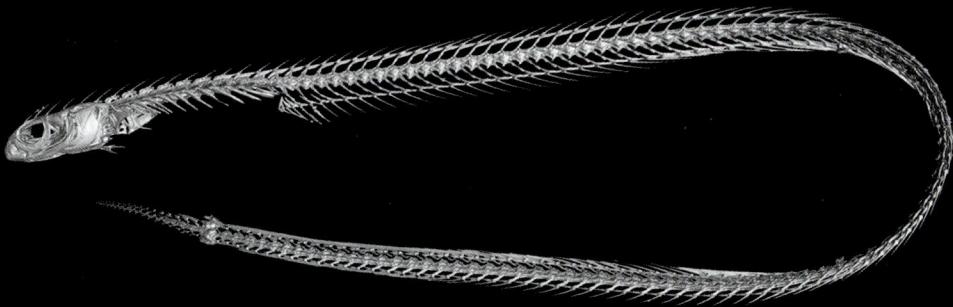

侧面观

79 颈斑尖猪鱼 *Leptojulis lambdastigma*（Randall & Ferraris，1981）

【同种异名】无。

【英文名】bubblefin wrasse。

【地方名】三齿仔、红娘仔、黄莺鱼。

【样本采集】$n=1$。全长 132.76 mm，体长 109.84 mm，体重 82.70 g。

【资源密度】74.424 g/km^2。

【生长条件因子】0.062 g/cm^3。

【形态特征】体延长，侧扁；侧面观呈长椭圆形；尾柄短而高。头颇小，近锥形，背缘近弧形。吻较长，前端略尖。口中大，端位，可稍向前伸出，口裂近水平；两颌约等长；两颌各具锥形齿 1 行，前端 1 对为强大犬齿，口隅处具 2 枚犬齿。唇颇厚。眼较小，上位。前鳃盖边缘光滑；鳃耙短而尖，具细刺突。体被中等大圆鳞，头部亦被鳞；侧线完全，在背鳍后部鳍条的下方急剧下弯，之后沿尾柄中央延伸至尾鳍基，侧线鳞 27。

体背侧粉色，腹侧色浅；头背侧具数条红褐色和黄绿色相间的带纹，体侧自吻端至尾鳍基部具 1 金黄色纵带；背鳍黄色，边缘粉红色，胸鳍及腹鳍浅粉色，臀鳍浅灰白色透明，鳍棘基部具黄色斑，尾鳍浅灰白色透明，略带黄色斑纹。鳍式：背鳍IX-12～13；胸鳍 13；臀鳍III-12。背鳍 1 个，鳍棘部与鳍条部之间无缺刻，鳍棘尖细，后部鳍条稍长；臀鳍后部鳍条稍长；尾鳍后缘截形或微凸。

【生态习性】为珊瑚礁鱼类。栖息于岩礁、沙砾底质海区。有时钻入沙中。肉食性，捕食甲壳类、多毛类、软体动物及小鱼。有性逆转行为。

【分布范围】分布于印度—西太平洋温暖海域，包括日本南部海域及我国南海和台湾海域。

【骨骼特征】额骨前端较窄，中央微凹；上枕骨宽平；枕骨嵴短小；筛骨较长；围眶骨系具沟槽结构。前颌骨较短，前部突起高，达额骨前方；上颌骨短棒状，末端达筛区下方；齿骨约与前颌骨等长；关节骨较小。脊椎骨数 25；第 1 脊椎骨较短，上方具 1 上髓棘，躯椎前关节突明显。尾杆骨宽大。颞骨细小，叉形；匙骨斧形，下端伸至喉部后方；后匙骨向后延伸至腹鳍基上方。腰带无名骨细长，向前上方延伸至匙骨内侧。背鳍和臀鳍支鳍骨细长。

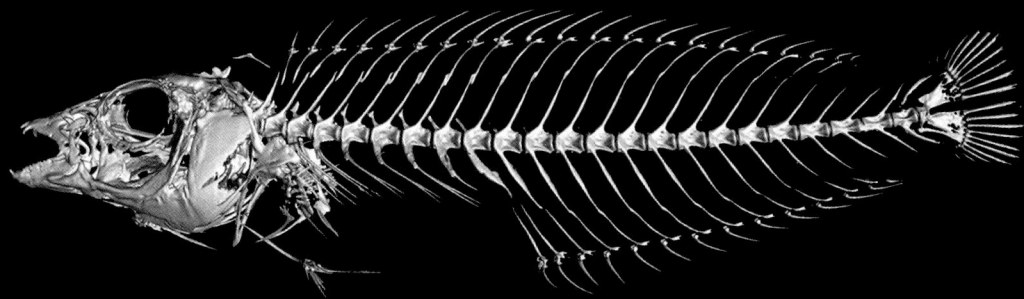

侧面观

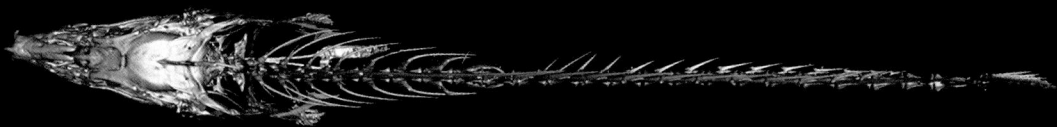

背面观

腹面观

80 项鳞䲢 *Uranoscopus tosae* (Jordan & Hubbs, 1925)

【同种异名】*Zalescopus tosae* Jordan & Hubbs, 1925。

【英文名】tosa stargazer。

【地方名】鱼䲢、山鸟鱼䲢、大头钉、铜锣锤。

【样本采集】*n*=7。全长 217.09（155.75～289.61）mm，体长 175.92（127.83～233.94）mm，体重 256.23（100.05～411.70）g。

【资源密度】1 614.12 g/km^2。

【生长条件因子】0.047 g/cm^3。

【形态特征】体长形，前部稍平扁，向后略侧扁。头大、体较粗短，背面及两侧被粗骨板。吻短。口大，上位，口裂近垂直；舌上有一长丝状肉质突起；上颌、犁骨、腭骨及下咽骨均具绒毛状齿群。唇发达，上下缘均有许多小须状皮突。眼小，背侧位，近吻端，眼后两侧各具 1 纵骨棱，眼间隔凹陷不达眼后缘。前鳃盖下缘有 4～6 枚棘突，鳃孔后方和胸鳍基上方具 2 枚肩棘，前肩棘较短小；鳃耙呈短绒毛状。体被小圆鳞，不易脱落，鳞片排列斜向后下方；项背部有鳞，仅喉位至肛门附近的腹侧及胸鳍基周围无鳞；侧线鳞 61。

　　体背侧褐色，腹侧灰白色；体侧无明显斑纹；第 1 背鳍黑色，第 2 背鳍、腹鳍和臀鳍浅褐色，胸鳍和尾鳍红褐色。鳍式：背鳍Ⅳ～Ⅴ-13；胸鳍 17～19；腹鳍Ⅰ-5；臀鳍 12-14；尾鳍 16～19。背鳍鳍棘部较鳍条部短小；胸鳍宽大；腹鳍喉位；臀鳍起点约与背鳍鳍条部起点相对；尾鳍后缘截形。

【生态习性】主要栖息于大陆架及其边缘的沙泥底质海区，水深 16～420 m。一般藏匿于海底沙砾中伏击底栖生物。

【分布范围】分布于我国东海、南海、台湾海域和日本南部海域。

【骨骼特征】额骨表面充满颗粒状突起，前端较窄；顶骨和上枕骨宽平，表面充满颗粒状突起；枕骨嵴微小；侧筛骨宽大；眶下骨宽大。前颌骨短，前部突起高，向后伸至额骨中缝；上颌骨桨形；齿骨长且突出。脊椎骨数 23；锥体前关节突明显；第 1～7 脊椎骨髓棘强大。尾杆骨宽大。匙骨斧形，下端伸至喉部后方；乌喙骨宽大，呈板状。腰带无名骨叉形，上分支插入匙骨内侧，下分支向前下方突出。背鳍和臀鳍支鳍骨较宽。

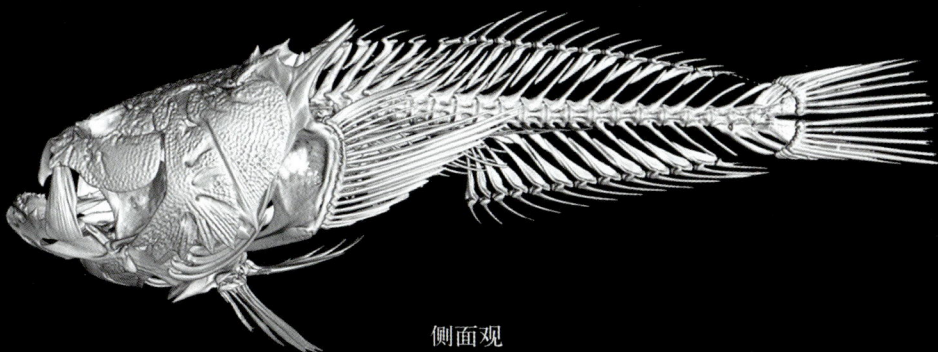

侧面观

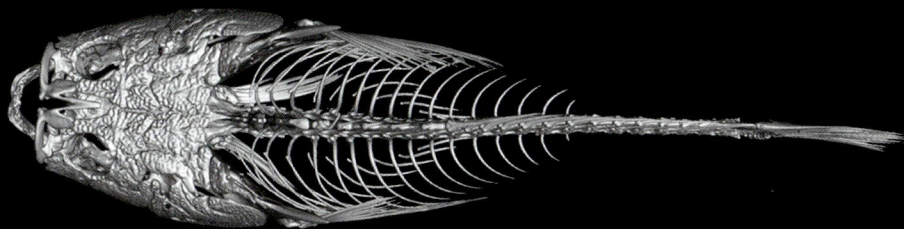

背面观

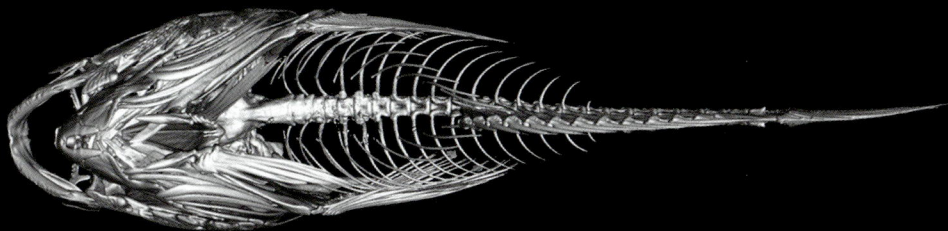

腹面观

81 六带拟鲈 *Parapercis sexfasciata*（Temminck & Schlegel，1843）

【同种异名】*Percis sexfasciata* Temminck & Schlegel，1843；*Neopercis sexfasciata*（Temminck & Schlegel，1843）。

【英文名】sandperch。

【地方名】沙鲈、花尾鲈。

【样本采集】$n=27$。全长 110.69（90.38～136.05）mm，体长 95.31（77.71～116.81）mm，体重 15.38（7.37～29.82）g。

【资源密度】373.704 g/km^2。

【生长条件因子】0.018 g/cm^3。

【形态特征】体细长，圆柱状，向后逐渐侧扁；尾柄宽短。头稍小，似尖锥状。吻较尖，稍平扁。口中等大，端位，下颌稍突出于上颌；两颌具绒毛状齿带，外行齿较大，下颌外侧有 2～3 对犬齿，犁骨齿群呈新月状，腭骨无齿。唇厚。眼大，位于头的侧上方，稍突出于头的背缘，眼间隔窄。鳃孔大；前鳃盖下缘锯齿状；鳃耙短小。体被小栉鳞，头侧、体侧和头后部被鳞，吻部及眼间隔无鳞；侧线完全，侧线鳞 60。

体背侧红褐色，腹侧色稍浅；体侧有 6～8 条暗横带；吻部在眼前方，具 2～3 条黄色纵纹；颊部有多条暗纵线；背鳍基底具黑斑，胸鳍基部具 1 褐色斑点，腹鳍内外缘浅色，中央灰褐色，臀鳍灰黄色，尾鳍灰黄色，具数条暗色弧形带纹，基部上方具一眼状斑。鳍式：背鳍 V-22；胸鳍 15～16；腹鳍 I-5；臀鳍 I-18。背鳍 1 个，鳍棘部与鳍条部之间无缺刻；胸鳍稍低；腹鳍喉位，其末端达肛门；臀鳍与背鳍鳍条部相对，起点位于背鳍第 6 鳍条稍后下方，鳍条略短于背鳍鳍条；尾鳍后缘截形。

【生态习性】为暖水性底层鱼类。栖息于泥沙底质海区。以底栖甲壳类和小鱼为食。

【分布范围】分布于西太平洋温暖海域，包括日本南部海域、朝鲜半岛海域及我国南海和台湾海域。

【骨骼特征】额骨前端极窄；顶骨宽平；枕骨嵴短小；侧筛骨较宽。前颌骨较短，末端达筛区前部下方；上颌骨棒状，略长于前颌骨，末端位于眼前缘垂直下方。脊椎骨数 30；躯椎前关节突明显；第 1~2 脊椎骨较短。尾杆骨较宽大。匙骨较宽，三角形；匙骨斧形，下端伸至喉部后方；乌喙骨宽大，板状。背鳍和臀鳍支鳍骨尖细。

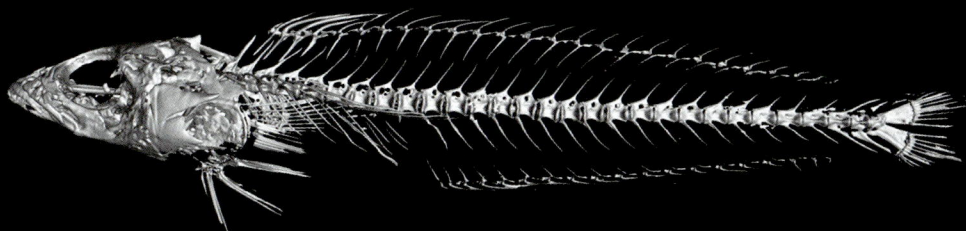

侧面观

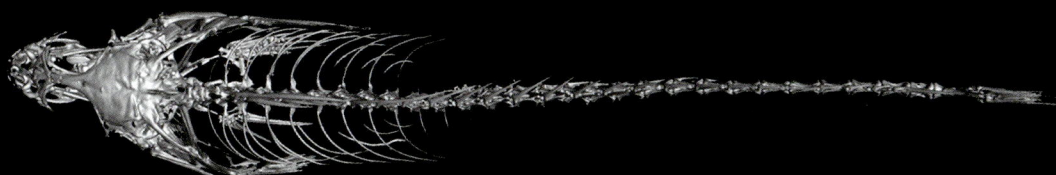

背面观

腹面观

82 日本红娘鱼 *Lepidotrigla japonica* （Bleeker，1854）

【同种异名】*Prionotus japonicus* Bleeker，1854。

【英文名】longwing searobin。

【地方名】日本角鱼、角仔鱼。

【样本采集】$n=2$。全长 121.18（99.59～142.76）mm，体长 102.47（83.87～121.06）mm，体重 29.79（16.31～43.27）g。

【资源密度】53.618 g/km^2。

【生长条件因子】0.028 g/cm^3。

【形态特征】体延长，稍侧扁，躯干前部粗大，向后渐细。头中等大，近长方形；头背面和侧面均被骨板，每 1 骨板常密列线状细棱；头背面骨板平坦，后缘弧形凹入。吻长，吻突宽，三角形，边缘具锯齿，无棘。口中等大，下位；上颌突出，中央具 1 缺刻；两颌具绒毛状齿群，犁骨和腭骨无齿。眼中等大，上位，眼窝上缘平滑，眼间隔宽。鳃孔宽大；鳃盖骨具 2 棘；鳃耙短小。体被中大栉鳞；胸部和腹部前半部无鳞；头部被骨板，无鳞；侧线上侧位，侧线鳞 58～60。

体红褐色，腹侧色浅；背鳍、腹鳍和臀鳍淡红色；胸鳍内侧深灰色，外侧浅灰色，分布黄色网状花纹；尾鳍浅黄色。鳍式：背鳍Ⅷ～Ⅸ，14～15；胸鳍 14＋ⅲ；腹鳍Ⅰ-5；臀鳍 13～14；尾鳍 23。背鳍 2 个，背鳍基底具多对有棘盾板，前部盾板较宽，棘较低钝；后部盾板较狭，棘较尖突；胸鳍显著大且长，前 6 根鳍条特化呈趾状；臀鳍与第 2 背鳍相对；尾鳍近似截形。

【生态习性】为暖水性底层鱼类。栖息于泥沙、贝壳沙质底质海区，水深 30～70 m。可利用胸鳍指状游离鳍条匍匐于水底和掘土觅食。以底栖甲壳类及小鱼为食。鳔发达，可发声。

【分布范围】分布于朝鲜半岛海域、日本南部海域及我国东海和南海。

【骨骼特征】额骨窄长，两侧边缘上翘；眶下骨盾状，覆盖颊部。前颌骨细弱，末端达筛区前缘下方；关节骨发达。脊椎骨数 29；髓棘和脉棘尖长。尾杆骨较短小。颞骨强大，后端呈三角形崎状；匙骨弯月形，末端宽大，伸至喉部；乌喙骨板状。腰带无名骨宽大。背鳍支鳍骨细长，支鳍骨基部在体背部延展呈盾状结构，末端呈强棘。

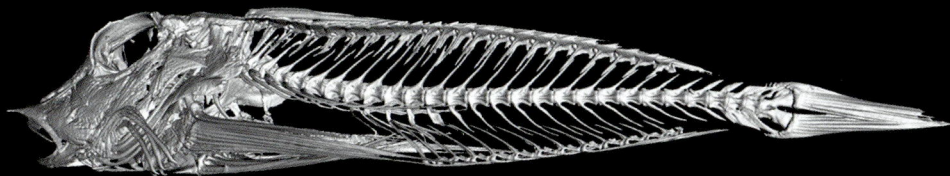

侧面观

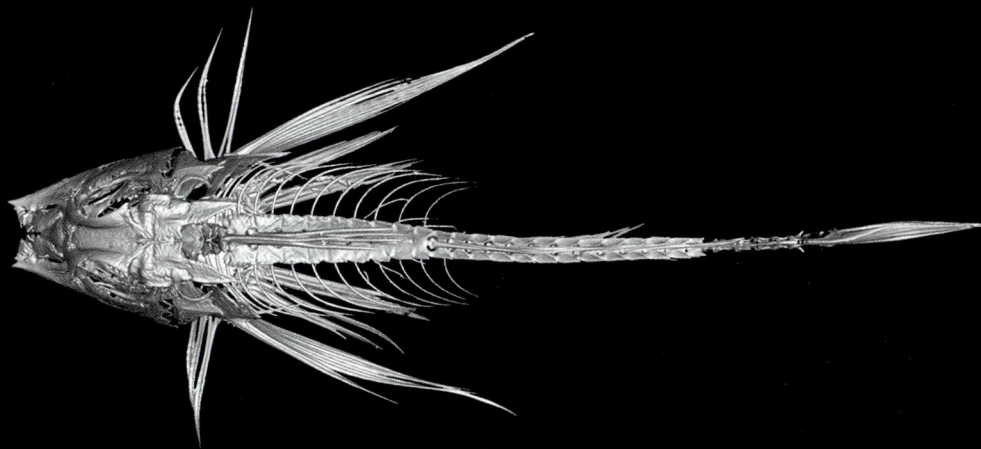

背面观

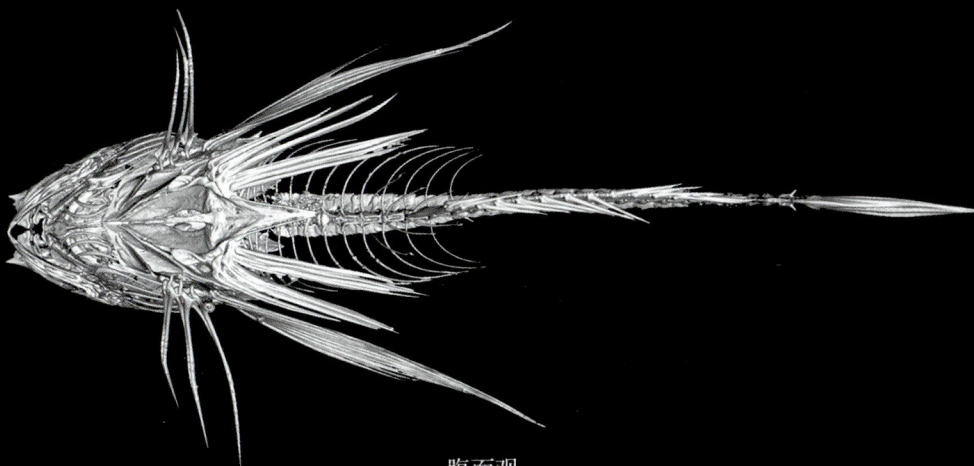

腹面观

83 翼红娘鱼 *Lepidotrigla alata*（Houttuyn，1782）

【同种异名】*Trigla alata* Houttuyn，1782；*Pachytrigla alata*（Houttuyn，1782）。

【英文名】searobin。

【地方名】红双角鱼。

【样本采集】$n=32$。全长 134.17（111.70～187.87）mm，体长 114.11（94.71～162.21）mm，体重 37.30（21.47～91.98）g。

【资源密度】1 074.154 g/km^2。

【生长条件因子】0.025 g/cm^3。

【形态特征】体延长，稍侧扁，躯干前部稍粗大，向后渐细。头中等大，近长方形；头背面和侧面均被骨板，每1骨板密列线状细棱；头背面骨板平坦，后缘凹入；眶上棱宽凸，眶上棘、眶后棘明显，后颞棱显著，末端具1棘，伸达背鳍第3鳍棘下方。吻长，吻突宽，边缘具锯齿。口中等大，前下位。上颌突出，中央具1缺刻；两颌具绒毛状齿群，犁骨和腭骨无齿。眼中等大，上位，眼间隔宽。鳃孔宽大；鳃盖骨具1棘，肱棘宽扁、尖长，约伸达第5鳍棘下方；鳃耙短小。体被中大栉鳞；胸部和腹部前半部无鳞；头部被骨板，无鳞；侧线上位，侧线鳞59～61。

体背侧红色，头和体上无斑纹，体下侧及腹部白色或浅红色；第1背鳍第4～7鳍棘之间鳍膜上部具1红色大斑；胸鳍内侧具黑色弧形条纹；其余各鳍浅红色，无斑纹。鳍式：背鳍Ⅷ～Ⅹ，15～16；胸鳍14；腹鳍Ⅰ-5；臀鳍15～16。背鳍2个，背鳍基底棘盾板23～24个，前部盾板较宽，棘较低钝；后部盾板较狭，棘较尖突；胸鳍下位，后端达第2背鳍，下方具3条指状游离鳍条；腹鳍胸位；尾鳍后端浅凹形。

【生态习性】为暖水性底层鱼类。栖息于泥沙、贝壳沙质底质海区，水深30～70 m。可利用胸鳍指状游离鳍条匍匐于水底和掘土觅食。以底栖甲壳类及小鱼为食。鳔发达，可发声。

【分布范围】分布于朝鲜半岛海域、日本南部海域及我国东海和南海。

【骨骼特征】额骨窄长，两侧边缘隆起；筛骨埋于盾状骨板下，不可见；围眶骨呈盾状覆盖颊部。前颌骨细弱，末端达筛区前缘下方；关节骨发达。脊椎骨数 30；躯椎前关节突明显，髓棘尖长。尾杆骨较短小。匙骨强大，后端呈三角形嵴状；匙骨斧形，后端形成 1 枚强棘。腰带无名骨中部连接紧密。背鳍支鳍骨细长，支鳍骨基部在体背部延展呈盾状结构。

侧面观

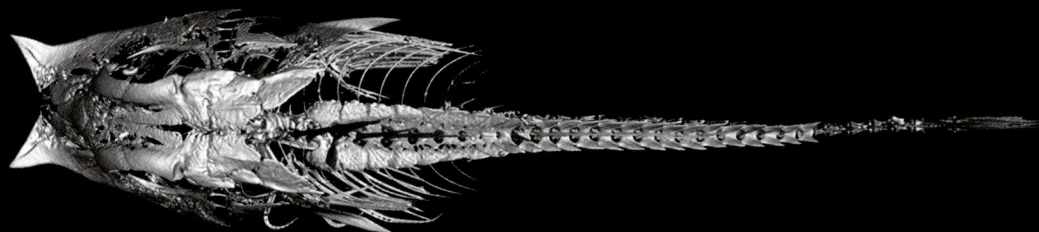

背面观

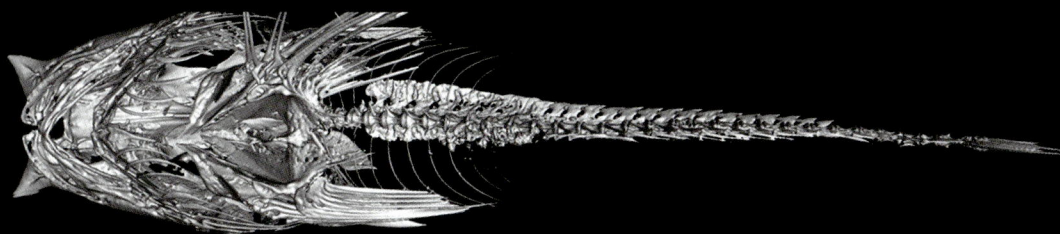

腹面观

84 棱须蓑鲉 *Apistus carinatus*（Bloch & Schneider，1801）

【同种异名】*Scorpaena carinata* Bloch & Schneider，1801；*Hypodytes carinatus*（Bloch & Schneider，1801）；*Apistus carenatus*（Bloch & Schneider，1801）；*Apistus israelitarum* Cuvier，1829；*Apistus faurei* Gilchrist & Thompson，1908；*Apistus balnearum* Ogilby，1910。

【英文名】ocellated waspfish。

【地方名】狮子鱼、须梭鲉。

【样本采集】$n=5$。全长 108.70（99.67～122.14）mm，体长 81.26（74.83～94.50）mm，体重 15.06（10.05～23.38）g。

【资源密度】67.765 g/km^2。

【生长条件因子】0.028 g/cm^3。

【形态特征】体延长，侧扁。头中等大，稍侧扁。吻圆钝，吻侧具 1 斜沟。口较大，端位，斜裂；两颌、犁骨及腭骨具绒毛状齿群。颏部有须。眼中大，上位，眼间隔窄而平。鳃孔宽大；前鳃盖骨和鳃盖骨均具数枚棘；鳃耙尖长。体被细鳞；头部仅在下侧方具少许鳞片；侧线上侧位，侧线鳞 20～30。

体背侧红褐色，腹侧色浅；背鳍浅棕色，鳍棘部具一大黑斑，鳍条部具深棕色点列横纹，胸鳍和臀鳍暗褐色，腹鳍乳白色，尾鳍浅棕色，具深棕色点列横纹，后端具 1 黑色横带。鳍式：背鳍 XIV～XV-8～10；胸鳍 11～12；腹鳍 I-5；臀鳍 III-7～8；尾鳍 20。背鳍 1 个，起始于鳃盖后缘，鳍棘部和鳍条部之间有缺刻；胸鳍尖长，末端伸越臀鳍基底后方，下方具 1 游离鳍条；腹鳍胸位；臀鳍基底短于背鳍基底；尾鳍圆形。

【生态习性】为暖水性底层鱼类。栖息于沿岸泥沙底质海区。白天常将身体埋于沙中隐蔽。摄食底栖甲壳类。鳍棘具毒腺。

【分布范围】分布于印度—西太平洋温暖海域，包括日本南部海域及我国东海、南海和台湾海域。

【骨骼特征】额骨窄长，表面具 2 列隆起嵴；两侧顶骨宽大，具沟槽结构；眶下骨宽大。上颌骨戟形，上端突起达眼前缘；齿骨细长；关节骨菱形。脊椎骨数 26；第 1~2 脊椎骨短小，第 2~8 脊椎髓棘较粗短。尾杆骨较宽。颞骨发达，末端具 1 小棘；匙骨略弯曲，顶端宽大；后匙骨细长，延伸至胸鳍下方；乌喙骨短小。腰带无名骨向前上方延伸至匙骨内侧。背鳍第 1 支鳍骨宽大，向前延伸呈板状；臀鳍第 1 支鳍骨粗大，与第 11 脊椎骨脉棘相对，支持前 2 枚鳍棘。

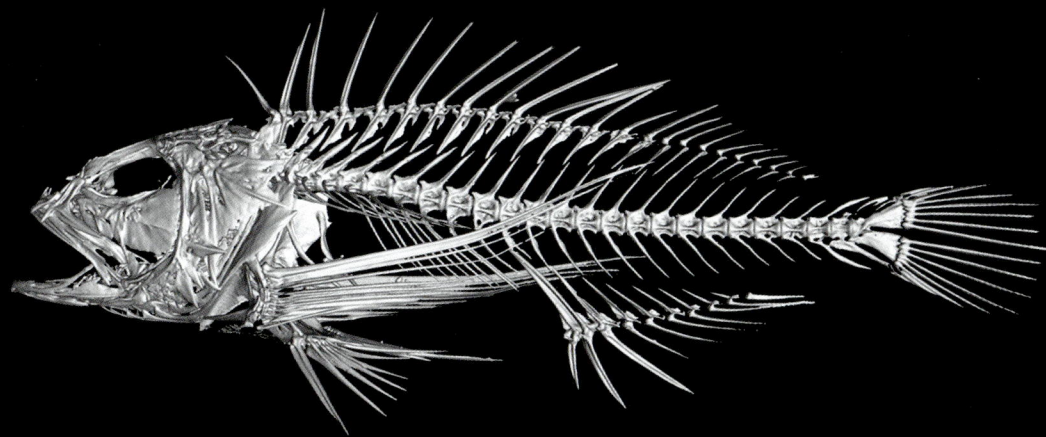

侧面观

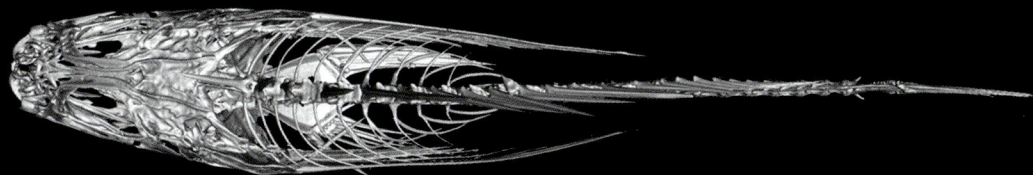

背面观

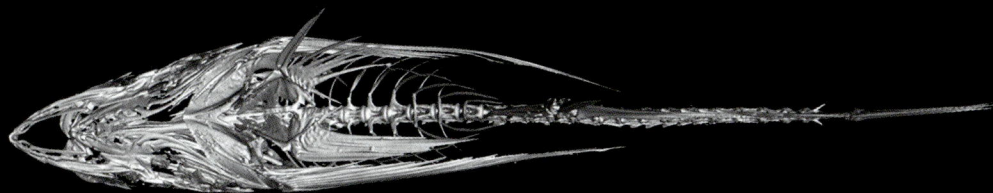

腹面观

85 居氏鬼鲉 *Inimicus cuvieri* (Gray，1835)

【同种异名】*Pelors cuvier* Gray，1835；*Inimicus cuvier* (Gray，1835)。
【英文名】longsnout stinger。
【样本采集】$n=1$。全长 170.33 mm，体长 135.40 mm，体重 85.66 g。
【资源密度】77.088 g/km^2。
【生长条件因子】0.035 g/cm^3。
【形态特征】体延长，背缘平斜，前部粗大，后部稍侧扁。头宽，头上和头侧具凹陷和突起，颅骨被皮膜遮盖。吻长而宽阔，大于眼后头长。口中大，上位；两颌、犁骨具细齿，腭骨无齿。上颌骨后部具若干皮须，下颌下方具 2 对皮须。眼小，高而突出；眼前吻侧具 1 深凹；眶前骨下缘具 2 棘及 2 皮瓣；眼间隔宽。前鳃盖骨有 3 枚棘；主鳃盖骨具 1 棱，末端有 1 枚棘；鳃耙 3+8，颗粒状，有细刺。体光滑无鳞，头部、体前部、胸鳍前面及背鳍鳍棘均具皮瓣；侧线平直，上位。

　　活体时，体深褐色，腹侧色较浅；各鳍深褐色。胸鳍 3 个横黄斑，指状鳍条具节斑，臀鳍具黄色斜纹，尾鳍具黄褐色小斑点。鳍式：背鳍 XVII-7；胸鳍 12；腹鳍 I-5；臀鳍 II-12；尾鳍 14。背鳍连续，鳍棘发达，具许多丝状突起，最后鳍条具膜与尾柄相连；胸鳍宽大，下方具 2 指状游离鳍条；臀鳍中后部鳍条较长，最后鳍条具膜与尾柄相连；尾鳍后缘圆弧形。
【生态习性】为暖水性底层鱼类。栖息于沿岸岩礁海岸。具伪装能力，常将身体掩埋躲避敌害，伺机捕食猎物。以底栖甲壳动物和小鱼为食。背鳍鳍棘具毒腺。
【分布范围】分布于印度—西太平洋温暖海域，包括印度尼西亚海域及我国东海和南海。

【骨骼特征】额骨前端窄长，后端边缘具棘，两侧眶上缘翘起；顶骨宽大；筛骨长，前端具棘；眶前骨与眶下骨均具硬棘。前颌骨细长，前部突起高，深入筛区；上颌骨弯曲，后端桨状。前鳃盖骨具若干硬棘。脊椎骨数 29；椎体前关节突明显；第 1～6 脊椎骨短小，第 8～12 脊椎骨脉弓宽大，之后粗短。尾杆骨略宽。匙骨上端具 2 枚短棘；匙骨略弯曲；乌喙骨发达，延伸至喉部。腰带无名骨包围呈吸盘状，深入喉部内侧。背鳍支鳍骨延展呈板状。

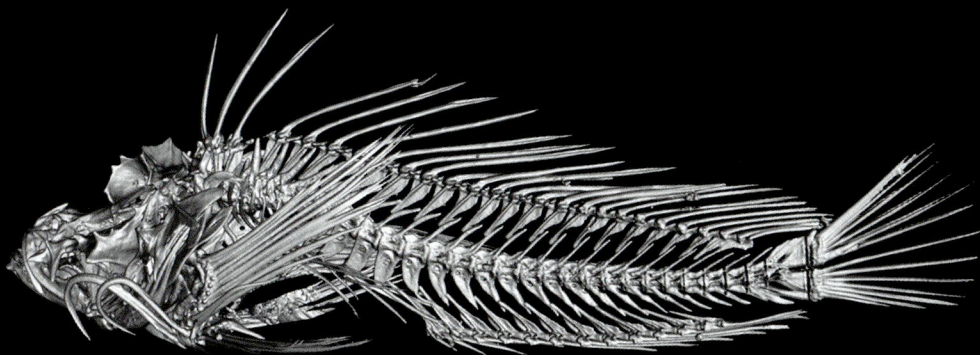

侧面观

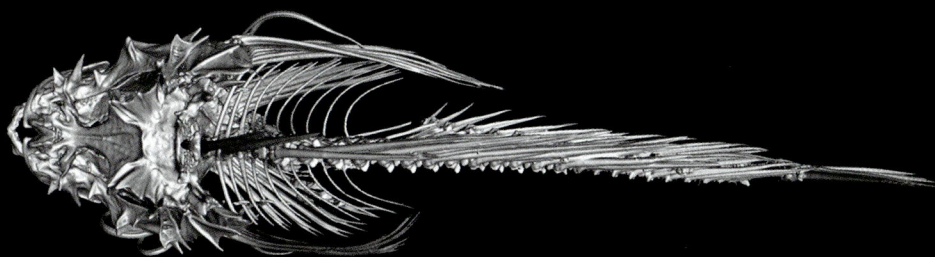

背面观

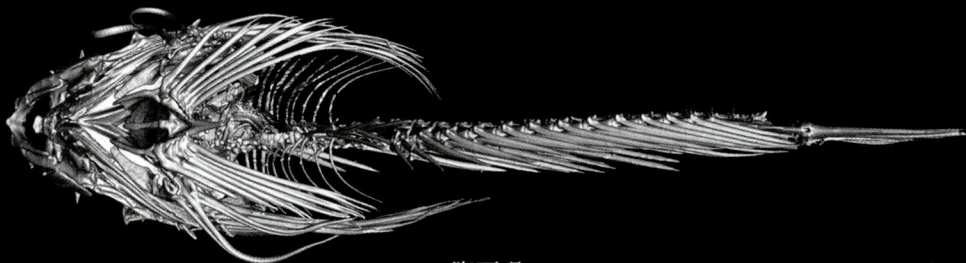

腹面观

86 瞻星粗头鲉 *Trachicephalus uranoscopus*（Bloch & Schneider，1801）

【同种异名】*Synanceia uranoscopa* Bloch & Schneider，1801；*Polycaulus uranoscopus* (Bloch & Schneider，1801)。

【英文名】stargazing stonefish。

【地方名】粗头鲉。

【样本采集】$n=3$。全长 86.62（73.86~107.80）mm，体长 69.34（59.82~85.54）mm，体重 18.65（9.29~37.31）g。

【资源密度】50.351 g/km^2。

【生长条件因子】0.056 g/cm^3。

【形态特征】体延长，圆柱形，前部粗壮，后部侧扁；侧面观呈长椭圆形。头短，略宽平，头高与头宽约相等，具弱棘。吻宽且钝。口中等大，上位，直裂；上颌中部内凹，下颌略长于上颌；两颌具齿，犁骨无齿。眼极小，背侧位，眼间隔窄。鳃孔宽大；鳃耙 2+5~6；前鳃盖骨具 4 枚棘，主鳃盖骨具 2 枚棘。体光滑无鳞，侧线鳞 13~17。

体背侧棕褐色，腹侧色稍浅，全身和各鳍散布灰白色斑点；背鳍前部鳍棘棕褐色，后部鳍条黑色；胸鳍后半部黑色；腹鳍褐色；臀鳍黑色；尾鳍后缘乳白色。鳍式：背鳍Ⅺ~Ⅻ-12~14；胸鳍 14~15；腹鳍Ⅰ-5；臀鳍Ⅱ-12~14；尾鳍 15。背鳍连续，起始于前鳃盖后缘上方，与臀鳍均有鳍膜连于尾柄；胸鳍宽，无游离鳍条；腹鳍胸位，狭长，起点与背鳍相对；尾鳍后缘圆弧形，各鳍鳍条均不分支。

【生态习性】为暖水性底层鱼类。栖息于浅海，常潜埋于沙中。摄食甲壳类和小鱼。

【分布范围】分布于印度—西太平洋中部温暖海域，包括印度尼西亚海域及我国南海和台湾海域。

【骨骼特征】额骨宽短，后缘具横向隆起板状嵴；顶骨宽短，形状不规则；侧筛骨宽大；眶下骨表面具沟槽结构。前颌骨较细，前部突起高，伸至筛区后方上部；上颌骨弯曲，末端桨状，位于眼前缘垂直下方。脊椎骨数 28；椎体前关节突明显；第 1~4 脊椎骨短小，髓棘粗大，第 4~9 脊椎脉弓宽短，呈板状。尾杆骨较宽大。后匙骨细长，向后延伸接近腹鳍；乌喙骨呈板状。腰带无名骨前端向前上方延伸至喉部内侧，后端接合紧密，包围呈吸盘状。背鳍第 1~3 支鳍骨位于第 1 脊椎骨前方。

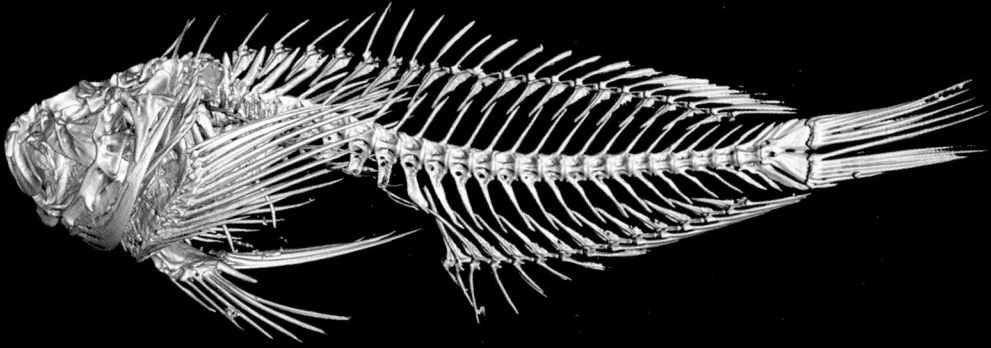

侧面观

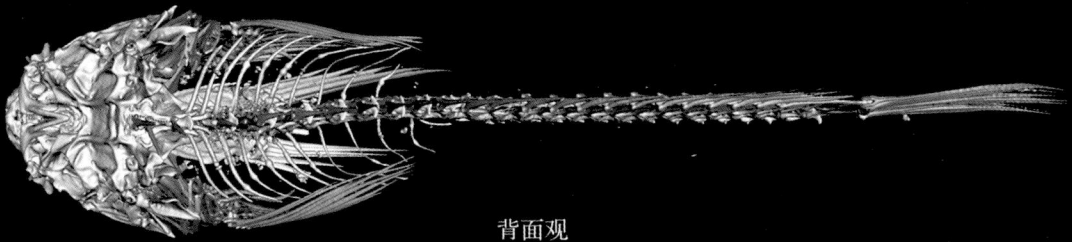

背面观

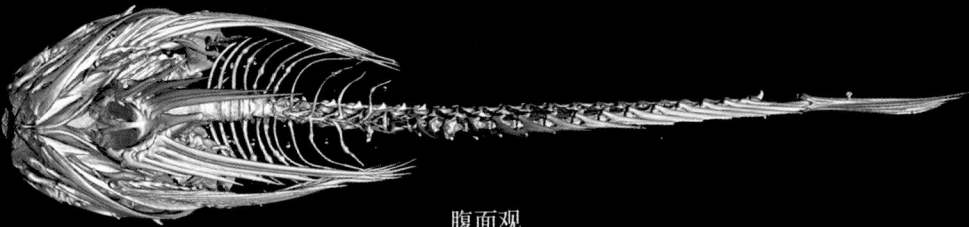

腹面观

87 花斑短鳍蓑鲉 *Dendrochirus zebra* （Cuvier，1829）

【同种异名】*Pterois zebra* Cuvier，1829；*Brachyrus zebra* （Cuvier，1829）；*Pseudomonopterus zebra* （Cuvier，1829）；*Brachirus zebra* （Cuvier，1829）；*Dendrochirus sausaulele* Jordan & Seale，1906。

【英文名】zebra lionfish。

【地方名】花斑叉指鲉。

【样本采集】$n=16$。全长 102.96 （78.63～129.07） mm，体长 80.55 （58.98～102.05） mm，体重 17.82 （5.90～32.42） g。

【资源密度】256.587 g/km^2。

【生长条件因子】0.034 g/cm^3。

【形态特征】体延长，侧扁，背缘前部隆起，腹缘浅弧形；侧面呈长椭圆形。头较大。吻中等长，圆钝，吻侧具 1 斜沟，吻背后部横凹。下颌略长于上颌；两颌具绒毛状齿群，下颌具 3～4 行小锯齿，犁骨齿群左右相连呈"人"形。颏部具 2 对须。眼较大，上位，高达头部背缘，眼间隔窄；鼻孔每侧 2 个，前鼻孔后缘具 1 尖长皮须。鳃孔宽大；前鳃盖骨具 3～4 短棘；鳃盖骨具 1 弱棘；鳃耙 4～6+11～12，粗短，上端有细刺。体被中大栉鳞，胸部鳞小；上下颌、眶前骨、头部腹侧无鳞；侧线上侧位，侧线鳞 24～27。

体背侧红色，腹侧色稍浅；体侧有 6 条褐色横纹与不规则斑纹，鳃盖后有一黑斑；背鳍鳍条部与臀鳍有 2～4 条红褐色斜纹，胸鳍、腹鳍具浅蓝色点纹，尾鳍有红褐色点列横纹。鳍式：背鳍 XIII-9～11；胸鳍 2+7+8；腹鳍 I-5；臀鳍 III-5；尾鳍 18～20。背鳍 1 个，长而大，鳍棘部和鳍条部之间有深缺刻，各鳍棘间鳍膜具深缺刻，鳍条部后端圆形；胸鳍宽大，下侧位，伸达臀鳍基底末端，下方具 1 游离鳍条；腹鳍长而大，胸位，伸越臀鳍起点；臀鳍约与背鳍鳍条部相对、同形，后端圆形；尾鳍圆形。

【生态习性】为暖水性底层鱼类。栖息于近海底层。摄食甲壳类和小鱼。背鳍鳍棘具毒腺。

【分布范围】分布于印度—西太平洋温暖海域，包括我国南海和东海。

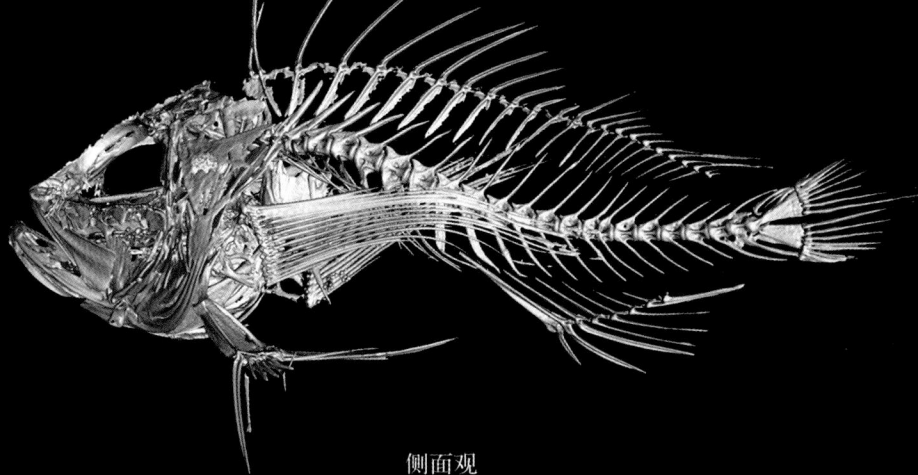

侧面观

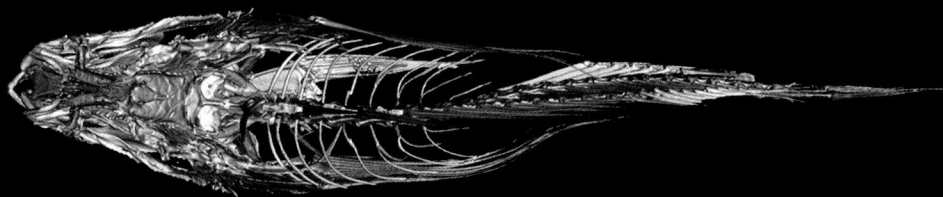

背面观

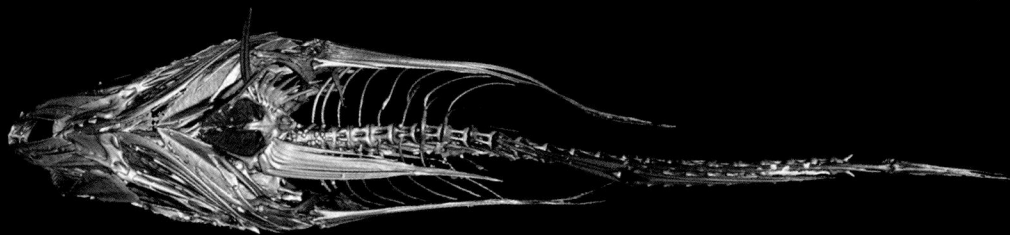

腹面观

88 曲背新棘鲉 *Neomerinthe procurva* Chen，1981

【同种异名】无。

【英文名】curvedspine scorpionfish。

【地方名】石狗公。

【样本采集】$n=1$。全长 82.20 mm，体长 68.40 mm，体重 14.30 g。

【资源密度】12.869 g/km^2。

【生长条件因子】0.045 g/cm^3。

【形态特征】体侧扁，背部隆起，腹侧浅弧形；侧面观呈长椭圆形。头较大。吻中等长，圆钝；吻缘具若干丝状皮须。口中大，端位，斜裂；下颌略长于上颌，下颌骨具 3～4 行小锯齿；两颌、犁骨、腭骨均具细齿。眼较大，上位，高达头部背缘；眼间隔窄，浅凹。鼻孔每侧 2 个；前鼻孔后缘具 1 尖长皮须。鳃孔宽大；前鳃盖骨 4 枚棘；眼上方、前鳃盖骨边缘具数个皮瓣；前鳃盖骨具 4 棘；鳃耙 6＋11，粗短，上端有细刺。体被栉鳞，喉胸部鳞小；两颌、眶前骨、头部腹侧无鳞；侧线上位，侧线鳞 24。

　　体红褐色，腹侧色稍浅；体侧具褐色条纹与不规则斑纹；背鳍鳍棘后端具 1 大黑斑；各鳍具深褐色点列横纹。鳍式：背鳍Ⅻ-9；胸鳍 19；腹鳍Ⅰ-5；臀鳍Ⅲ-5。背鳍 1 个，长而大，起始于胸鳍基上方，鳍棘部和鳍条部之间有深缺刻，鳍条部后端圆形；胸鳍宽大，下位，伸达臀鳍，中部有分支鳍条；腹鳍胸位，不达臀鳍起点；臀鳍约与背鳍鳍条部相对、同形，后端圆形；尾鳍圆形。

【生态习性】为暖水性底层鱼类。栖息于近岸浅海。白天藏于洞穴或裂隙间，夜晚活动。摄食甲壳类和小鱼。背鳍鳍棘具毒腺。

【分布范围】分布于中西太平洋温暖海域，包括菲律宾海域及我国南海和台湾海域。

【骨骼特征】额骨较窄，两侧隆起，边缘具若干棘；顶骨宽大，表面凹凸不平，末端边缘各具 1 强棘；枕骨嵴短小；侧筛骨宽大；围眶骨系具沟槽结构，眶前骨具 1 棘。前颌骨较细，末端位于眼中部垂直下方；上颌骨长棒状，末端桨形，位于眼后缘垂直下方；关节骨发达。脊椎骨数 24；第 1～2 脊椎骨短小，第 3～5 脊椎髓棘粗大，第 1～17 脊椎骨椎体前关节突明显。尾杆骨较宽。后匙骨末端延伸至胸鳍中部。腰带无名骨前端向前上方延伸至匙骨内侧，后端接合紧密。背鳍第 1 支鳍骨宽大，向前延伸呈板状；臀鳍第 1 支鳍骨强大，插入第 8～9 脉弓之间，支持前 2 枚鳍棘。

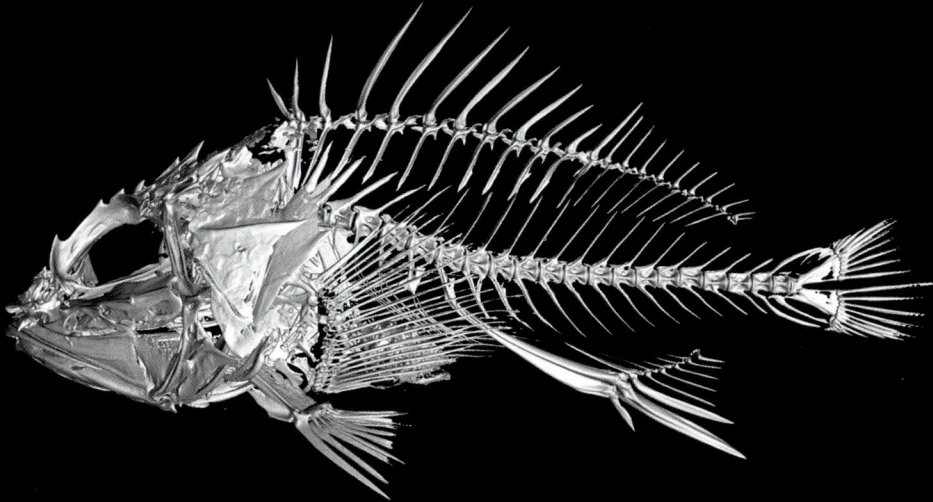

侧面观

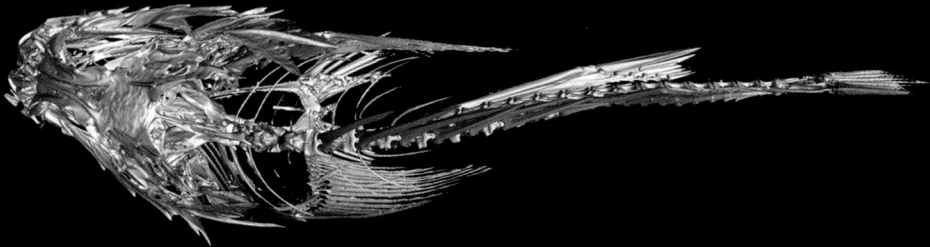

背面观

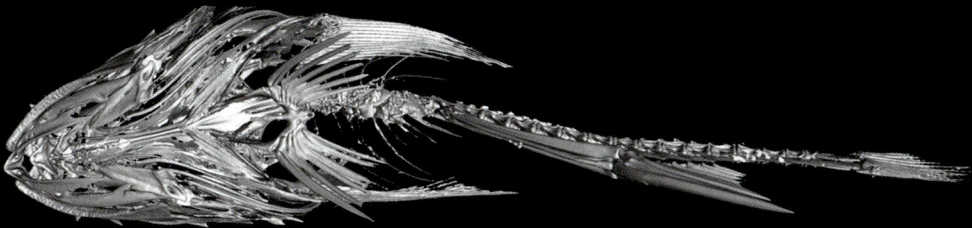

腹面观

89 环纹蓑鲉 *Pterois lunulata* Temminck & Schlegel，1843

【同种异名】无。

【英文名】luna lionfish。

【地方名】狮子鱼、长狮。

【样本采集】$n=3$。全长 132.66（94.70～167.76）mm，体长 93.74（70.35～112.69）mm，体重 25.75（16.52～36.40）g。

【资源密度】69.519 g/km^2。

【生长条件因子】0.031 g/cm^3。

【形态特征】体延长，侧扁。头中等大，具皮瓣和棘棱，包括鼻棘、眶上棘、眶后棘、蝶耳棘、翼耳棘、肩胛棘、顶棘和项棘各1枚。吻稍长，圆钝。口大，端位；上颌中央具1缺刻，下颌腹面中央具1突起；两颌及犁骨具绒毛状细小齿群。吻端具1对小须。眼较小，上位，眼眶突出于头的背缘，眼间隔窄，前方具1皮质突起；鼻棘1枚，小而尖。鳃孔宽大；前鳃盖骨具3棘，鳃盖骨具1扁棘；鳃耙15～17。头和体均被圆鳞；两颌及吻前部无鳞；侧线完全，侧线鳞90。

鲜活时，体浅红色，具20条宽、狭相间的黑色带；眼上缘至口侧中部有一黑斜带，吻上有数条黑色带。第1背鳍、胸鳍具黑色小斑点，第2背鳍、臀鳍及尾鳍浅粉色。鳍式：背鳍ⅩⅢ-10～11；胸鳍12～13；腹鳍Ⅰ-5；臀鳍Ⅲ-6～7；尾鳍20。背鳍长而大，起点位于鳃盖后缘上方，鳍棘部与鳍条部有膜相连，各鳍棘间鳍膜凹入；胸鳍极发达，后端伸越尾鳍基部；腹鳍胸位；尾鳍尖而长。

【生态习性】为暖水性岩礁或珊瑚礁鱼类。白天藏于洞穴或裂隙间，夜晚活动。摄食甲壳类和小鱼。背鳍鳍棘具毒腺。

【分布范围】分布于印度—西太平洋温暖海域，包括日本南部海域及我国南海。

【骨骼特征】额骨较窄，边缘光滑；顶骨略宽平；枕骨嵴短小；筛骨发达；围眶骨系具沟槽结构。前颌骨较宽，口腔闭合时可覆盖齿骨；上颌骨末端宽大，达眼中部下方。脊椎骨数 24；第 1～3 脊椎骨短小，第 1～9 脊椎髓棘粗短。尾杆骨较窄。匙骨发达；上匙骨中部具 1 向后的强棘；匙骨顶端宽大；后匙骨末端延伸至胸鳍中部。腰带无名骨向前上方伸至匙骨内侧上方。背鳍第 1～10 支鳍骨延展呈板状。

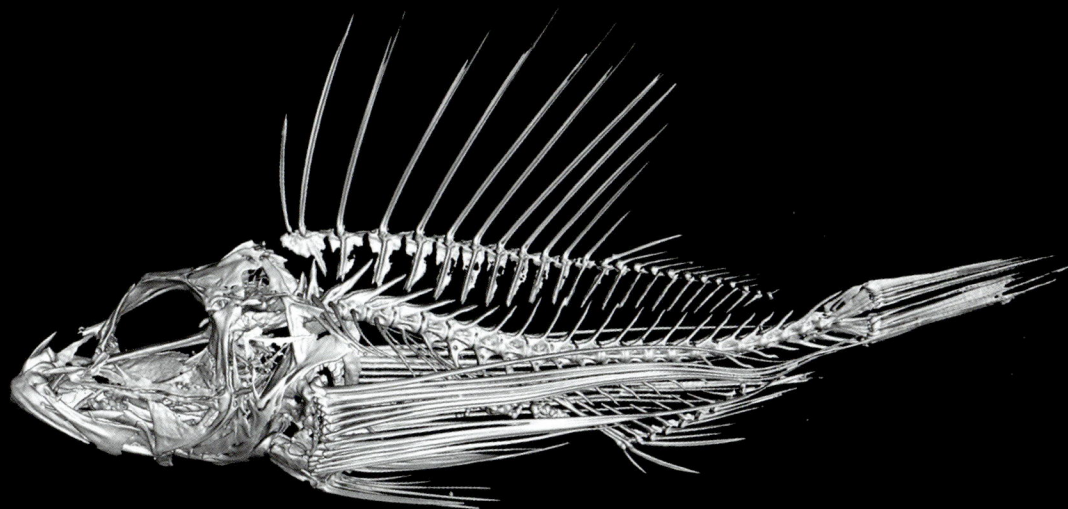

侧面观

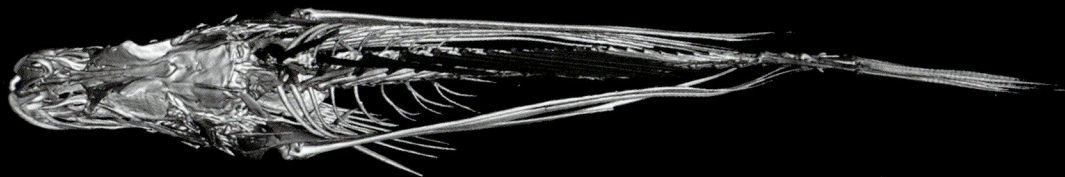

背面观

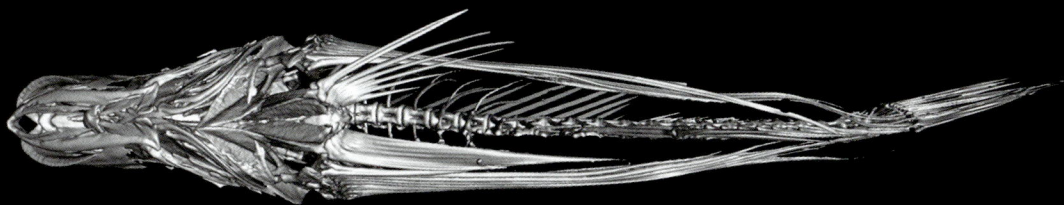

腹面观

90 魔拟鲉 *Scorpaenopsis neglecta* Heckel，1837

【同种异名】无。

【英文名】devil scorpionfish。

【地方名】虎鱼、石狗公、沙姜虎。

【样本采集】$n=4$。全长 124.38（95.90～140.62）mm，体长 100.81（76.66～116.36）mm，体重 51.81（18.64～72.14）g。

【资源密度】186.501 g/km^2。

【生长条件因子】0.051 g/cm^3。

【形态特征】体延长，稍粗，头后部背缘隆起。头中大，头部的棘和棱发达。吻宽大。口大，亚上位；下颌长于上颌；两颌及犁骨具绒毛状齿群。眼较小，上位，眼间隔较宽，大于眼径。鳃孔大；前鳃盖骨、鳃盖骨和上鳃盖骨具棘；鳃膜分离，不连于颊部。体被栉鳞，头、体具皮瓣；全身布满黏液；侧线鳞 22～25。

　　体红褐色、棕褐色或橙褐色，多具深色和浅色斑块或斑纹，腹侧色稍浅，略带橘红色；鳃裂橙黄色或橘红色；背鳍浅棕色，鳍棘部略带红色，鳍条部前端具一黑斑，胸鳍外缘有一黑色带，鳍基下部有一黑斑，腹鳍黑褐色，臀鳍黑色，基部和后缘红褐色，尾鳍密布点状横纹，基部和后端具黄褐色横纹。鳍式：背鳍 XII - 9～10；胸鳍 16～20；腹鳍 I - 5；臀鳍 III - 5；尾鳍 19～20。背鳍 1 个，起点始于鳃盖后缘，鳍棘强大，鳍条部高于鳍棘部；胸鳍宽大，扇形；腹鳍胸位；臀鳍和背鳍鳍条部相对；尾鳍后缘截形或圆形。

【生态习性】为暖水性珊瑚礁鱼类。具伪装能力，常模仿周围环境而体色多变。伏击过往的甲壳类和小鱼。背鳍鳍棘具毒腺。

【分布范围】分布于印度—太平洋温暖海域，包括日本南部海域、朝鲜半岛和我国东海、南海和台湾海域。

【骨骼特征】额骨两侧隆起，边缘具锯齿；顶骨宽大，表面具沟槽结构；枕骨嵴短小；侧筛骨较宽；眶前骨具若干棘，眶下骨末端宽大。前颌骨较细，前部突起高；上颌骨棒状，末端桨形，达眼中部下方；齿骨宽且长；关节骨发达。脊椎骨数 24；第 1～2 脊椎骨短小，第 3～5 脊椎髓棘粗大，第 1～12 脊椎骨椎体前关节突明显。尾杆骨较宽。匙骨发达，末端具 1 小棘；匙骨略弯曲，顶端宽大；乌喙骨下端延伸至喉部；后匙骨末端延伸至胸鳍中部。腰带无名骨前端伸至匙骨内侧，后端接合紧密。背鳍第 1 支鳍骨宽大，向前延伸呈板状；臀鳍第 1 支鳍骨粗长，插入第 9～10 脉弓之间，支撑前 2 枚鳍棘。

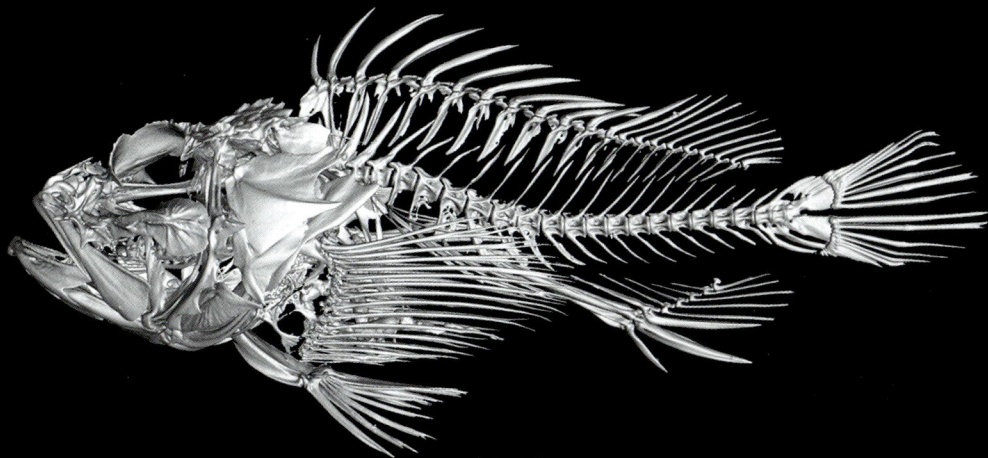

侧面观

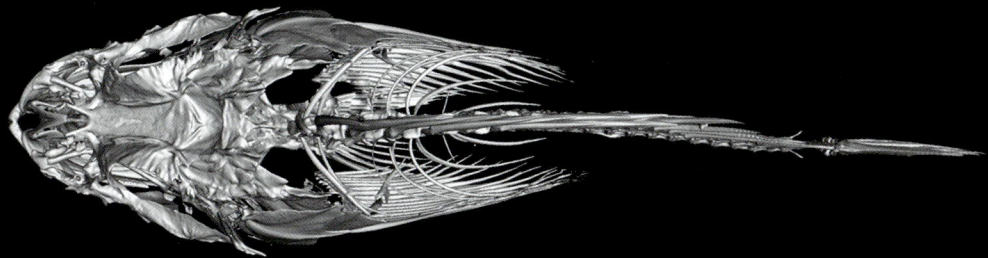

背面观

腹面观

91 鯯 *Terapon theraps* Cuvier，1829

【同种异名】*Therapon theraps* Cuvier，1829；*Eutherapon theraps*（Cuvier，1829）；*Perca argentea* Linnaeus，1758；*Therapon rubricatus* Richardson，1842；*Perca indica* Gronow，1854；*Therapon nigripinnis* Macleay，1881。

【英文名】largescaled therapon。

【地方名】条纹鯯、花身仔、鸡仔鱼。

【样本采集】$n=123$。全长 134.64（62.86～203.29）mm，体长 114.33（52.98～174.73）mm，体重 45.22（4.16～117.62）g。

【资源密度】5 005.454 g/km^2。

【生长条件因子】0.03 g/cm^3。

【形态特征】体侧扁；侧面观呈长椭圆形。头中等大。吻钝尖。口中等大，端位；两颌约等长；两颌齿细小，带状排列，外行齿较大，排列疏松，犁骨、腭骨及舌上无齿。唇不具肉质突起。眼中等大，上位，眶前骨边缘具细小锯齿，眼间隔宽。后颞骨外露，边缘有小锯齿。前鳃盖具 2 枚棘，下棘较长；鳃耙细扁。体被细栉鳞，颊部和鳃盖上亦被鳞；侧线完全，侧线鳞 46～56。

体背部淡青褐色，体侧及腹部银白色；体侧具 4 条棕黑色纵带，其中第 3 条由吻部沿体轴至尾柄末端上方；背鳍第 2～6 鳍棘的棘膜上具 1 大黑斑，鳍条部具 2～3 个小黑斑，胸鳍、腹鳍及臀鳍浅黄色，尾鳍具 5 条深棕色条纹。鳍式：背鳍Ⅺ～Ⅻ-8～9；胸鳍 14～15；腹鳍Ⅰ-5；臀鳍Ⅲ-7～9；尾鳍 16。背鳍 1 个，鳍棘部与鳍条部中间有深缺刻，鳍棘强大，以第 4 鳍棘最长；胸鳍宽短；腹鳍亚胸位；臀鳍与背鳍鳍条部同形、相对，第 3 鳍棘最长；尾鳍浅叉形。

【生态习性】暖水性底层鱼类。栖息于近岸内湾泥沙底质海区。肉食性，以小鱼、甲壳类和软体动物等底栖动物为食。

【分布范围】分布于印度—西太平洋温暖海域，包括日本南部海域及我国东海、南海和台湾海域。

【**骨骼特征**】额骨宽大，前端具沟槽结构；上枕骨较宽，背面平坦；枕骨嵴较小，向后倾斜；侧筛骨宽大。前颌骨较短，前部突起较高，末达额骨前方；上颌骨较长，末端桨形，达眼前缘下方；齿骨叉形；关节骨三角形。脊椎骨数 25；第 1 脊椎骨较短，上方具 3 枚上髓棘。尾杆骨宽短。颞骨较宽，叉形；匙骨末端宽大，下端伸至喉部后方；后匙骨向后延伸至腹鳍基上方。腰带无名骨较长，向前上方伸至匙骨内侧。背鳍和臀鳍支鳍骨细长，臀鳍第 1 支鳍骨强大，与第 11 脊椎骨脉棘相对，支持前 2 枚鳍条，第 2 支鳍骨显著细长，支持第 3 鳍条。

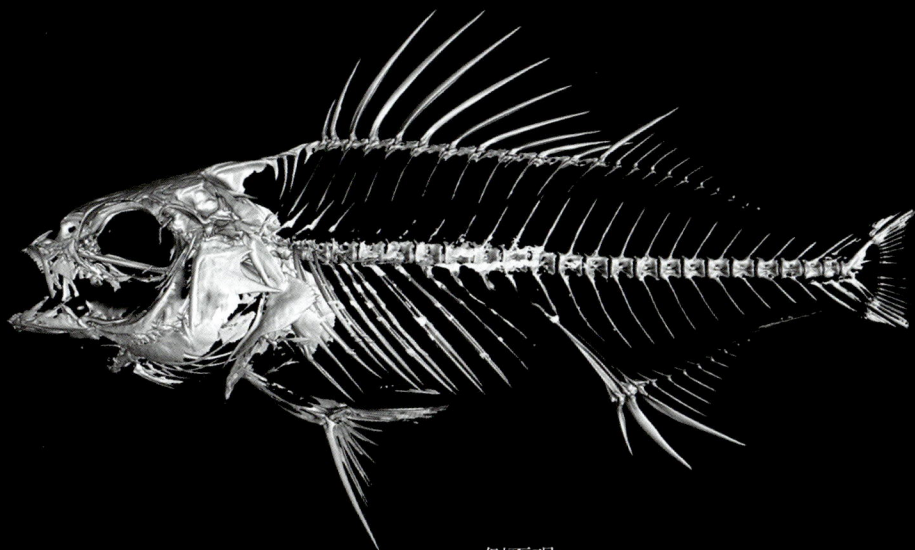

侧面观

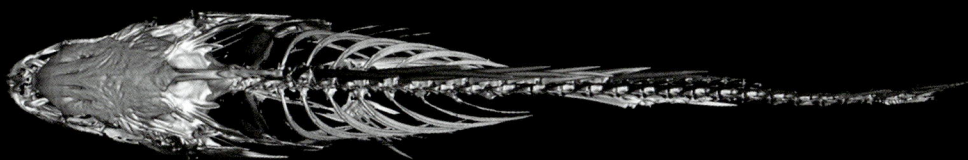

背面观

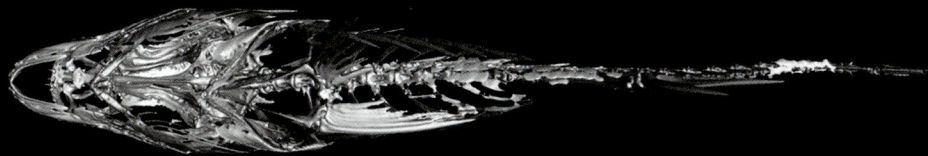

腹面观

92 细鳞鯻 *Terapon jarbua* (Forsskål，1775)

【同种异名】*Terapon timorensis* Quoy & Gaimard，1824；*Sciaena jarbua* Forsskål，1775；*Holocentrus jarbua*（Forsskål，1775）；*Therapon jarboa*（Forsskål，1775）；*Therapon jarbua*（Forsskål，1775）；*Holocentrus servus* Bloch，1790；*Grammistes servus*（Bloch，1790）；*Terapon servus*（Bloch，1790）；*Therapon servus*（Bloch，1790）；*Pterapon trivittatus* Gray，1846；*Stereolepis inoko* Schmidt，1931。

【英文名】jarbua terapon。

【地方名】斑猪、钉公、唱歌婆。

【样本采集】$n=53$。全长 166.55（121.34～277.30）mm，体长 142.16（103.14～235.01）mm，体重 78.78（35.55～304.90）g。

【资源密度】3 757.505 g/km^2。

【生长条件因子】0.027 g/cm^3。

【形态特征】体侧扁；侧面观呈长椭圆形。头中等大。吻钝尖。口中等大，端位；两颌约等长；两颌齿细小，带状排列，外行齿较大，排列疏松，犁骨、腭骨及舌上无齿。唇不具肉质突起。眼中等大，上位，眶前骨边缘具细小锯齿，眼间隔宽平。前鳃盖边缘锯齿明显，鳃盖骨具2棘，上棘短，下棘强大；鳃耙短小。体被细栉鳞，颊部和鳃盖上亦被鳞；侧线完全，侧线鳞75～100。

体背部淡青褐色，体侧及腹部银白色；体侧具3条弧形黑色纵带，最下纵带由头部经尾柄侧面中部至尾鳍后缘中央；背鳍灰白色，鳍棘部第3～6鳍棘的棘膜上具1大黑斑，鳍条部具2～3个小黑斑，胸鳍、腹鳍和臀鳍浅黄色，尾鳍灰白色，有3条暗色纵带，上叶末端黑色。鳍式：背鳍Ⅺ～Ⅻ-9～10；胸鳍13～14；腹鳍Ⅰ-5；臀鳍Ⅲ-7～10；尾鳍17。背鳍1个，鳍棘部与鳍条部中间具深缺刻，鳍棘强大，以第4、5棘最长；胸鳍短小；腹鳍长，亚胸位；臀鳍与背鳍鳍条部同形、相对，第2和第3鳍棘约等长；尾鳍浅叉形。

【生态习性】为暖水性底层鱼类。栖息于沿海浅水至咸淡水海区。广盐性。肉食性，以小鱼、甲壳类和软体动物等底栖动物为食。

【分布范围】分布于印度—太平洋温暖海域，包括日本南部海域及我国东海、南海和台湾海域。

【骨骼特征】额骨宽平；上枕骨较宽，中部高凸；枕骨嵴较大；眶前骨宽大，遮盖部分上颌骨，眶前骨和眶下骨具沟槽结构。前颌骨较长，前部突起较高，达筛骨前方；上颌骨较长，末端桨形，位于眼中部垂直下方；齿骨叉形，约与前颌骨等长；关节骨三角形。脊椎骨数 25；第 1 脊椎骨较短，上方具 3 枚上髓棘；躯椎髓棘较宽。尾杆骨宽短。匙骨较宽，弯钩形；匙骨末端宽大，下端伸至喉部后方；后匙骨向后延伸至腹鳍基上方；乌喙骨较薄弱。腰带无名骨较长，向前上方伸至匙骨内侧；臀鳍第 1 支鳍骨较长，与第 11 脊椎骨脉棘相对，支撑前 2 枚鳍棘。

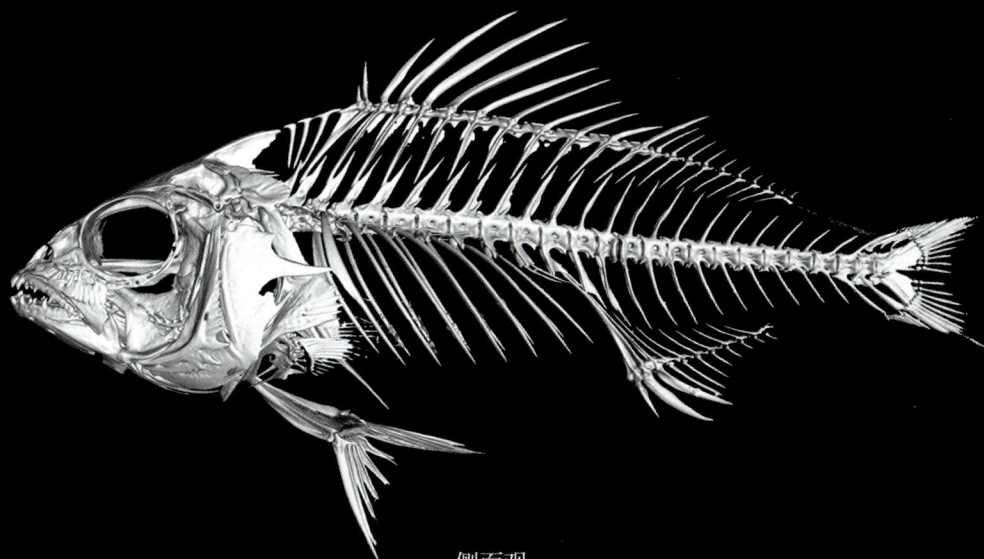

侧面观

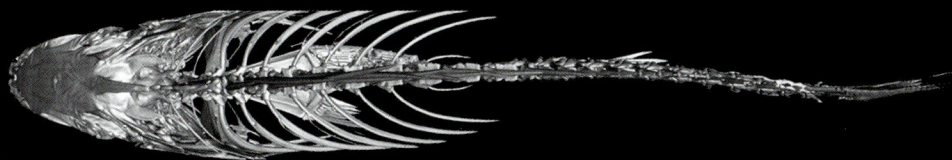

背面观

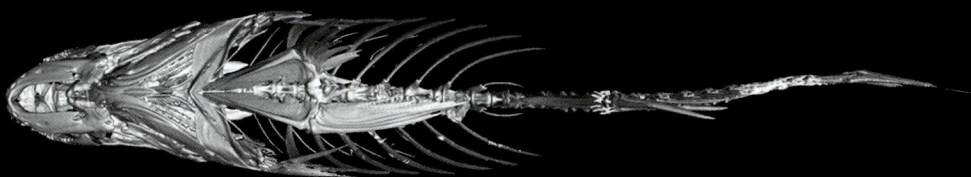

腹面观

93 日本发光鲷 *Acropoma japonicum* Günther，1859

【同种异名】*Acropoma japonica* Günther，1859；*Acropoma japonicus* Günther，1859；
Acropoma japononicum Günther，1859；*Synagrops splendens* Lloyd，1909。

【英文名】glowbelly。

【地方名】日本仔、大目侧仔。

【样本采集】$n=300$。全长 84.47（71.56～97.34）mm，体长 70.46（59.99～80.70）mm，
体重 9.75（6.10～14.48）g。

【资源密度】263.229 g/km^2。

【生长条件因子】0.028 g/cm^3。

【形态特征】体侧扁，背缘及腹缘浅弧形；侧面观呈长椭圆形。头中等大，背缘在眼上方
微凹。吻钝尖。口中等大，端位，斜裂；下颌长于上颌，其后端扩大伸达瞳孔前下方；两
颌具绒毛状齿带，犁骨和腭骨亦具绒毛状齿群，舌上无齿。眼大，上位。鳃孔宽大；前鳃
盖下缘具双层锯齿边缘，后缘平滑；鳃盖骨无棘；鳃耙 5～8＋15～18，甚细，排列紧密。
肛门位置显著靠前。体被中大薄圆鳞，颊部具鳞，鳃盖部被鳞，背鳍起点到眼间隔具鳞
8～9个；侧线鳞 43～45。

体背侧橙红色，体侧及腹部银白色；各鳍色浅，腹鳍及臀鳍略带浅黑色。鳍式：背鳍
Ⅷ，Ⅰ-10；胸鳍 15～16；腹鳍Ⅰ-5；臀鳍Ⅲ-7；尾鳍 17。背鳍 2个，第 1 背鳍起点始
于胸鳍基部上方；胸鳍下位；腹鳍起点与第 1 背鳍相对；臀鳍与第 2 背鳍相对应；尾鳍深
叉形。

【生态习性】具趋光性。主要摄食桡足类、端足类等浮游动物。

【分布范围】分布于印度—西太平洋温暖海域，包括日本南部海域及我国东海、南海和台
湾海域。

【骨骼特征】额骨较长；上枕骨宽平；筛骨不发达。前颌骨细长；上颌骨末端桨形，位于眼中部垂直下方；齿骨略短于前颌骨，与关节骨连接紧密。脊椎骨数 25；第 1~2 脊椎骨上方具 3 枚上髓棘，第 2~6 脊椎骨髓棘强大。尾杆骨较宽。匙骨弯曲，下端延伸至喉部；后匙骨末端延伸至胸鳍中部上方。腰带无名骨向前上方伸至匙骨内侧。臀鳍第 1、2 支鳍骨紧密相接，插入第 10~11 脊椎骨脉弓之间，支持前 2 枚鳍棘。

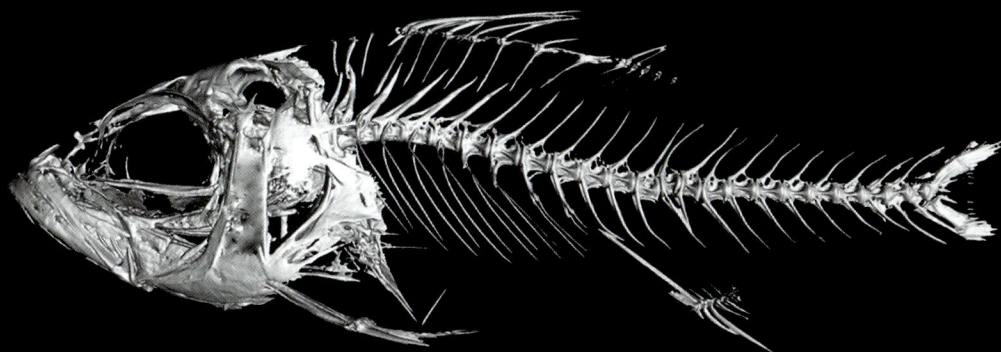

侧面观

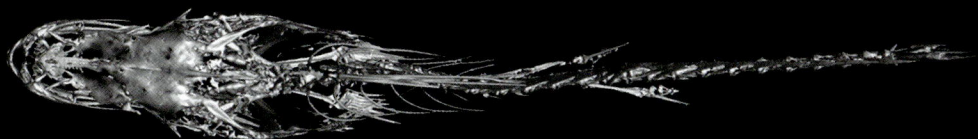

背面观

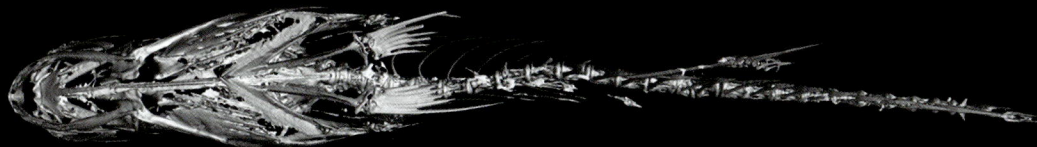

腹面观

94 弓背鳄齿鱼 *Champsodon atridorsalis* Ochiai & Nakamura，1964

【同种异名】无。

【英文名】blackfin gaper。

【地方名】黑狗母。

【样本采集】n=102。全长 78.10（49.17~125.08）mm，体长 66.53（40.17~104.81）mm，体重 3.96（1.08~17.65）g。

【资源密度】363.499 g/km^2。

【生长条件因子】0.013 g/cm^3。

【形态特征】体延长，稍侧扁。头圆钝，稍侧扁，背缘略呈弧形。口大，斜裂；下颌突出；两颌具齿，外行颌齿细长，犬齿状，可倒伏，内行颌齿绒毛状，犁骨具齿丛，腭骨及舌上无齿。眼小，上位，眶前下缘具分叉小棘，眼间隔窄。前鳃盖隅角具 1 枚长棘，鳃耙 5＋12~13。体被细小栉鳞，侧线 2 条。

体背侧灰褐色，腹侧灰白色；各鳍色淡，第 1 背鳍上半部黑色，尾鳍上叶后缘黑色。鳍式：背鳍 V，I-19~21；胸鳍 13；腹鳍 I-5；臀鳍 I-17~20；尾鳍 21。背鳍 2 个，第 1 背鳍基底短于第 2 背鳍基底，第 1 背鳍第 2 鳍棘略长；胸鳍短小；腹鳍胸位；臀鳍与第 2 背鳍同形、相对；尾鳍叉形。

【生态习性】为暖水性底层鱼类。栖息于近岸泥沙底质海区。性凶猛，肉食性，以小型底栖动物和小鱼为食。

【分布范围】分布于西太平洋温暖海域，包括印度尼西亚海域、日本南部海域及我国东海和南海。

【骨骼特征】额骨前端窄长；上枕骨宽平；枕骨嵴小；筛骨较短。前颌骨细长；上颌骨约与前颌骨等长，末端达眼后缘下方；齿骨细长，略短于前颌骨。脊椎骨数30；第1脊椎骨髓棘粗短，第2脊椎骨髓棘呈桨状，第12~18脊椎骨脉弓明显膨大。尾杆骨短小。匙骨深叉形；匙骨细长，末端伸至关节骨后方；后匙骨短小。腰带无名骨呈拱形，前伸至鳃弓下方。背鳍和臀鳍支鳍骨尖细。

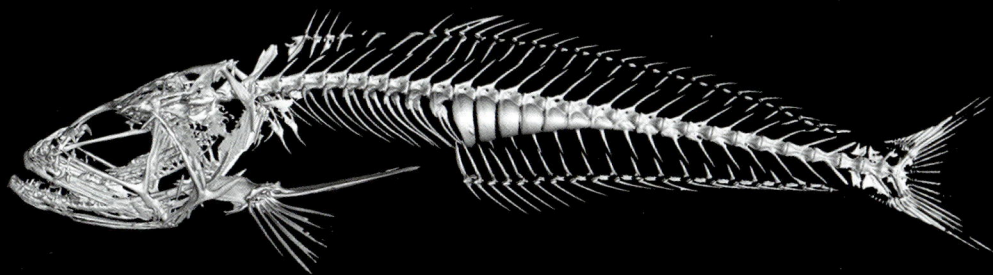

侧面观

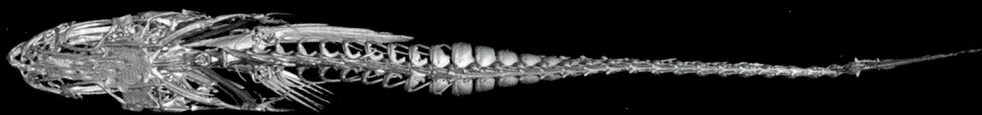

背面观

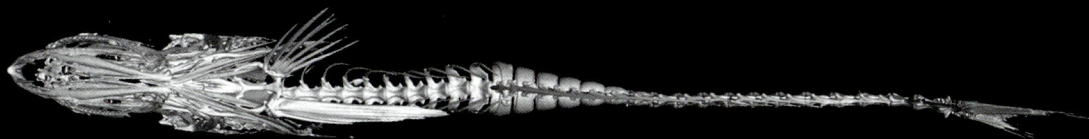

腹面观

95 短尾大眼鲷 *Priacanthus macracanthus* Cuvier，1829

【同种异名】*Priacanthus marcracanthus* Cuvier，1829；*Priacanthus benmebari* Temminck & Schlegel，1842；*Priacanthus junonis* De Vis，1884。

【英文名】red big eye。

【地方名】大眼鸡、大目鲷、大眼鲷。

【样本采集】$n=23$。全长 141.11（102.44～197.58）mm，体长 123.28（88.22～176.12）mm，体重 53.13（18.05～144.80）g。

【资源密度】1 099.703 g/km^2。

【生长条件因子】0.028 g/cm^3。

【形态特征】体侧扁，背缘及腹缘浅弧形；侧面观呈长椭圆形。头较大。吻短钝。口大，上位，口裂几乎垂直；下颌长于上颌；两颌齿细小，上颌前端具 6 枚圆锥齿，下颌齿较上颌齿大，犁骨及腭骨具绒毛状齿。眼极大，上位，眼间隔宽。鳃孔宽大；前鳃盖骨边缘具锯齿，隅角处有 1 枚强棘；鳃耙 5～7+20～22。体被细小而粗糙栉鳞，鳞片坚固，不易脱落；侧线完全，与背缘平行，侧线鳞 66～83。

体背部深红色，体侧浅红色，腹部银白色；背鳍鳍棘部浅红色，鳍条部色浅，胸鳍浅红色，腹鳍内缘色浅，外缘灰黑色，尾鳍浅红色，后缘浅黑色；背鳍、腹鳍及臀鳍均具黄色斑点。鳍式：背鳍Ⅹ-13～14；胸鳍 17；腹鳍Ⅰ-5；臀鳍Ⅲ-14～15；尾鳍 16。背鳍 1 个，起点始于前鳃盖后缘，鳍棘部与鳍条之间无缺刻，鳍棘尖锐，可折叠平卧于背部浅沟内，鳍条部基底短于鳍棘部，边缘圆；胸鳍小，下位；腹鳍较大，近喉位；臀鳍起点位于背鳍第 7 鳍棘下方，基底终点与背鳍基底终点相对；尾鳍截形。

【生态习性】为暖水性底层鱼类。栖息于泥沙底质海区。喜群居，常聚集成群。主要摄食甲壳类和鱼类。

【分布范围】分布于印度—太平洋温暖海域，包括日本南部海域及我国黄海、东海、南海和台湾海域。

【骨骼特征】额骨较窄；上枕骨宽大；枕骨嵴大。侧筛骨宽大。前颌骨较细，前部突起高；上颌骨桨状，表面粗糙；齿骨粗短。脊椎骨数 23；第 1～2 脊椎骨较短。尾杆骨较小。匙骨粗短；匙骨细长；后匙骨伸至腹鳍中部上方。腰带无名骨薄弱。背鳍和臀鳍支鳍骨尖细。

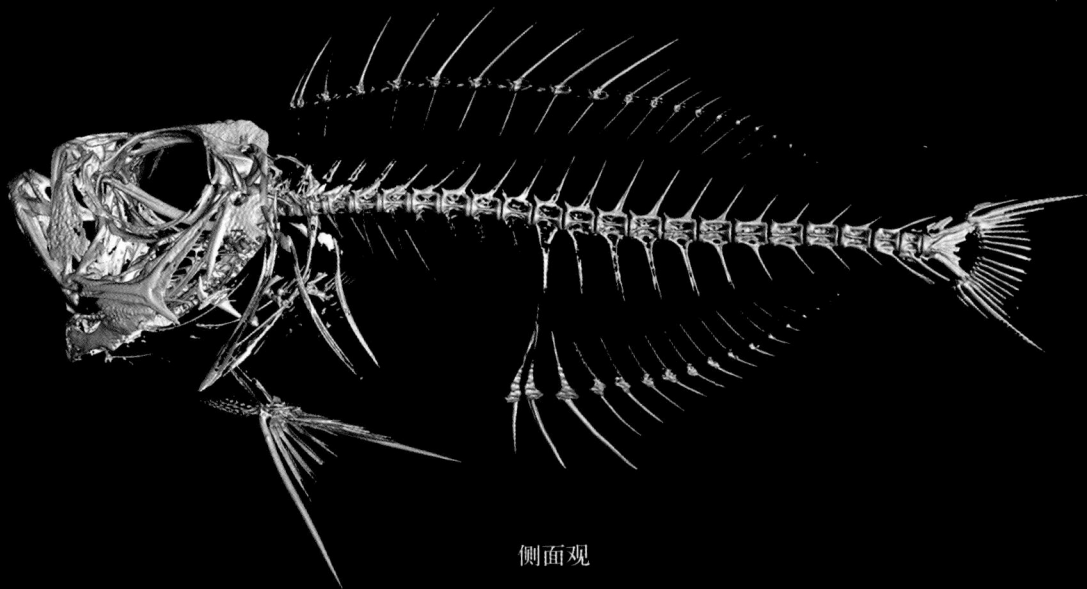

侧面观

背面观

腹面观

96 少鳞鱚 *Sillago japonica* Temminck & Schlegel，1843

【同种异名】无。

【英文名】Japanese sillago。

【地方名】沙尖、沙锥、沙肠仔。

【样本采集】$n=38$。全长 133.86（103.77～171.02）mm，体长 118.88（90.04～154.22）mm，体重 18.39（8.96～36.79）g。

【资源密度】628.888 g/km^2。

【生长条件因子】0.011 g/cm^3。

【形态特征】体细长，略呈圆柱状，稍侧扁，背缘和腹缘圆钝；侧面观呈梭形；尾柄稍长，侧扁。头中等大。吻较长。口小，端位；下颌较上颌稍短，两颌齿细尖，呈带状排列，犁骨具绒毛状细齿，腭骨和舌上无齿。眼中等大，上位，眼间隔宽平。鳃孔大；前鳃盖骨后缘垂直，主鳃盖骨有 1 枚弱棘；左右鳃盖膜愈合，不与颊部相连；鳃耙 4～5＋9～10，短小，排列稀松；具假鳃。体被小型薄栉鳞，易脱落；颊部鳞片 2 列，上列通常为圆鳞，下列兼具栉鳞；侧线完全，侧线鳞 70～73。

体背侧淡黄色，腹侧银白色；背鳍浅黄色，胸鳍、腹鳍和臀鳍色淡，呈透明状，尾鳍浅黄色，下缘黑色。鳍式：背鳍 X～XI，I-21～23；胸鳍 15～17；腹鳍 I-5；臀鳍 II-22～24；尾鳍 17。背鳍 2 个，第 1 背鳍起点在胸鳍起点后上方，鳍棘柔软，第 2 背鳍基底长；胸鳍较小，近下位；腹鳍略小，胸位；臀鳍与第 2 背鳍同形、相对；尾鳍浅凹形。

【生态习性】为暖水性底层鱼类。栖息于沿岸泥沙底质海区。喜钻入沙中。主要捕食泥沙中的多毛类和甲壳类。

【分布范围】分布于日本南部海域、朝鲜半岛海域、菲律宾海域，广泛分布于我国各大海域。

【骨骼特征】 额骨较宽；上枕骨宽大，背面平坦；枕骨嵴矮；筛骨窄长；眶前骨宽大，遮盖上颌骨。脊椎骨数 34；第 1～2 脊椎骨上方具 2 枚上髓棘。尾杆骨较小。颞骨较宽，弯钩形；匙骨上端宽大，下端细长，伸至喉部下方；后匙骨向后延伸至腹鳍中部上方。腰带无名骨向前上方伸至匙骨内侧。背鳍和臀鳍支鳍骨尖细。

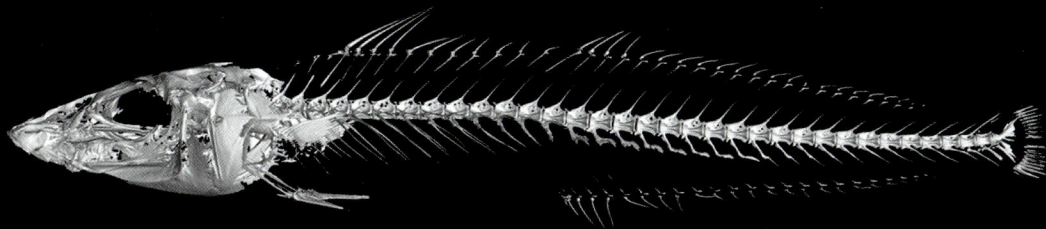

侧面观

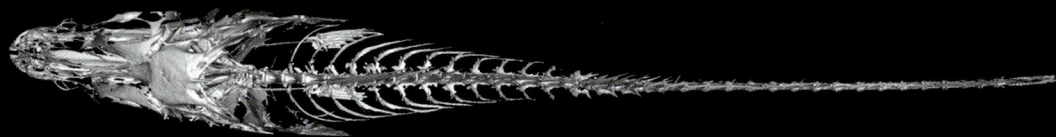

背面观

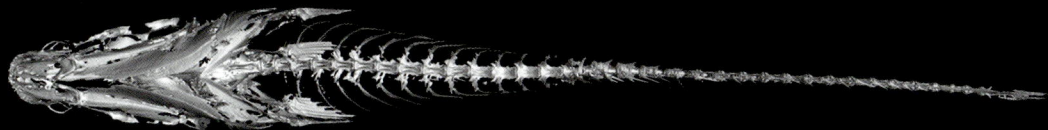

腹面观

97 银方头鱼 *Branchiostegus argentatus* （Cuvier，1830）

【同种异名】*Latilus argentatus* Cuvier，1830；*Latilus tollardi* Chabanaud，1924；*Branchiostegus tollardi*（Chabanaud，1924）；*Branchiostegus tollarai*（Chabanaud，1924）；*Branchiostegus sericus* Herre，1935。

【英文名】tilefish。

【地方名】方头鱼、马头鱼。

【样本采集】$n=46$。全长 177.63（100.50～278.93）mm，体长 149.23（84.42～238.58）mm，体重 57.62（12.34～149.73）g。

【资源密度】2 385.277 g/km^2。

【生长条件因子】0.017 g/cm^3。

【形态特征】体延长，侧扁。头中等大，略呈方形。吻短钝。口中等大，端位，稍倾斜；上颌齿多行，外行齿圆锥状，其余齿绒毛状，下颌前端具绒毛状齿多行，后端具多行圆锥状齿，犁骨、腭骨及舌上均无齿。眼稍小，上位，近头背缘，眼间隔宽；鼻孔每侧 2 个，紧相邻，前鼻孔微小，具鼻瓣，后鼻孔大，近眼前缘。鳃孔大；前鳃盖边缘光滑，鳃耙 6～8＋13～15。体被中等大弱栉鳞，胸部及身体前部被圆鳞；头部仅鳃盖和后头部被细鳞，其余部分裸露无鳞；侧线鳞 45～47。

体背部粉红色，略带黄色，体侧及腹部银白色；鲜活时，体侧具 2 灰蓝色纵带；眼下方具 2 银色横带；背鳍鳍膜基部红色，上部白色，每 1 鳍膜具 1 褐色长斑，胸鳍浅褐色，腹鳍色浅，臀鳍外缘暗色，尾鳍上部红色，中部具灰蓝色和黄色相间的纵带，下部灰褐色。鳍式：背鳍Ⅶ- 15；胸鳍 17～19；腹鳍Ⅰ- 5；臀鳍Ⅱ- 12。背鳍 1 个，起点位于胸鳍基上方，鳍棘细弱；胸鳍尖长；腹鳍胸位；臀鳍基底较背鳍基底短，鳍棘较弱；尾鳍矛形。

【生态习性】为暖温性底层鱼类，栖息水深 40～200 m。肉食性，以小鱼、小虾为食。

【分布范围】分布于西太平洋暖温带海域，包括日本南部海域及我国东海、南海和台湾海域。

【骨骼特征】 额骨较宽，向前下方弯曲；枕骨嵴小；筛骨短小；眶前骨发达，眶后骨稍薄弱。前颌骨前部凸起较高；上颌骨棒状，末端弯曲，位于眼中部垂直下方；齿骨细长；关节骨宽大。脊椎骨数 24；第 1～2 脊椎骨较短，第 1～3 脊椎骨髓棘粗大，第 11 脊椎骨脉棘弯钩形。尾杆骨宽大。匙骨小，叉形；匙骨较短，上端宽大，下端细长，伸至喉部下方；后匙骨向后延伸至腹鳍中部上方。腰带无名骨向前上方伸至匙骨内侧。背鳍和臀鳍支鳍骨尖细。

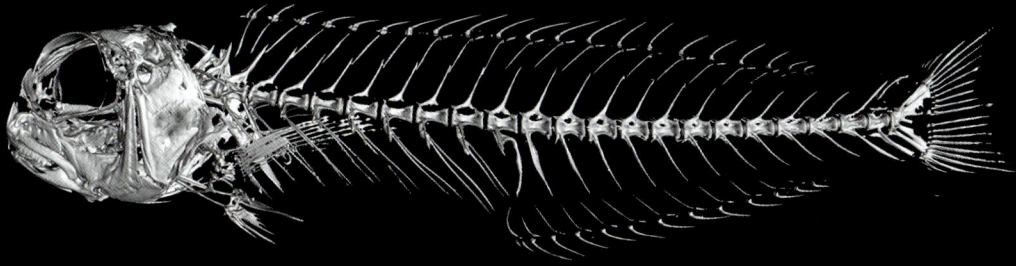

侧面观

背面观

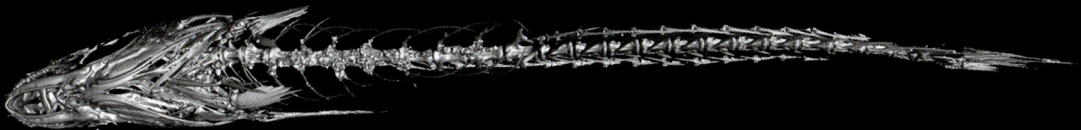

腹面观

98 红鳍笛鲷 *Lutjanus erythropterus* Bloch，1790

【同种异名】*Lutianus erythropterus* Bloch，1790；*Lutjanus erytropterus* Bloch，1790；*Mesoprion rubellus* Cuvier，1828；*Mesoprion chirtah* Cuvier，1828；*Lutjanus chirtah* （Cuvier，1828）；*Mesoprion annularis* Cuvier，1828；*Lutjanus annularis*（Cuvier，1828）；*Genyoroge macleayana* Ramsay，1883；*Lutjanus longmani* Whitley，1937；*Lutjanus altifrontalis* Chan，1970。

【英文名】red snapper。

【地方名】红鱼、大红鱼、红笛鲷。

【样本采集】*n*＝1。全长 103.27 mm，体长 86.94 mm，体重 28.91 g。

【资源密度】26.017 g/km^2。

【生长条件因子】0.044 g/cm^3。

【形态特征】体侧扁，背、腹缘皆圆钝；侧面呈长椭圆形；尾柄较宽。头较大。口中大，端位，微倾斜；两颌约等长，上颌末端伸达眼前缘下方；两颌具多行细齿，外侧 1 行为圆锥齿，内侧为绒毛状齿，上颌前端具 4 枚较大犬齿，口闭合时可露出唇外，犁骨和腭骨具绒毛状齿。眼中等大，上位，眼间隔宽。前鳃盖后下缘具细锯齿；鳃耙扁长。体被大栉鳞，头部除颊部、鳃盖骨上具鳞外均裸露，背鳍和臀鳍鳍条部基底具细鳞；侧线完全。

体红色，腹部色稍浅；体侧自吻沿头背缘至背鳍起点具 1 条黑褐色斜带，尾柄上部具 1 条黑色鞍状斑；背鳍鳍棘部浅红色，鳍条部、腹鳍和臀鳍深红色，胸鳍和尾鳍浅红色，略透明。鳍式：背鳍Ⅺ，13；胸鳍16；腹鳍Ⅰ-5；臀鳍Ⅲ-8；尾鳍17。背鳍 1 个，鳍棘部与鳍条部相连，鳍棘发达；胸鳍尖长，镰形，后端伸达臀鳍起点上方；臀鳍与背鳍鳍条部相对；尾鳍截形。

【生态习性】为暖水性中下层鱼类。栖息于泥沙底质海区，水深 30～100 m。摄食底栖甲壳类和鱼类。

【分布范围】分布于印度—西太平洋温暖海域，包括日本南部海域及我国东海、南海和台湾海域。

【骨骼特征】额骨较窄；顶骨两侧具嵴；上枕骨呈拱形；枕骨嵴较高；筛骨较宽；围眶骨系具沟槽状结构。前颌骨较长，末端眼前缘垂直下方；上颌骨桨状，末端位于眼中部垂直下方；齿骨深叉形。脊椎骨数 24；椎体前关节突明显；第 1～2 脊椎骨短小，上方具 3 枚上髓棘，第 2～6 脊椎骨髓棘粗短。尾杆骨较宽。颞骨浅叉形；两侧匙骨顶端宽，末端间距窄；后匙骨向后伸至腹鳍基上方。腰带无名骨较长，向前上方伸至匙骨内侧。臀鳍第 1 支鳍骨强大，与第 11 脊椎骨脉棘相连，支撑前 2 枚鳍棘。

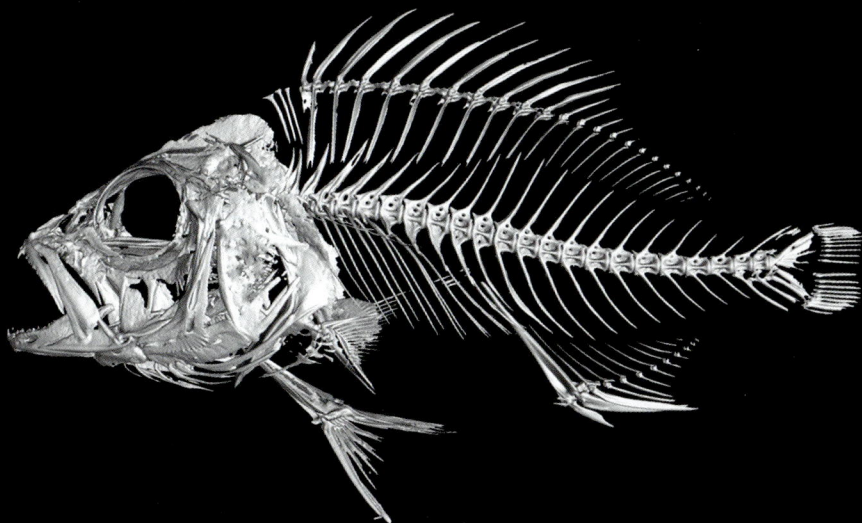

侧面观

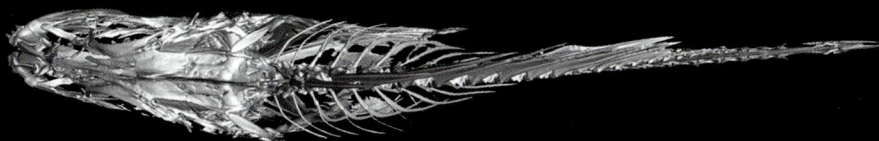

背面观

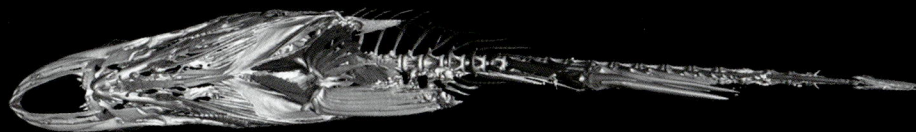

腹面观

99 金带鳞鳍梅鲷 *Pterocaesio chrysozona* （Cuvier，1830）

【同种异名】*Caesio chrysozona* Cuvier，1830；*Caesio chrysozoma* Cuvier，1830；*Caesio chrysozonus* Cuvier，1830；*Pristipomoides aurolineatus* Day，1868。

【英文名】gold band fusilier。

【地方名】番薯、乌尾冬仔、金带梅鲷。

【样本采集】$n=1$。全长 125.78 mm，体长 102.66 mm，体重 60.54 g。

【资源密度】54.482 g/km^2。

【生长条件因子】0.056 g/cm^3。

【形态特征】体稍侧扁，背缘及腹缘浅弧形；侧面观呈长椭圆形。头较小。吻短，钝尖。口小，端位，稍倾斜；两颌约等长，上颌末端位于眼后缘垂直下方；两颌各具 1 行细齿，犁骨、腭骨及舌上均无齿。眼较大，近中位，脂眼睑发达，眼间隔宽。鳃孔大；前鳃盖边缘具细锯齿，鳃盖后缘上方具 1 钝棘；鳃耙细长。体被细小栉鳞，头部除吻部及眼周围裸露外均被鳞；背鳍具发达鳞鞘；侧线完全，侧线鳞 57。

体背侧红色，腹侧浅红色；体侧具 1 条 2～3 列鳞宽的金黄色纵带，自吻上方经眼上缘沿侧线至尾鳍基；背部靠近背鳍基底具 1 条细金色条纹，自头部沿背鳍基延伸至背鳍最末鳍条下方；背鳍红色，胸鳍、腹鳍及臀鳍灰白色，尾鳍红色，上下叶尖端黑褐色。鳍式：背鳍 X-13；胸鳍 18；腹鳍 I-5，臀鳍 III-11，尾鳍 17。背鳍 1 个，中间无缺刻，鳍棘细弱，高于鳍条部；胸鳍较长，镰刀形；腹鳍小，始于胸鳍基下方稍后；臀鳍与背鳍鳍条部相对，基底短于背鳍；尾鳍深叉形。

【生态习性】为暖水性中上层鱼类。栖息于岩礁海区。喜集群于中层水域，游泳速度快。以浮游动物为食。

【分布范围】分布于印度—西太平洋温暖海域，包括我国东海、南海和台湾海域。

【骨骼特征】额骨较宽；上枕骨拱形，中部微凸；枕骨嵴长；筛骨较宽。前颌骨较短，末端达筛区后下方；上颌骨细长，末端位于眼中部垂直下方。脊椎骨数 24；椎体前后关节突起明显；第 1 脊椎骨横突发达，桨状，第 1～2 脊椎骨较短，上方具 2 枚上髓棘。尾杆骨宽大。颞骨较宽，叉形；两侧匙骨斧形，末端间距窄；后匙骨宽大，向后伸至腹鳍基上方。乌喙骨宽大。腰带无名骨较长，向前上方伸至匙骨内侧。背鳍支鳍骨尖细，第 1 支鳍骨延展呈板状；臀鳍第 1 支鳍骨长且弯曲，与第 11 脊椎骨脉棘相对，支持前 2 枚鳍棘。

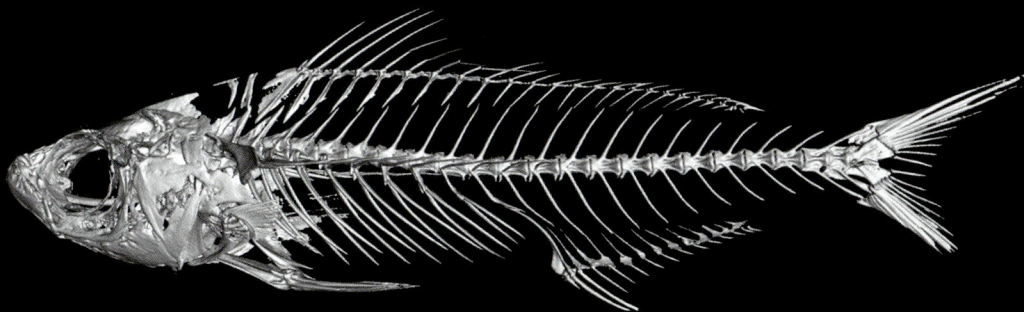

侧面观

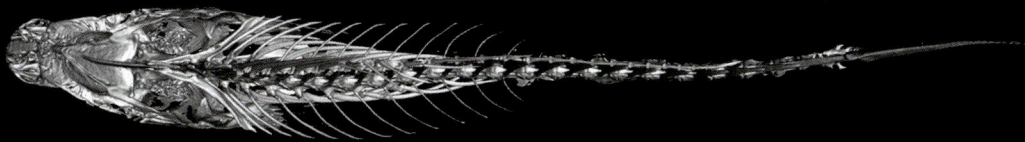

背面观

腹面观

100 红尾银鲈 *Gerres erythrourus*（Bloch，1791）

【同种异名】*Sparus erythrourus* Bloch，1791；*Gerres abbreviatus* Bleeker，1850；*Diapterus abbreviatus*（Bleeker，1850）；*Xystaema abbreviatus*（Bleeker，1850）；*Gerres abbreviates* Bleeker，1850；*Gerres abbreviatuis* Bleeker，1850；*Gerres abreviatus* Bleeker，1850；*Gerres singaporensis* Steindachner，1870；*Gerres cheverti* Alleyne & Macleay，1877；*Gerres profundus* Macleay，1878。

【英文名】blacktip mojarra。

【地方名】短体银鲈、银米、连米。

【样本采集】$n=1$。全长 122.81 mm，体长 102.08 mm，体重 38.42 g。

【资源密度】34.575 g/km^2。

【生长条件因子】0.036 g/cm^3。

【形态特征】体侧扁而高，背缘在背鳍起点处斜向前下方，与水平轴约呈 40°角；侧面观呈长卵圆形。头中等大。吻短，钝尖。口小，端位；两颌约等长，伸出时略向下倾斜；两颌齿细小，呈绒毛带状，犁骨、腭骨及舌上无齿。眼较大，近上位，眼间隔宽平。前鳃盖边缘平滑，鳃盖无棘；鳃耙 6+6，少而短。体被中大薄圆鳞，易脱落，头部仅有颊部和后头部被鳞；背鳍及臀鳍基底具薄鞘；侧线完全，侧线鳞 39。

体背侧银灰色，腹侧银白色；体侧隐约可见暗色斑带，由背缘伸延至体侧中央；背鳍灰黄色，第 2～4 鳍棘棘膜端部黑色，胸鳍、腹鳍和臀鳍浅黄色，尾鳍灰黄色。鳍式：背鳍Ⅸ-10；胸鳍 17；腹鳍Ⅰ-5；臀鳍Ⅲ-7；尾鳍 17。背鳍 1 个，鳍棘部与鳍条部之间无缺刻，鳍棘发达，第 2 鳍棘最长；胸鳍长，末端几乎达肛门；腹鳍位于胸鳍基底后下方；臀鳍第 2 鳍棘粗壮；尾鳍叉形。

【生态习性】为暖水性近海鱼类。栖息于近岸内湾泥沙底质海区。以底栖动物为食。

【分布范围】分布于印度—西太平洋温暖海域，包括琉球群岛及我国东海、南海和台湾海域。

【骨骼特征】额骨较宽，中部具嵴；上枕骨拱形，两侧具嵴；枕骨嵴高大，三角形；筛骨较窄。前颌骨叉形，前部突起呈长棘形；上颌骨短棒状，末端位于筛区后缘垂直下方；齿骨约与前颌骨等长；关节骨呈三角形。脊椎骨数 23；椎体前关节突明显；第 1～2 脊椎骨短小，上方具 2 枚上髓棘。尾杆骨宽短。颞骨较宽，近似矩形；两侧匙骨斧形，末端间距较窄；后匙骨向后延伸至腹鳍基上方；乌喙骨窄小。臀鳍第 1 支鳍骨强大，插入第 10～11 脊椎骨脉棘之间，支撑前 2 枚鳍棘。

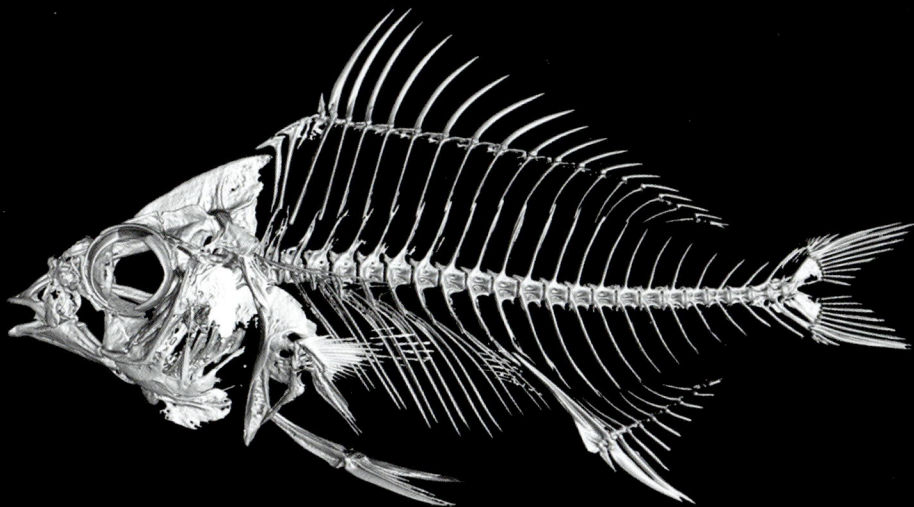

侧面观

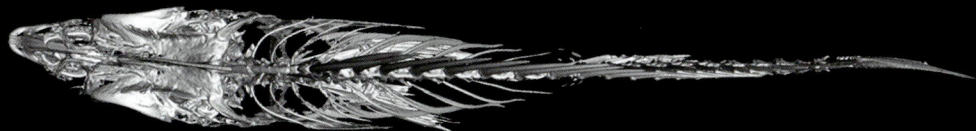

背面观

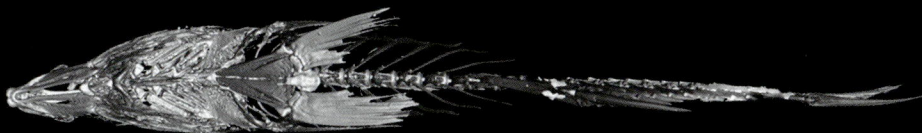

腹面观

101 七带银鲈 *Gerres septemfasciatus* Liu & Yan, 2009

【同种异名】无。

【英文名】seven-band silver biddy。

【地方名】银米、连米。

【样本采集】$n=2$。全长 104.10（96.18～112.03）mm，体长 85.05（79.00～91.09）mm，体重 17.39（12.08～22.70）g。

【资源密度】31.299 g/km²。

【生长条件因子】0.028 g/cm³。

【形态特征】体侧扁，背缘及腹缘均呈弓状隆起；侧面观呈长椭圆形。头中等大，侧扁。吻钝尖，吻长稍短于眼径。口小，端位，稍倾斜；两颌等长，上颌可向前伸出，伸出时略向下倾斜；两颌齿细小，绒毛状，犁骨、腭骨及舌上无齿。眼大，上位；鼻孔每侧 2 个。鳃孔大；前鳃盖边缘平滑，鳃盖无棘；鳃耙 4～6+7～8。体被薄圆鳞，易脱落；背鳍及臀鳍基底具鳞鞘；侧线完全，弧形，与背缘平行，侧线鳞 35。

活体时，体背部银灰色，体侧及腹部银白色；体侧具若干青灰色横带，由背部向腹部延伸，横带逐渐变淡至消失，其宽度约为眼径 1/3，为条纹间距的 1/2；背鳍灰白色，鳍棘部鳍膜边缘黑色，胸鳍及腹鳍黄色，臀鳍鳍棘部及前部鳍条黄色，尾鳍浅黄褐色，上下叶尖端边缘黑色。鳍式：背鳍Ⅸ-10；胸鳍 16；腹鳍Ⅰ-5；臀鳍Ⅲ-7。背鳍 1 个，鳍棘部与鳍条部中间无缺刻，鳍棘尖锐，以第 3 鳍棘最长，鳍条部基底稍短于鳍棘部基底；胸鳍长，末端可达臀鳍起点上方；臀鳍起点位于背鳍鳍条部下方，以第 3 鳍棘最长；尾鳍叉形。

【生态习性】暖水性近海鱼类。栖息于沿岸浅水海域和河口。以底栖动物为食。

【分布范围】分布于印度—西太平洋温暖水域，包括我国东海和南海。

【骨骼特征】额骨较宽，中部内凹；上枕骨拱形，两侧具嵴；枕骨嵴大，侧视呈三角形；筛骨较窄。前颌骨叉形，前部突起呈长棘形，插入额骨前端中缝；上颌骨短棒状，末端达筛区后下方；齿骨约与前颌骨等长；关节骨三角形。脊椎骨数 24；椎体前关节突明显；第 1～2 脊椎骨短小，上方具 2 枚上髓棘。尾杆骨宽短。匙骨较宽，叉形；匙骨斧形，末端宽大；后匙骨向后延伸至腹鳍基上方；乌喙骨窄小。腰带无名骨宽大，向前上方伸至匙骨内侧。背鳍和臀鳍支鳍骨细长，臀鳍第 1 支鳍骨强大，插入第 10～11 脊椎骨脉棘之间，支持前 2 枚鳍条。

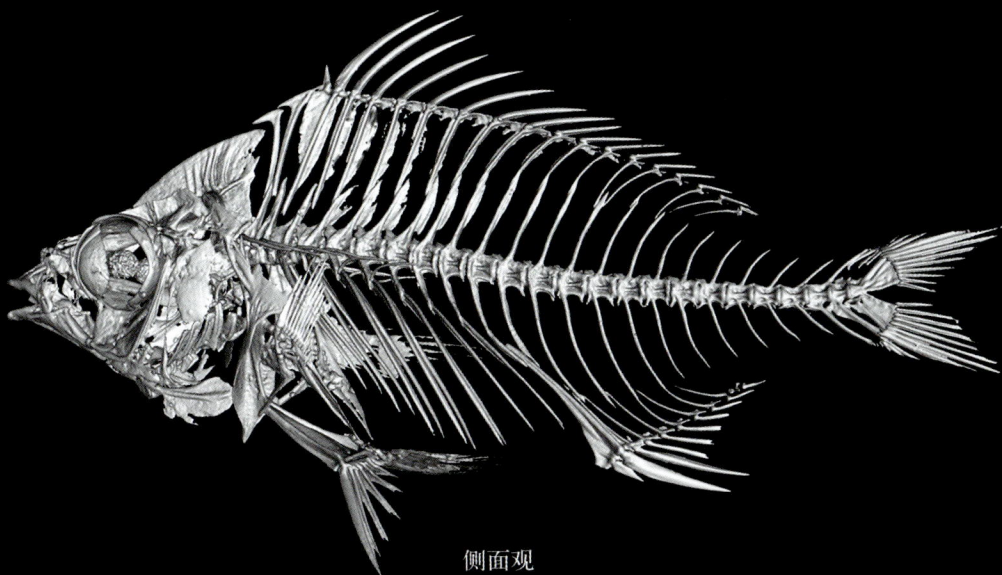

侧面观

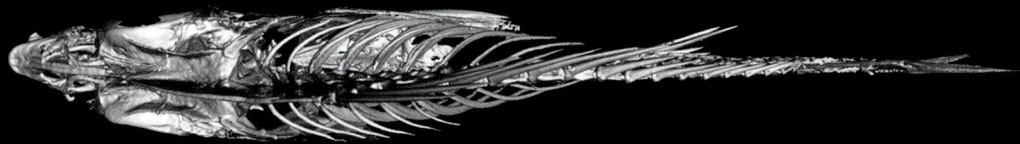

背面观

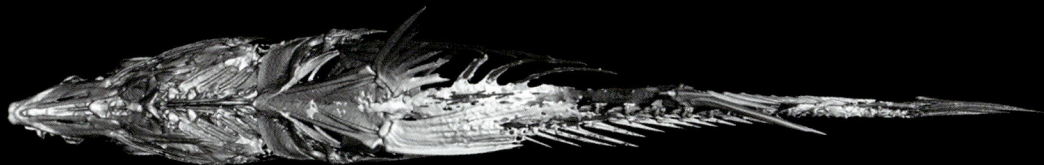

腹面观

102 长棘银鲈 *Gerres filamentosus* Cuvier，1829

【同种异名】*Pertica filamentosa*（Cuvier，1829）；*Gerres punctatus* Cuvier，1830；*Gerres punctata* Cuvier，1830；*Gerres philippinus* Günther，1862。

【英文名】whipfin silver-biddy。

【地方名】曳丝钻嘴鱼、碗米仔、连米。

【样本采集】$n=1$。全长 147.73 mm，体长 117.87 mm，体重 40.13 g。

【资源密度】36.114 g/km²。

【生长条件因子】0.025 g/cm³。

【形态特征】体侧扁而高，背缘较腹缘稍凸出，背缘在背鳍起点处斜向前下方，与水平轴约呈 40°角；侧面观呈长卵圆形。头中等大。吻钝尖。口小，端位，伸出时略向下倾斜；两颌约等长，上颌无鳞，前颌有一棘突，伸入眼间隔凹陷内；两颌齿细小，呈绒毛带状，犁骨、腭骨及舌上无齿。眼较大，近中位，眼间隔宽。鳃孔大；前鳃盖边缘平滑，鳃盖无棘；鳃耙 6+8。体被圆鳞，极易脱落；背鳍和臀鳍基底具鳞鞘；侧线完全，侧线鳞 42。

鲜活时，体背侧银灰色，腹侧银白色；背鳍浅色，鳍膜边缘黑色，其余各鳍灰黄色。鳍式：背鳍IX-10；胸鳍 17；腹鳍 I-5；臀鳍 III-7；尾鳍 17。背鳍 1 个，鳍棘部与鳍条部之间缺刻不明显，第 1 鳍棘短小，第 2 鳍棘最长，呈丝状延长；腹鳍长；胸鳍末端达臀鳍起点；臀鳍与背鳍鳍条部相对，尾鳍叉形。

【生态习性】为暖水性近海鱼类。栖息于沿岸泥沙底质海区。喜集群。以多毛类、桡足类和端足类等无脊椎动物为食。

【分布范围】分布于印度—太平洋温暖海域，包括日本南部海域及我国南海和台湾海域。

【骨骼特征】额骨较宽，中部内凹；上枕骨拱形，中部高凸；枕骨嵴高大，三角形；筛骨窄长。前颌呈叉形，前部突起呈长棘形，插入额骨前端中缝；上颌骨短棒状，末端达筛区后下方；齿骨约与前颌骨等长；关节骨三角形。脊椎骨数 24；椎体前关节突明显；第 1～2 脊椎骨短小，上方具 3 枚上髓棘。尾杆骨宽短。颞骨较宽，近似矩形；两侧匙骨宽大，末端间距极窄；后匙骨向后延伸至腹鳍基上方；乌喙骨较宽。腰带无名骨较长，向前上方延伸至匙骨内侧。背鳍支鳍骨细长；臀鳍第 1 支鳍骨强大，插入第 10～11 脊椎骨脉棘之间，支撑前 2 枚鳍棘。

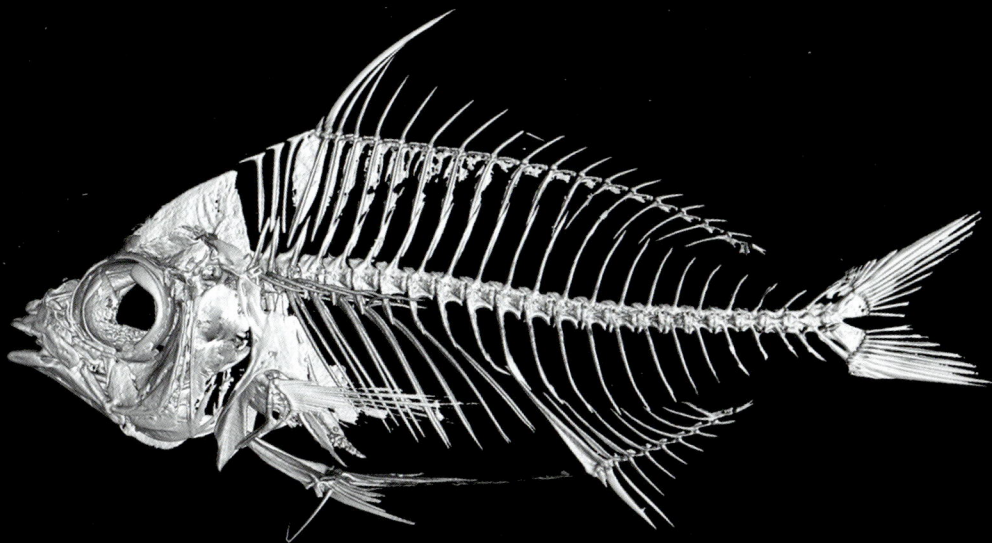

侧面观

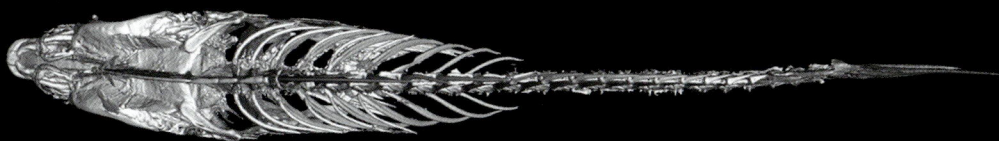

背面观

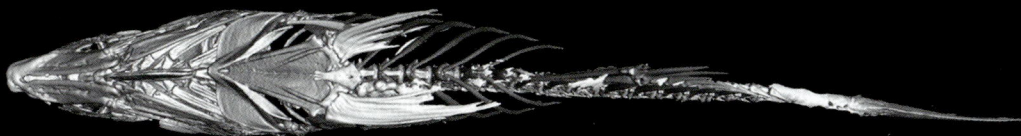

腹面观

103 少棘胡椒鲷 *Diagramma pictum* （Thunberg，1792）

【同种异名】*Perca picta* Thunberg，1792；*Spilotichthys pictus* （Thunberg，1792）；*Diagramma picta* （Thunberg，1792）；*Diagramma pictus* （Thunberg，1792）；*Plectorhynchus pictus* （Thunberg，1792）；*Plectorrhinchus pictum* （Thunberg，1792）；*Chaetodon bilineatus* Scopoli，1788；*Anthias diagramma* Bloch，1792；*Perca pertusa* Thunberg，1793；*Holocentrus radjabau* Lacepède，1802；*Diagramma poecilopterum* Cuvier，1828；*Diagramma poecilopterum* Cuvier，1829；*Diagramma thunbergii* Cuvier，1830；*Diagramma balteatum* Cuvier，1830；*Diagramma blochii* Cuvier，1830；*Diagramma cinerascens* Cuvier，1830；*Diagramma microlepidotum* Peters，1866。

【英文名】painted sweetlip。

【地方名】斑加吉、葫芦鲷、拍铁。

【样本采集】$n=1$。全长 211.86 mm，体长 176.98 mm，体重 113.75 g。

【资源密度】102.367 g/km^2。

【生长条件因子】0.021 g/cm^3。

【形态特征】体侧扁，背缘弧形，腹缘浅弧形或平直；侧面观呈长椭圆形。头较大，背面隆起。吻钝。口小，端位；上颌略长于下颌；颏孔 3 对；两颌具多行细小尖锥齿，排列不规则，犁骨、腭骨及舌上均无齿。唇发达。眼中等大，上位，眼间隔宽。前鳃盖后缘具细锯齿，下缘光滑。体被弱小栉鳞，头部除吻端及两颌裸露外，大部分被小鳞；侧线完全，侧线鳞56。

体背侧灰黄色，腹侧色浅；幼鱼时体侧上半部具暗黄色纵带，成鱼时断裂成斑点；背鳍、臀鳍及尾鳍具暗黄色斑点，胸鳍色浅，腹鳍外侧暗色。鳍式：背鳍Ⅻ-21；胸鳍17；腹鳍Ⅰ-5；臀鳍Ⅲ-7。背鳍1个，鳍棘部与鳍条部中间无缺刻，第2鳍棘最长，最后数枚鳍条较长；胸鳍较小；腹鳍位于胸鳍基底后下方；臀鳍小，起点在背鳍第6鳍条下方；尾鳍近截形。

【生态习性】为暖水性中下层鱼类。栖息于岩礁、泥沙底质浅海。肉食性，以底栖甲壳类、贝类和小鱼为食。

【分布范围】栖息于岩礁、泥沙底质浅海。分布于印度—西太平洋温暖海域，包括我国东海、南海和台湾海域。

【骨骼特征】额骨窄长，两侧隆起；上枕骨微凸；枕骨嵴侧视呈三角形。前颌骨较短，前部突起高，末端达额骨前部；上颌骨斧形，前端宽大，末端细小，位于眼前缘垂直下方；齿骨约与前颌骨等长；关节骨三角形。脊椎骨数 27；椎体前关节突明显；第 1～2 脊椎骨短小，上方具 3 枚上髓棘，第 1～10 脊椎骨髓棘较大。尾杆骨宽大。匙骨叉形；匙骨斧形，末端细长，伸至喉部后方；后匙骨向后延伸至腹鳍基上方；乌喙骨窄小。腰带无名骨较长，向前上方伸至匙骨内侧。背鳍第 1 支鳍骨短；臀鳍第 1 支鳍骨粗大，与第 11 脊椎骨脉棘相对，支持前 2 枚鳍棘。

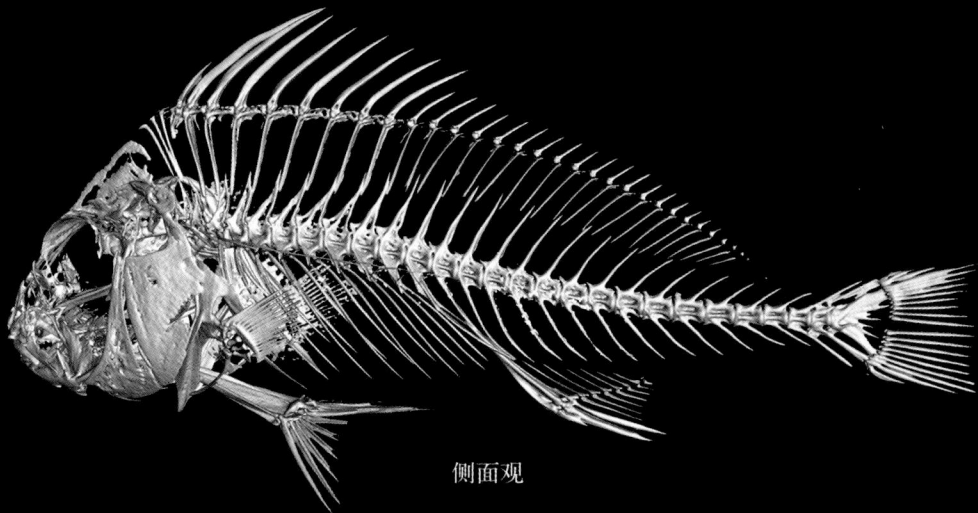

侧面观

背面观

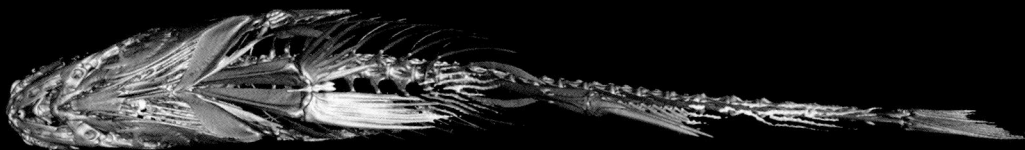

腹面观

104 大斑石鲈 *Pomadasys maculatus* (Bloch, 1793)

【同种异名】*Anthias maculatus* Bloch, 1793；*Lutjanus maculatus* (Bloch, 1793)；*Pomadasys maculata* (Bloch, 1793)；*Pomadasys maculatum* (Bloch, 1793)；*Pomodasys maculates* (Bloch, 1793)；*Pristipoma caripa* Cuvier, 1829。

【英文名】spotted grunter。

【地方名】斑鸡鱼、白鲈、头鲈。

【样本采集】$n=2$。全长 159.74 (153.35~166.13) mm，体长 138.43 (133.69~143.17) mm，体重 73.66 (72.50~74.82) g。

【资源密度】132.577 g/km²。

【生长条件因子】0.028 g/cm³。

【形态特征】体侧扁，背缘隆起，腹缘略呈弧形；侧面观呈长椭圆形。头中等大。吻长，稍钝。口小，端位，斜裂，开口于吻端下缘；上颌稍长于下颌；颏部具 1 条中央沟，颏部小孔 2 对；两颌齿细小，圆锥状，外列齿较大，上颌前端具不规则齿 4~5 行，下颌前端具不规则齿 6~7 行，犁骨、腭骨及舌上均无齿。唇发达。眼中等大，上位，眼间隔宽而平坦。前鳃盖边缘具细小锯齿；鳃耙细小。体被中大薄圆栉鳞，头部除眼前部和吻部外被鳞；侧线完全，侧线鳞 48~52。

　　体背侧灰褐色，腹侧银白色；体侧有 4 个黑褐色斑；背鳍浅灰色，鳍棘部有一大黑斑，鳍条部外缘灰黑色，胸鳍浅褐色，腹鳍和臀鳍浅黄色，尾鳍灰褐色。鳍式：背鳍 XII-13~14；胸鳍 16~17；腹鳍 I-5；臀鳍 III-7；尾鳍 17。背鳍 1 个，背鳍鳍棘部与鳍条部中间缺刻浅，鳍棘部基底长于鳍条部基底，鳞鞘发达，鳍棘强大，各鳍棘平卧时左右相互交错，一部分可折叠收于鳞鞘沟内；胸鳍大而尖长，位低，末端可达臀鳍起始处；腹鳍位于胸鳍基底下方稍后；臀鳍与背鳍鳍条部相对，起点位于背鳍第 4 鳍条的下方，鳍棘强大，鳞鞘发达；尾鳍后缘截形。

【生态习性】为暖水性中下层鱼类。栖息于泥沙底质海区，水深 30~80 m。肉食性，以底栖甲壳类、软体动物和小鱼为食。

【分布范围】分布于印度—西太平洋温暖海域，包括日本南部海域及我国东海、南海和台湾海域。

【骨骼特征】额骨宽大，两侧具沟槽结构；上枕骨中部微凸；枕骨嵴较大，三角形；侧筛骨宽。前颌骨较短，前部突起高，末端达额骨前部；上颌骨呈长条形，末端位于眼前缘垂直下方；齿骨约与前颌骨等长；关节骨发达，三角形。脊椎骨数 26；椎体前关节突明显；第 1～2 脊椎骨短小，上方具 3 枚上髓棘。尾杆骨宽大。匙骨较宽，弯钩形；两侧匙骨斧形，末端间距极窄；后匙骨向后延伸至腹鳍基上方。腰带无名骨向前上方延伸至匙骨内侧。背鳍支鳍骨细长；臀鳍第 1 支鳍骨强大，与第 11 脊椎骨脉棘相对，支撑前 2 枚鳍棘。

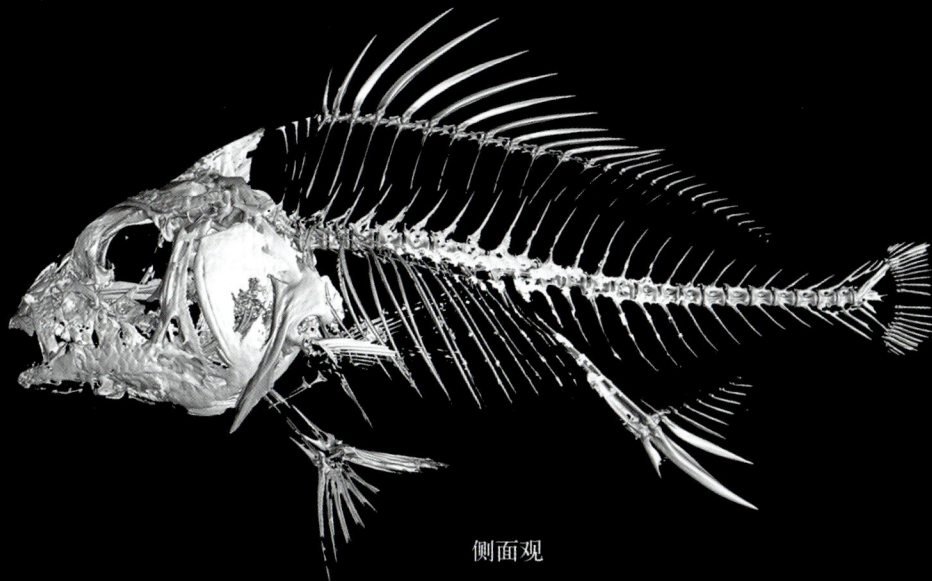

侧面观

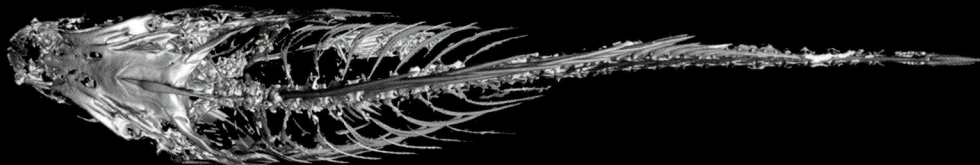

背面观

腹面观

105 二长棘犁齿鲷 *Evynnis cardinalis* （Lacepède，1802）

【同种异名】*Sparus cardinalis* Lacepède，1802。

【英文名】threadfin porgy。

【地方名】二长棘鲷、红鉏齿鲷、盘仔。

【样本采集】*n*=379。全长 116.16（60.68～190.37）mm，体长 96.52（51.09～157.86）mm，体重 36.50（3.65～146.04）g。

【资源密度】12 449.154 g/km^2。

【生长条件因子】0.041 g/cm^3。

【形态特征】体侧扁而高，背缘深弧形，腹缘近于平直；侧面观呈长卵圆形。头中等大。吻钝。口小，端位，稍倾斜；两颌约等长；上颌前端具圆锥形犬齿 4 枚，下颌前端具圆锥犬齿 6 枚，两颌两侧各具臼齿 2 行，外行前部齿稍尖，内行前部具颗粒状齿带，犁骨、腭骨及舌上均无齿。眼中等大，上位。前鳃盖边缘具细锯齿，鳃盖后缘具 1 扁平钝棘；鳃耙短小。体被较大弱栉鳞。颊部具鳞 6 列；背鳍与臀鳍鳍棘基部具鳞鞘；侧线完全，侧线鳞 58～64。

体背侧红色，带银色光泽，腹侧色浅；体侧具多条浅蓝色点线；背鳍、臀鳍和尾鳍红色，胸鳍及腹鳍淡粉色。鳍式：背鳍XII-10；胸鳍15；腹鳍I-5；臀鳍III-9；尾鳍17。背鳍 1 个，鳍棘部与鳍条部中间无缺刻，最前 2 鳍棘短小，第 3～4 鳍棘延长呈丝状；胸鳍长，下位；腹鳍胸位；臀鳍基底短，与背鳍鳍条部相对，第 2 鳍棘最粗大；尾鳍浅凹形。

【生态习性】为暖温性底层鱼类。栖息于泥沙底质海区，水深 20～70 m。摄食小型甲壳类、多毛类及小鱼。

【分布范围】分布于西北太平洋温暖海域，包括我国东海、南海和台湾海域。

【骨骼特征】额骨较宽，向前弯曲；顶骨和上枕骨拱形；枕骨嵴侧视呈三角形；筛骨窄长。前颌骨较长，前部突起高，末端达额骨前方；上颌骨略呈矩形，末端位于眼中部垂直下方；齿骨约与前颌骨等长。脊椎骨数 24；椎体前关节突明显；第 1～2 脊椎骨较短，上方具 3 枚上髓棘。尾杆骨较宽。颞骨较长，叉形；两侧匙骨细长，末端间距极窄；后匙骨向后延伸至腹鳍中部上方；乌喙骨较薄弱。腰带无名骨向前上方延伸至匙骨内侧。背鳍支鳍骨细长；臀鳍第 1 支鳍骨强大，倒 "T" 形，与第 11 脊椎骨脉棘相对，支持前 2 枚鳍棘。

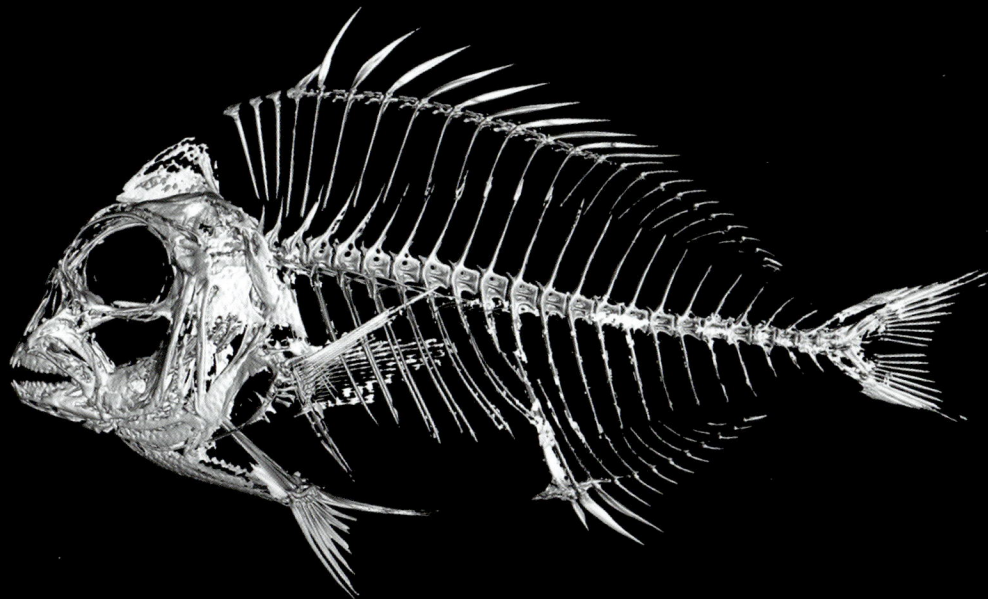

侧面观

背面观

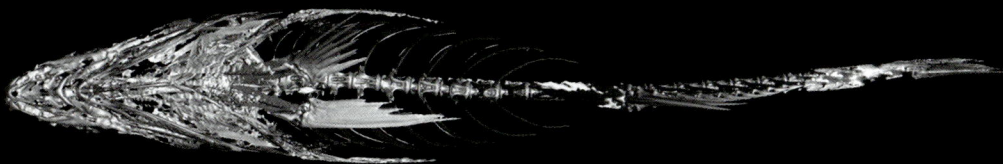

腹面观

106 真鲷 *Pagrus major* (Temminck & Schlegel，1843)

【同种异名】*Chrysophrys major* Temminck & Schlegel，1843；*Pagrosomus major* (Temminck & Schlegel，1843)；*Sparus major* (Temminck & Schlegel，1843)；*Pagus major* (Temminck & Schlegel，1843)。

【英文名】red seabream。

【地方名】真赤鲷、红鱲。

【样本采集】$n=8$。全长 221.12（189.48～251.23）mm，体长 183.49（153.53～204.76）mm，体重 214.11（141.67～285.92）g。

【资源密度】1 541.469 g/km²。

【生长条件因子】0.035 g/cm³。

【形态特征】体侧扁，背缘深弧形隆起，腹缘浅弧形；侧面观呈长椭圆形。头较大。吻钝。口较小，端位；两颌约等长；两颌前端具犬齿，上颌前端具圆锥形犬齿 4 枚，两侧有 2 行臼齿，外行前部齿稍尖，内行前部齿颗粒状，下颌前端具圆锥形犬齿 6 枚，每侧具颗粒状臼齿 2 行，犁骨、腭骨和舌上无齿。眼中等大，上位，眼间隔宽。前鳃盖后缘光滑，鳃盖骨后缘具 1 扁平钝棘；鳃耙短小。体被中等大弱栉鳞，头部除鳃盖骨外均被鳞；颊部具鳞 6 列；背鳍和臀鳍基底具发达的鳞鞘；侧线完全，侧线鳞 53～59。

　　体鲜红色，带金属光泽，腹侧银白色；尾鳍红色，其余各鳍淡红色。鳍式：背鳍Ⅻ-10；胸鳍 15；腹鳍Ⅰ-5；臀鳍Ⅲ，-8；尾鳍 17。背鳍 1 个，鳍棘部与鳍条部中间无缺刻，鳍棘部基底长于鳍条部基底，鳞鞘发达，形成背沟，可容纳左右交替平卧的鳍棘；胸鳍下位，后端伸达臀鳍起点上方；腹鳍胸位；臀鳍短，起点与背鳍鳍条部相对，鳍棘强大；尾鳍叉形。

【生态习性】为暖水性底层鱼类。栖息于岩礁、泥沙底质海区，水深 30～200 m。喜集群。肉食性，以底栖动物为食。

【分布范围】分布于西北太平洋温暖海域，包括日本南部海域、朝鲜半岛海域及我国各大海域。

【骨骼特征】额骨较宽，表面具若干孔洞；上枕骨窄，拱形；枕骨嵴高大，三角形；鼻骨窄长；侧筛骨较宽。前颌骨较长，前部突起高，末端达额骨前方；上颌骨略呈长条形，末端位于眼中部垂直下方；齿骨约与前颌骨等长。脊椎骨数 24；椎体前关节突明显；第 1～2 脊椎骨较短，上方具 3 枚上髓棘。尾杆骨较宽。颞骨较长，弯钩状；上匙骨较宽；匙骨细长，末端伸至喉部；后匙骨向后延伸至腹鳍中部上方；乌喙骨薄弱。腰带无名骨向前上方延伸至匙骨内侧。臀鳍第 1 支鳍骨强大，倒"T"形，与第 11 脊椎骨脉棘相对，支撑前 2 枚鳍棘。

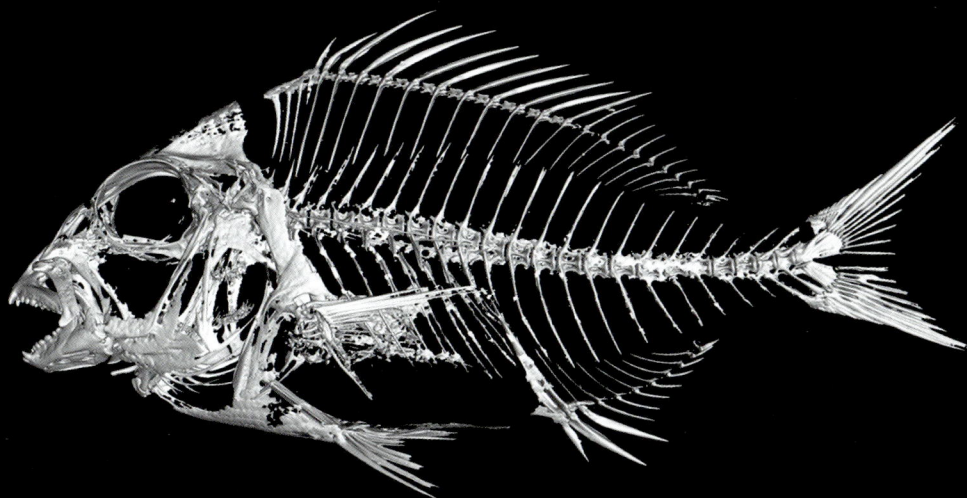

侧面观

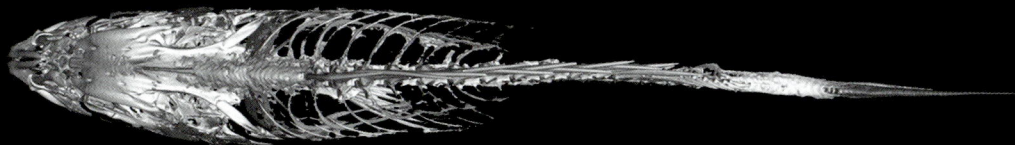

背面观

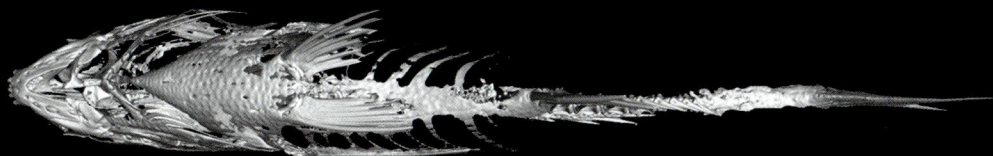

腹面观

107 红棘金线鱼 *Nemipterus nemurus* (Bleeker，1857)

【同种异名】*Dentex nemurus* Bleeker，1857；*Synagris nemurus* (Bleeker，1857)。

【英文名】redspine threadfin bream。

【地方名】红海鲫、金线鲢。

【样本采集】n=50。全长 173.98（88.87～235.5）mm，体长 145.74（74.99～195.11）mm，体重 78.55（12.58～199.95）g。

【资源密度】3 534.467 g/km^2。

【生长条件因子】0.025 g/cm^3。

【形态特征】体延长，略扁；侧面观呈长椭圆形。头中等大。吻钝尖。口中大，端位，稍倾斜；两颌约等长；上颌前端具 3～4 对圆锥形犬齿，下颌前端齿不扩大，两颌两侧齿细小，犁骨、腭骨及舌上均无齿。眼较大，上位，眼间隔宽。前鳃盖边缘光滑。体被弱栉鳞；侧线完全，侧线鳞 50～53。

体背侧橙红色，腹侧浅粉色，全身具银色光泽；体侧具 2 条较宽的黄色纵带；背鳍浅黄色，其边缘橘红色，基部无色透明，前 2 枚鳍棘间的鳍膜前缘红色，胸鳍及腹鳍浅色，臀鳍淡粉色，透明状，中间具 1 条由黄色斑点连成的纵带，尾鳍橙红色，后缘色深，上叶延长丝状呈金黄色。鳍式：背鳍 X-9；胸鳍 15～16；腹鳍 I-5；臀鳍 III-7。背鳍 1 个，鳍棘部与鳍条部中间无缺刻，鳍棘细而尖锐，各鳍棘间鳍膜完全，边缘无波状凹刻；胸鳍长，末端可伸达肛门；腹鳍尖长，前部鳍条延长，末端超过肛门；臀鳍与背鳍鳍条部相对，鳍条较长；尾鳍叉形，上叶末端丝状延长。

【生态习性】为暖水性底层鱼类。栖息于泥沙底质海区。喜集群。游泳速度快。捕食底栖无脊椎动物和小型鱼类。

【分布范围】分布于西北太平洋温暖海域，包括日本南部海域及我国东海、南海和台湾海域。

【骨骼特征】额骨较窄，两侧后端各具 4 个凹窝；顶骨中部微凸；枕骨嵴短小；筛骨较宽；眶下骨宽大。前颌骨短小，前部突起高，末端达筛区前方；上颌骨末端桨形，位于眼前缘垂直下方；齿骨约与前颌骨等长；关节骨较大，三角形。脊椎骨数 24；椎体前关节突明显；第 1～2 脊椎骨锥体与髓棘均短。尾杆骨宽短。匙骨细，叉形；两侧匙骨斧形，末端间距较窄；后匙骨向后延伸至腹鳍中部上方。腰带无名骨向前上方延伸至匙骨内侧。背鳍支鳍骨尖细；臀鳍第 1 支鳍骨长，与第 11 脊椎骨脉棘相对。

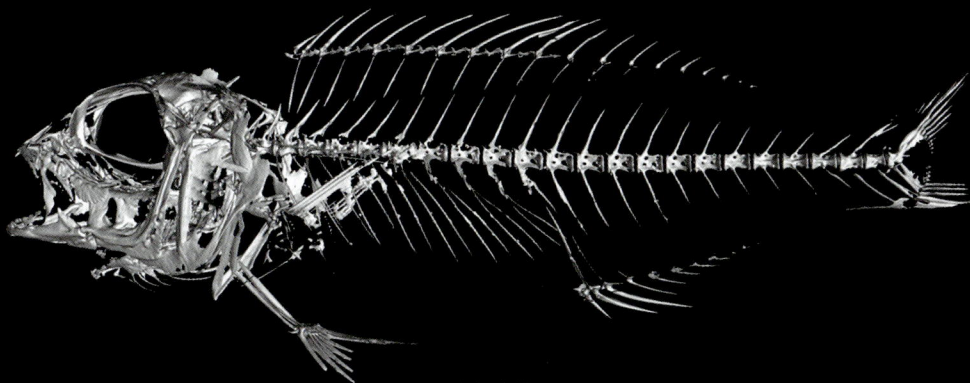

侧面观

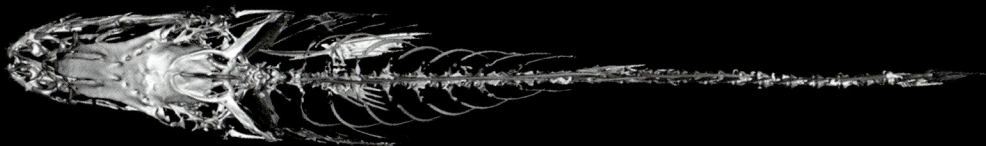

背面观

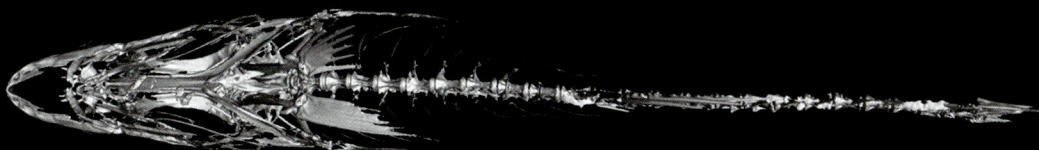

腹面观

108 金线鱼 *Nemipterus virgatus* (Houttuyn，1782)

【同种异名】*Sparus virgatus* Houttuyn，1782；*Synagris virgatus* (Houttuyn，1782)；*Nemipterus variegatus* (Houttuyn，1782)；*Sparus sinensis* Lacepède，1802；*Dentex setigerus* Valenciennes，1830；*Nemipterus matsubarae* Jordan & Evermann，1902；*Cheimarius matsubarae* (Jordan & Evermann，1902)；*Dentex matsubarae* (Jordan & Evermann，1902)；*Synagris matsubarae* (Jordan & Evermann，1902)。

【英文名】golden threadfin bream。

【地方名】红三、金丝鱼、红哥鲤。

【样本采集】$n=31$。全长 119.60（61.56～261.45）mm，体长 98.55（48.38～213.74）mm，体重 45.09（3.21～224.23）g。

【资源密度】1 257.91 g/km^2。

【生长条件因子】0.047 g/cm^3。

【形态特征】体延长，侧扁，背缘弧形隆起较腹缘大；侧面观呈长椭圆形。头中等大。吻钝尖。口中等大，端位，稍倾斜；两颌约等长；上颌前端犬齿略少，为 3～4 对，两侧齿呈细带状，下颌齿细尖，犁骨、腭骨及舌上均无齿。眼中等大，上位，眼间隔宽，微凸。前鳃盖下缘光滑，隅角具波状突起，后缘具细棘；鳃盖骨具 1 扁平小棘；鳃耙短钝，结节状。体被薄而大栉鳞，吻部、眼下方和眼间隔无鳞；侧线完全，侧线鳞 47～48。

体背侧及头部上方粉红色，腹侧银白色；体侧具 5～6 条金黄色纵带，侧线起始处下方具 1 个红色条形斑，眼前至吻端具 1 条黄纹，唇部黄色；各鳍粉红色，背鳍基部具 1 条黄色纵纹，边缘黄色带红色光泽，胸鳍淡粉色，腹鳍鳍膜亦具 2 条黄色条纹，臀鳍具 2 条黄色纵纹，尾鳍粉红色，上叶末端丝状延长呈黄色。鳍式：背鳍X-9；胸鳍17；腹鳍I-5；臀鳍III-8；尾鳍17。背鳍 1 个，鳍棘部与鳍条部中间无缺刻，鳍棘细而尖锐，各鳍棘间鳍膜完全；胸鳍镰形；腹鳍位于胸鳍基底下方稍后，末端超过肛门；臀鳍与背鳍鳍条部相对，鳍条较长；尾鳍叉形，上叶末端呈丝状延长。

【生态习性】为暖水性底层鱼类。栖息于泥沙底质海区，水深 10～250 m。游泳速度快。捕食端足类、长尾类、短尾类和小型鱼类。

【分布范围】分布于西北太平洋温暖海域，包括日本南部海域及我国黄海、东海、南海和台湾海域。

【骨骼特征】额骨较窄；顶骨中部微凸；枕骨嵴短小；筛骨较宽；眶前骨宽大，遮盖上颌骨。前颌骨短小，前部突起高，末端达筛区前方；上颌骨末端桨形，位于眼前缘垂直下方；齿骨约与前颌骨等长；关节骨较大，三角形。脊椎骨数 24；椎体前关节突明显；第 1 脊椎骨较短。尾杆骨宽短。颞骨较细，弯钩形；两侧匙骨斧形，下端伸至喉部；后匙骨向后延伸至腹鳍基部上方；乌喙骨薄弱。腰带无名骨细长，向前上方延伸至匙骨内侧。背鳍和臀鳍支鳍骨尖细。

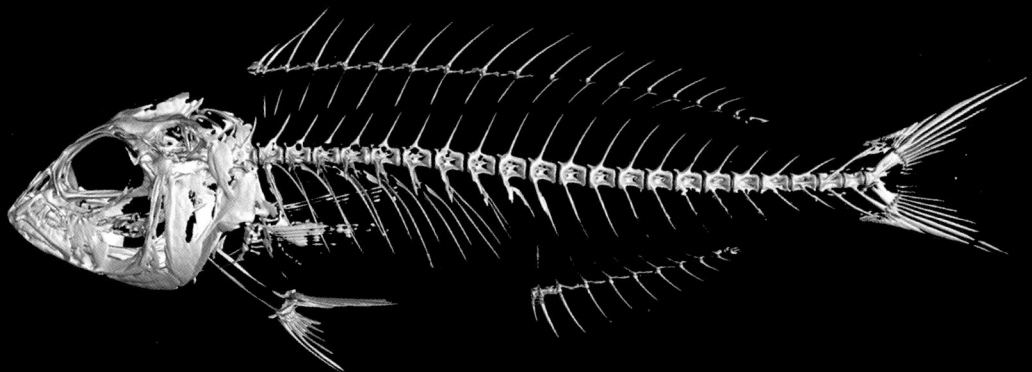

侧面观

背面观

腹面观

109 缘金线鱼 *Nemipterus marginatus* （Valenciennes，1830）

【同种异名】*Dentex marginatus* Valenciennes，1830。

【英文名】red filament threadfin bream。

【地方名】红海鲫、金丝鲢。

【样本采集】n=42。全长 127.21（99.33～261.59）mm，体长 107.04（82.19～217.98）mm，体重 31.20（12.38～196.91）g。

【资源密度】1 179.266 g/km^2。

【生长条件因子】0.025 g/cm^3。

【形态特征】体延长，侧扁；侧面观呈长椭圆形。头中等大。吻钝尖。两颌约等长；两颌两侧具绒毛状齿带，上颌前端具圆锥状犬齿 3～4 对，下颌前端齿不扩列，犁骨、腭骨及舌上均无齿。眼中等大，上位，眼间隔宽。体被中大弱栉鳞，吻部和眼下部无鳞；侧线完全，侧线鳞 44～46。

体背侧桃红色，腹侧浅粉色，全身具银色光泽；体侧具 2 条较宽的浅黄色纵带；背鳍浅粉色，其边缘红色，中部具 1 条黄色纵带，在鳍条部后方分成 3 条平行的细纵带，臀鳍透明，具 2 条平行的黄色纵带，尾鳍浅红色，中部黄色，上叶末端丝状延长呈红色。鳍式：背鳍Ⅹ-9；胸鳍 16；臀鳍Ⅰ-5；臀鳍Ⅲ-7。背鳍 1 个，鳍棘部与鳍条部中间无缺刻，鳍棘细而尖锐，各鳍棘间鳍膜完全；胸鳍较长，末端可伸达肛门；腹鳍位于胸鳍基底下方，末端伸越肛门；臀鳍与背鳍鳍条部相对；尾鳍叉形，上叶末端丝状延长。

【生态习性】为暖水性底层鱼类。栖息于泥沙底质海区。喜集群。游泳速度快。捕食端足类、长尾类、短尾类和小型鱼类。

【分布范围】分布于西北太平洋温暖海域，包括日本南部海域及我国黄海、东海、南海和台湾海域。

【骨骼特征】 额骨较窄，两侧具沟槽；顶骨中部突起；枕骨嵴短小；筛骨较宽；眶前骨宽大。前颌骨短小，前部突起高，末端达筛区前方；上颌骨末端桨形，位于眼前缘垂直下方；齿骨约与前颌骨等长。关节骨较大，三角形。脊椎骨数 24；椎体前关节突明显；第 1 脊椎骨较短，上方具 1 枚上髓棘。尾杆骨宽短。匙骨细，叉形；匙骨斧形，下端伸至喉部；后匙骨向后延伸至腹鳍中部上方。腰带无名骨较长，向前上方延伸至匙骨内侧。背鳍支鳍骨尖细；臀鳍第 1 支鳍骨长，与第 11 脊椎骨脉棘相对，支持前 2 枚鳍棘。

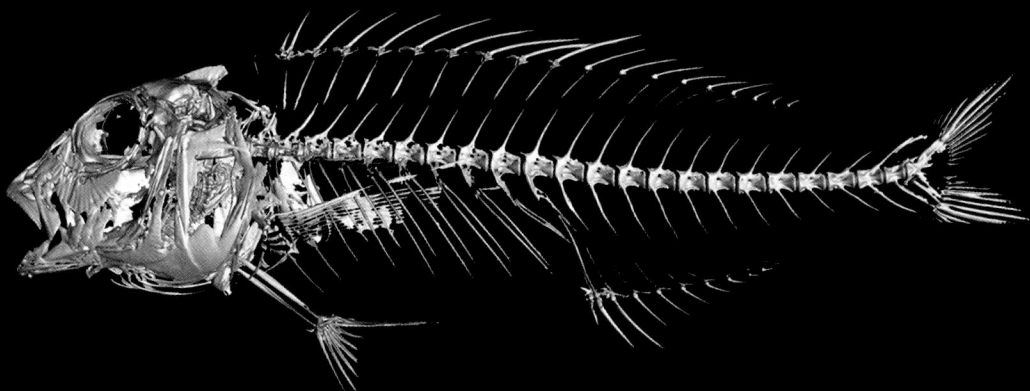

侧面观

背面观

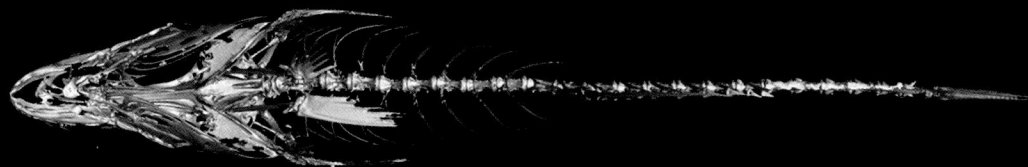

腹面观

110 叫姑鱼 *Johnius grypotus* (Richardson，1846)

【同种异名】*Corvina grypota* Richardson，1846。

【英文名】Belanger's croaker。

【地方名】加网、钩嘴鱼或。

【样本采集】$n=266$。全长 140.90（77.74~217.35）mm，体长 117.45（60.04~191.40）mm，体重 38.61（3.18~99.35）g。

【资源密度】9 242.495 g/km^2。

【生长条件因子】0.024 g/cm^3。

【形态特征】体延长，侧扁；侧面观呈长椭圆形；尾柄较长。头短而圆钝，侧扁。吻突出。口中等大，下位，口裂腹面观呈弧形；上颌长于下颌；两颌具绒毛状齿群，上颌前部的外行齿较大，排列稀疏，下颌齿细小，犁骨、腭骨及舌上均无齿。颏孔为"似五孔形"，中央孔的后缘具1短小须。眼大，上位。鳃孔大。前鳃盖边缘光滑，无锯齿；鳃盖骨后缘具2扁棘；鳃耙5~6+12~13，粗短；具假鳃。体被栉鳞，眼后头顶被圆鳞；背鳍和臀鳍基部被鳞；侧线完全，侧线鳞44~50。

体背部灰褐色，体侧及腹部银白色；鳃盖青紫色，在第2扁棘间具一暗斑。第1背鳍灰黑色，上端黑色，第2背鳍、胸鳍、臀鳍及尾鳍灰黄色。鳍式：背鳍Ⅺ-27~29；胸鳍18~19；腹鳍Ⅰ-5；臀鳍Ⅱ-8；尾鳍15。背鳍连续，鳍棘部与鳍条部之间具1深凹刻，鳍棘部始于鳃孔后下方，第2~4鳍棘最长；胸鳍下位，稍低；腹鳍胸位，第1鳍条稍延长为丝状；臀鳍基底短，第1鳍棘甚短，第2鳍棘粗大；尾鳍矛形。

【生态习性】为暖水性底层鱼类。栖息于沿岸内湾、浅海。鳔能发声，如蛙鸣。摄食甲壳类、多毛类及小鱼。

【分布范围】分布于印度—西太平洋温暖海域，包括日本南部海域及我国南海和台湾海域。

【骨骼特征】额骨宽大；上枕骨拱形；枕骨嵴长；侧筛骨宽大。前颌骨较长，末端位于眼中部垂直下方；上颌骨桨形，末端位于眼后部垂直下方；齿骨约与前颌骨等长；关节骨中等大。脊椎骨数 24；椎体前关节突明显；第 1 脊椎骨上方具 2 枚上髓棘，第 1~2 脊椎骨锥体和髓棘较短。尾杆骨宽短。匙骨斧形，下端伸至喉部；后匙骨向后延伸至腹鳍基上方；乌喙骨较宽。腰带无名骨向前上方延伸至匙骨内侧。背鳍和臀鳍支鳍骨细长，臀鳍第 1 支鳍骨粗大，与第 12 脊椎骨脉棘相对，支持前 2 枚鳍棘。

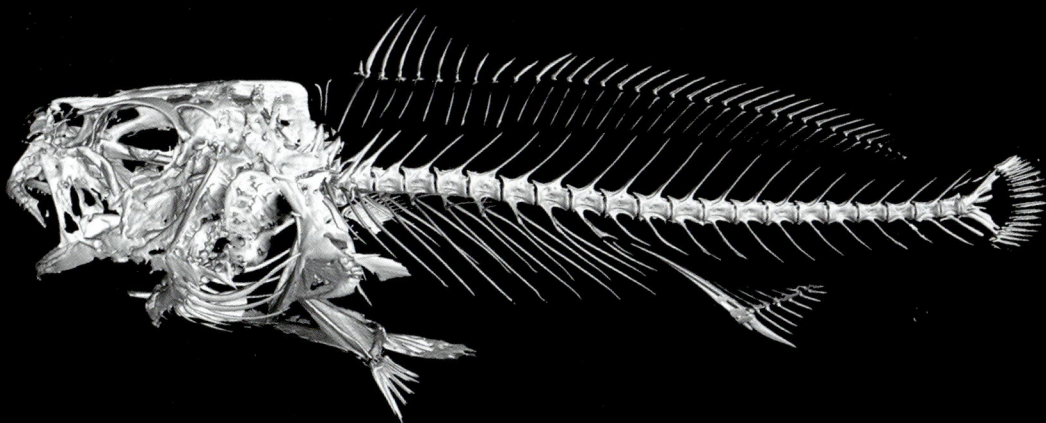

侧面观

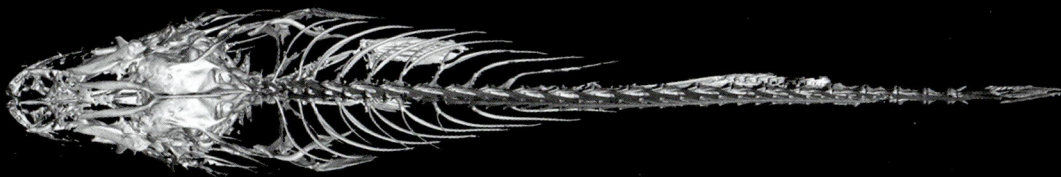

背面观

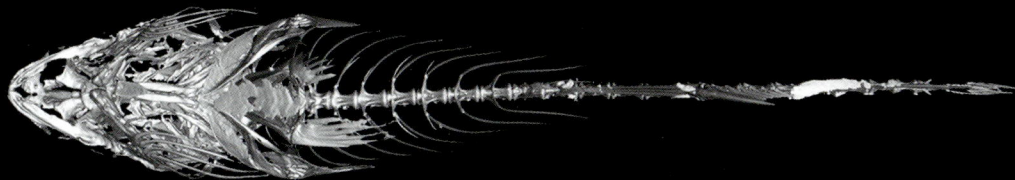

腹面观

111 斑鳍白姑鱼 *Pennahia pawak*（Lin，1940）

【同种异名】 *Argyrosomus pawak* Lin，1940；*Pennahia pawah*（Lin，1940）。

【英文名】 pawak croaker。

【地方名】 斑鳍银姑鱼、春子。

【样本采集】 n=174。全长 133.27（66.53～198.08）mm，体长 112.82（55.84～172.70）mm，体重 36.13（3.47～104.63）g。

【资源密度】 5 657.505 g/km^2。

【生长条件因子】 0.025 g/cm^3。

【形态特征】 体侧扁，背缘和腹缘均浅弧形隆起；侧面观呈长椭圆形。头中等大，钝尖。吻圆钝，吻褶游离，不分叶；吻上孔 3 个，不显著，有时消失；吻缘孔 5 个。口大，端位，斜裂；上颌稍长于下颌；上颌齿多行，排列成带状，外行齿较大，下颌齿 2～3 行，内行齿较大，犁骨、腭骨及舌上均无齿。颏孔 6 个，在下颌缝合处呈四方形排列，无颏须。眼中等大，近上位，眼间隔较微凸。鳃孔宽大；前鳃盖边缘具细锯齿，鳃盖骨后上方具 2 柔弱扁棘；鳃耙 4+9，较长。体被栉鳞，鳃盖、吻部和颊部被圆鳞；背鳍鳍条部及臀鳍基部被小圆鳞；侧线完全，侧线鳞 48。

体背侧灰褐色，腹侧银白色，体侧鳃盖青紫色，后端具 1 黑斑；背鳍鳍棘部褐色，第 7～10 鳍棘间具 1 黑色斑，鳍条部浅褐色，中间具 1 条浅色纵带；胸鳍和尾鳍浅褐色。鳍式：背鳍 XI - 24～25；胸鳍 16～17；腹鳍 I - 5；臀鳍 II - 7；尾鳍 23～25。背鳍连续，鳍棘部与鳍条部之间具 1 深凹刻，第 3、4 鳍棘最长；胸鳍尖而长，向后延伸近肛门；腹鳍胸位；臀鳍基短，起点在背鳍第 12 鳍条的下方；尾鳍矛形或近圆形。

【生态习性】 为暖水性中下层鱼类。栖息于近岸泥沙底质海区。以甲壳类等底栖动物为食。

【分布范围】 分布于西太平洋温暖海域，包括泰国海域及我国东海、南海和台湾海域。

【骨骼特征】额骨宽大，两侧具嵴；上枕骨拱形；枕骨嵴矮且长；侧筛骨宽大。前颌骨较长，末端位于眼中部垂直下方；上颌骨末端桨形，位于眼后部垂直下方。齿骨约与前颌骨等长；关节骨中等大。脊椎骨数 25；椎体前关节突明显；第 1～2 脊椎骨较短，上方具 3 枚上髓棘，第 1～5 脊椎骨髓棘粗短。尾杆骨宽短。颞骨叉形；匙骨斧形，下端伸至喉部；后匙骨向后延伸至腹鳍基上方。腰带无名骨向前上方延伸至匙骨内侧。臀鳍第 1 支鳍骨粗长，与第 12 脊椎骨脉棘相对，支撑前 2 枚鳍棘。

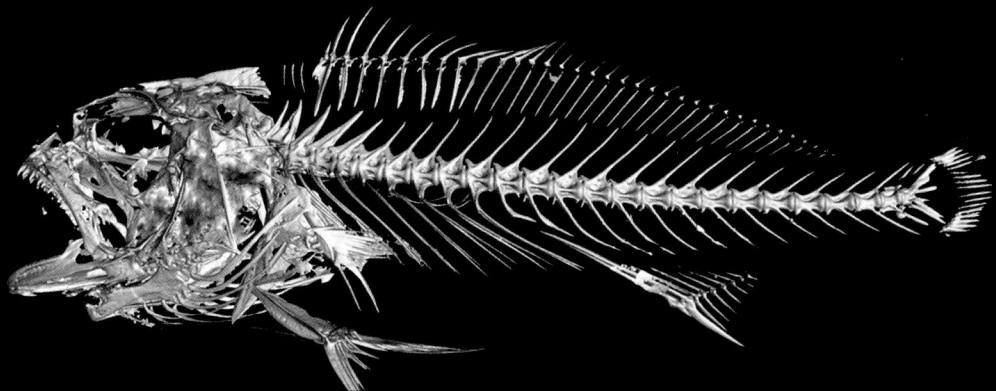

侧面观

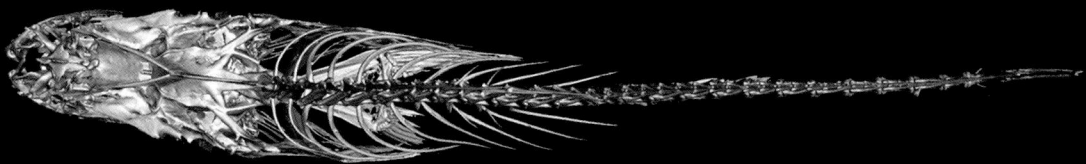

背面观

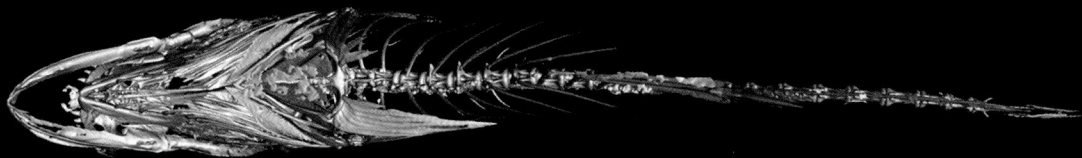

腹面观

112 克氏棘赤刀鱼 *Acanthocepola krusensternii* (Temminck & Schlegel, 1845)

【同种异名】*Cepola krusensternii* Temminck & Schlegel, 1845; *Acanthocepola krusensterni* (Temminck & Schlegel, 1845)。

【英文名】bandfish。

【地方名】红带鱼、赤条。

【样本采集】*n*=2。全长 153.48 (111.16~195.8) mm，体长 142.87 (99.29~186.45) mm，体重 14.96 (4.71~25.21) g。

【资源密度】26.926 g/km^2。

【生长条件因子】0.005 g/cm^3。

【形态特征】体延长，略呈带状，侧扁，背缘和腹缘均平直。头小，短钝。吻颇短。口大，端位，倾斜；上下颌约等长；两颌齿细小，各 1 行，齿尖端稍向内弯，前端缝合部无齿，犁骨和腭骨无齿。眼较大，上位，位于头的前部，眼间隔窄而平坦；鼻孔每侧 2 个，位于眼前上方。鳃孔大；前鳃盖后下角具 5 枚钝棘；鳃耙细长，排列紧密。体被细小圆鳞，吻部无鳞；侧线沿背鳍基部下方向后渐不明显。

体橘红色，腹部淡黄色；背侧具多个深红色圆斑，体侧后半部具多条深红色横带或黄色小圆斑；背鳍、臀鳍和尾鳍边缘深红色，胸鳍浅粉色，腹鳍乳白色。鳍式：背鳍 78~82；胸鳍 19；腹鳍 I - 5；臀鳍 76~82；尾鳍 13。背鳍 1 个，基底长，皆由鳍条组成，向后有鳍膜与尾鳍相连；胸鳍短；腹鳍始于胸鳍的前下方；臀鳍与背鳍同形，向后有鳍膜与尾鳍相连；尾鳍尖形，中间鳍条延长。

【生态习性】为暖水性底层鱼类。栖息于泥沙底质海区。喜穴居。捕食小型无脊椎动物和小鱼。

【分布范围】分布于西太平洋温暖海域，包括澳大利亚海域、日本南部海域及我国东海、南海和台湾海域。

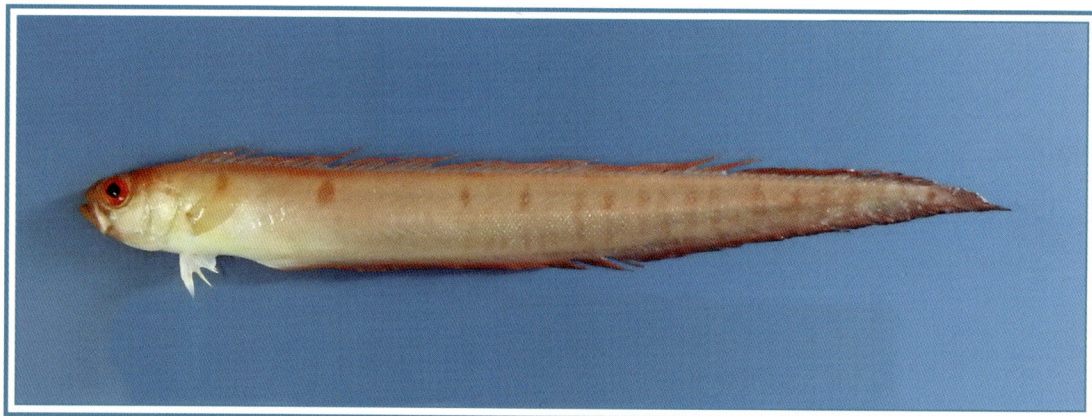

【骨骼特征】额骨前端窄长，未愈合；上枕骨拱形，中部凸起；枕骨嵴短小；筛骨宽大；围眶骨系具沟槽结构。前颌骨细长，前部突起高，止于筛区上方；上颌骨末端桨形，位于眼中部垂直下方；齿骨叉形，约与前颌骨等长；关节骨三角形。脊椎骨数 59；椎体前关节突明显；第 1～3 脊椎骨较短。尾杆骨尖细。匙骨叉形；匙骨斧形，下端伸至喉部后方；后匙骨向后延伸至腹鳍中部上方；乌喙骨三角形。腰带无名骨宽短，向前上方插入匙骨内侧。背鳍尖细，约与脉棘相对。

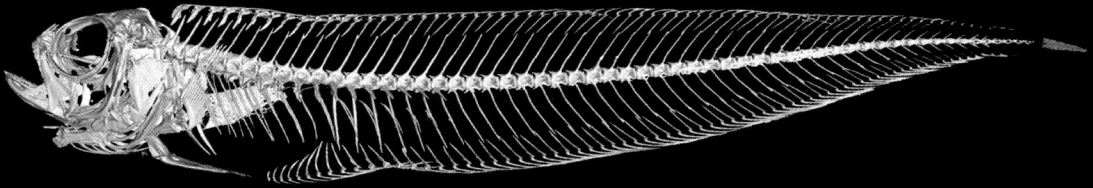

侧面观

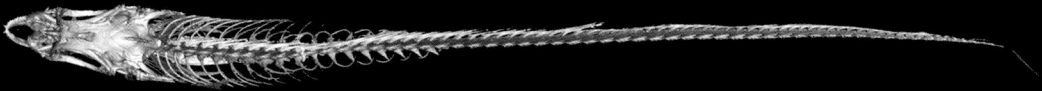

背面观

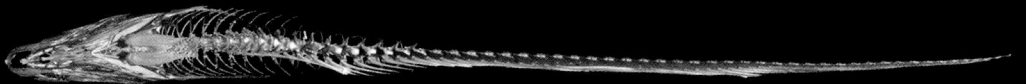

腹面观

113 横带髭鲷 *Hapalogenys analis* Richardson，1845

【同种异名】*Pristipoma mucronata* Eydoux & Souleyet，1850；*Hapalogenys mucronatus* (Eydoux & Souleyet，1850)；*Hepalogenys mucronatus* (Eydoux & Souleyet，1850)；*Hepalogenys mucronutus* (Eydoux & Souleyet，1850)。

【英文名】sweetlip。

【地方名】华髭鲷、臀斑髭鲷。

【样本采集】$n=52$。全长 120.16（48.09～162.80）mm，体长 100.84（38.61～133.98）mm，体重 52.68（2.34～125.24）g。

【资源密度】2 465.227 g/km^2。

【生长条件因子】0.051 g/cm^3。

【形态特征】体侧扁，背缘隆起高；侧面观呈长椭圆形。头中等大。吻尖。口中等大，端位，稍倾斜；下颌稍长于上颌，下颌具密集短髭；两颌齿细小，绒毛带状，犁骨、腭骨及舌上均无齿。唇发达。颏部具 3 对小孔。眼中等大，上位，眼间隔宽。鳃孔大；前鳃盖边缘具细锯齿，鳃盖后缘具 1 小扁棘。体被栉鳞，头部除吻端、颏部及两颌外，大部分被鳞；背鳍和臀鳍基部具鳞鞘；侧线完全，侧线鳞 48～49。

体灰黄色；头侧和体侧具 5～7 条褐色横带；背鳍和臀鳍鳍条部及尾鳍橙黄色，边缘黑色，胸鳍浅黄褐色，腹鳍褐色。鳍式：背鳍 XI-15；胸鳍 18～19；腹鳍 I-5；臀鳍 III-9；尾鳍 17。背鳍 1 个，鳍棘部与鳍条部在基部相连，中间具缺刻，鳍棘强大，第 3 鳍棘明显粗长；胸鳍宽短；腹鳍短于胸鳍；臀鳍小，具 3 强棘；尾鳍圆形。

【生态习性】为暖温性中下层鱼类。栖息于泥沙底质海区。喜集群。肉食性，以小鱼、甲壳类和软体动物为食。

【分布范围】分布于西北太平洋温暖海域，包括日本南部海域、朝鲜半岛海域及我国各大海域。

【骨骼特征】 额骨宽大；枕骨嵴较大，侧视呈三角形；侧筛骨宽大。前颌骨较短，前部突起明显，末端达筛区下方；上颌骨短棒状，略长于前颌骨；齿骨短小；关节骨发达。脊椎骨数 24；第 1～2 脊椎骨短小，上方具 3 枚上髓棘。尾杆骨宽短。两侧匙骨斧形，末端间距极窄；后匙骨向后延伸至腹鳍中部上方。腰带无名骨向前上方延伸至匙骨内侧。背鳍第 1 支鳍骨强大，向前形成骨板；臀鳍第 1 支鳍骨强大，与第 10 脊椎骨脉棘相对，支持前 2 枚鳍棘。

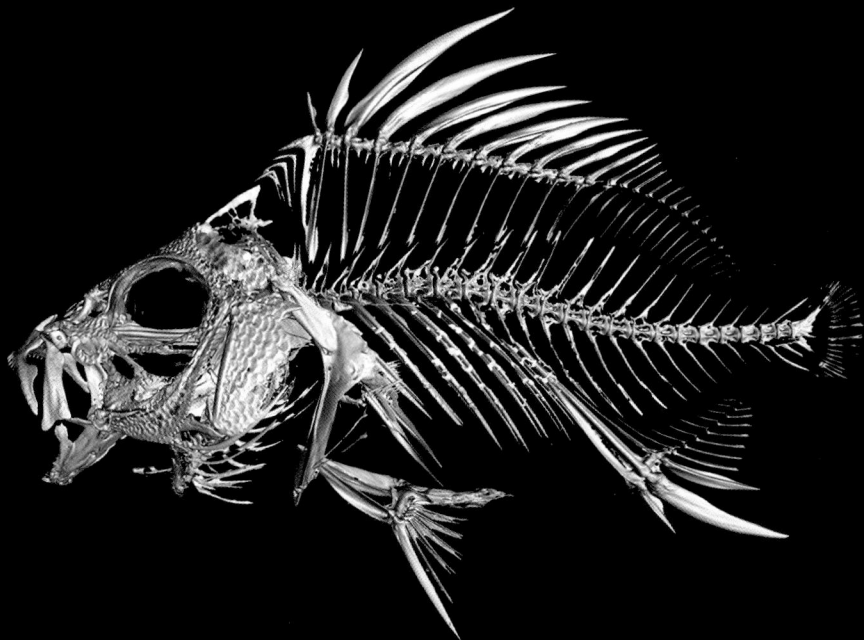

侧面观

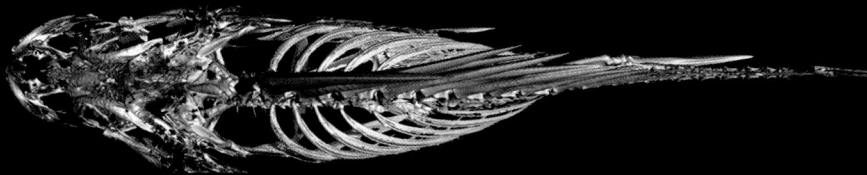

背面观

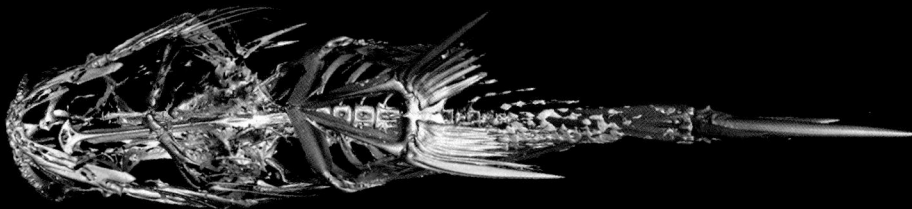

腹面观

114 朴蝴蝶鱼 *Roa modestus* (Temminck & Schlegel，1844)

【同种异名】*Chaetodon modesta* Temminck & Schlegel，1844；*Coradion modestus* (Temminck & Schlegel，1844)；*Paracanthochaetodon modestus* (Temminck & Schlegel，1844)；*Coradion modestum* (Temminck & Schlegel，1844)；*Roa modestus* (Temminck & Schlegel，1844)；*Coradion desmotes* Jordan & Fowler，1902；*Chaetodon desmotes* (Jordan & Fowler，1902)。

【英文名】triple-banded butterflyfish。

【地方名】荷包鱼、尖嘴蝴蝶鱼、草鲳。

【样本采集】n=34。全长 66.26（44.89~100.83）mm，体长 57.16（38.58~87.23）mm，体重 12.58（3.17~34.88）g。

【资源密度】384.917 g/km^2。

【生长条件因子】0.067 g/cm^3。

【形态特征】体侧扁而高；侧面观呈近圆形。头较小，背缘陡斜，在眼前上方内凹。吻尖突，但不延长为管状。口小，微斜；两颌齿丝状，上、下颌齿各9行，带状排列，犁骨具细齿，腭骨无齿。眼中等大，上侧位，眼间隔稍凸。前鳃盖具锯齿。体被中大栉鳞；侧线不完全，止于背鳍基底后缘下方，侧线鳞36~45。

体乳白色；体侧有3条暗黄色横带，第1条最窄，由背鳍起点过眼至间鳃盖边缘，第2和第3条宽，颜色稍淡，尾柄后部具1条黄色细横带；背鳍鳍棘淡黄色，鳍条部具一镶白边的黑色圆斑，胸鳍淡色，腹鳍前缘银白色，后为黄色，臀鳍黄色，边缘色淡，尾鳍淡色，基部灰褐色。鳍式：背鳍XI-21~25；胸鳍13~15；腹鳍I-5；臀鳍III-18~21；尾鳍17。背鳍1个，鳍棘部与鳍条部之间无凹刻，鳍棘粗壮，第4鳍棘最长；胸鳍中等长，末端近臀鳍起点；臀鳍鳍棘强；尾鳍后缘截形。

【生态习性】为珊瑚礁鱼类。栖息于岩礁海区。喜集群。主要以珊瑚虫、甲壳类、多毛类及藻类碎屑为食。

【分布范围】分布于印度—西太平洋温暖海域，包括日本南部海域、朝鲜半岛海域及我国黄海、东海、南海和台湾海域。

【骨骼特征】额骨宽大，向前下方倾斜；上枕骨拱形，中部高凸；枕骨嵴高耸；筛骨较窄；围眶骨系具沟槽结构，眶前骨宽大。前颌骨短小，前部突起高，伸至额骨前；上颌骨短棒状，末端位于筛骨垂直下方；齿骨略长于前颌骨；关节骨略呈方形。脊椎骨数 24；椎体前关节突明显；第 1 脊椎骨较短，上方具 2 枚上髓棘；第 1～6 脊椎骨髓棘较短。尾杆骨宽短。颞骨窄且高，叉形；匙骨斧形，下端伸至喉部后方；后匙骨向后延伸至腹鳍基上方；乌喙骨宽大。腰带无名骨宽大，向前上方插入匙骨内侧。背鳍和臀鳍支鳍骨细长，臀鳍第 1 支鳍骨与第 11 脊椎骨脉棘相对。

侧面观

背面观

腹面观

115 鹿斑仰口鲾 *Deveximentum interruptum*（Valenciennes，1835）

【同种异名】*Leiognathus ruconius*（Hamilton，1822）；*Chanda ruconius* Hamilton，1822；*Equula ruconius*（Hamilton，1822）；*Equula ruconia*（Hamilton，1822）；*Secutor ruconeus*（Hamilton，1822）。

【英文名】pugnose ponyfish。

【地方名】金钱仔、鹿斑鲾、花令仔。

【样本采集】$n=98$。全长 70.02（41.48～90.04）mm，体长 56.64（32.75～73.67）mm，体重 7.05（1.27～12.17）g。

【资源密度】621.76 g/km^2。

【生长条件因子】0.039 g/cm^3。

【形态特征】体侧扁而高，背缘自眼后上方陡然隆起，腹缘轮廓较背缘稍凸出；侧面呈卵圆形；尾柄细。头中大。吻短。口很小，倾斜；两颌伸出时，形成 1 稍向上倾斜的口管，当口闭合时，下颌与体轴几乎垂直；两颌齿小，排列成绒毛状齿带，犁骨、腭骨及舌上均无齿。眼中等大，近上位。鳃孔大；前鳃盖和鳃盖边缘光滑；鳃耙稍细长。头部无鳞，胸部和体均被小圆鳞；背鳍和臀鳍基部具鳞鞘；侧线完全，侧线鳞 34～38。

活体时，体背侧银青略带褐色，腹侧银白色；眼眶至颏部有一黑线纹，侧线上方具 8～10 条暗色较宽横带，项部具 1 暗色纵纹；各鳍淡色或浅黄色。鳍式：背鳍Ⅶ～Ⅷ-16；胸鳍16～18；腹鳍Ⅰ-5；臀鳍Ⅲ-14；尾鳍17。背鳍 1 个，背鳍和臀鳍基底两侧各具 1 纵行小棘；胸鳍中位；腹鳍短小，亚胸位；臀鳍与背鳍相对；尾鳍叉形。

【生态习性】为暖水性沿岸鱼类。栖息于近岸浅海区。喜集群。以小型甲壳类为食。

【分布范围】分布于印度—西太平洋温暖海域，包括琉球群岛海域及我国东海、南海和台湾海域。

【骨骼特征】额骨较窄，向前弯曲；顶骨拱形；上枕骨高凸；枕骨嵴大，三角形；筛骨窄小。前颌骨粗短，前部突起极长，延伸至额骨中缝后方；上颌骨弯曲，略长于前颌骨，末端位于筛区垂直下方；齿骨和关节骨近垂直。脊椎骨数 24；椎体前关节突明显；第 1 脊椎骨上方具上髓棘，第 1~5 脊椎髓棘粗大。尾杆骨小。颞骨叉形；匙骨斧形，末端细长且弯曲；后匙骨延长，末端达腹鳍基上方；乌喙骨窄长。腰带无名骨长，叉形，前端伸至匙骨内侧。背鳍支鳍骨细长，臀鳍第 1 支鳍骨基部具向前延伸的骨板。

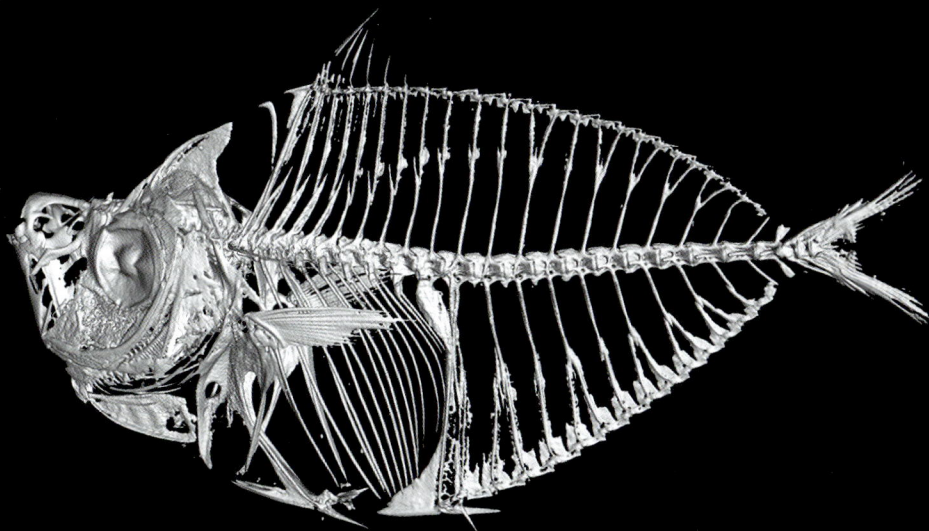

侧面观

背面观

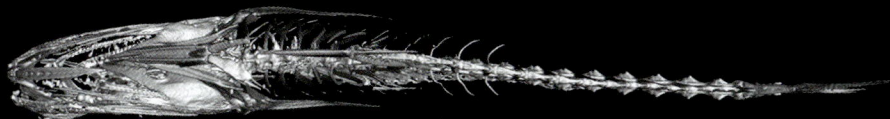

腹面观

116 琼斯布氏鲾 *Eubleekeria jonesi* (James，1971)

【同种异名】*Leiognathus jonesi* James，1971。

【英文名】splendid ponyfish。

【地方名】金钱仔、碗米仔、花令仔。

【样本采集】$n=2$。全长 235.97 （233.19～238.74）mm，体长 192.81 （192.67～192.95）mm，体重 214.32 （203.98～224.66）g。

【资源密度】385.745 g/km^2。

【生长条件因子】0.03 g/cm^3。

【形态特征】体侧扁而高，背缘轮廓较腹缘凸出；侧面观呈卵圆形。头较小，背缘平直或微凹。吻钝，前端截形。口小，端位，口裂水平状；两颌约相等，向前伸出时，可形成 1 稍向下斜的口管，当口闭合时，下颌与体轴呈 40°；两颌各具 2～3 列尖细齿，排列成带状，犁骨、腭骨及舌上均无牙。眼中等大，上位，眼间隔宽。鳃孔大；前鳃盖和鳃盖边缘光滑。头部无鳞，胸部和背部均被小圆鳞；背鳍和臀鳍基部具鳞鞘；侧线完全，侧线鳞 50～66。

体银灰色，背侧色较深，腹侧色较浅；背缘至体中部垂直排列许多暗色细纹；背鳍第 2～8 鳍棘的顶端浅褐色，胸鳍靠近基部黄色，腹鳍灰白色，臀鳍浅灰色透明状，前部及外缘黄色，尾鳍暗黄色。鳍式：背鳍VIII～IX-15～17；胸鳍16～18；腹鳍 I-5；臀鳍III-13～15；尾鳍17。背鳍 1 个，第 1 棘短小，第 2 棘最长；胸鳍较宽大；腹鳍短小，亚胸位；臀鳍基底长，第 2 鳍棘最长，前下缘具细锯齿；尾鳍叉形。

【生态习性】为暖水性沿岸鱼类。栖息于近岸内湾到河口区。喜集群，常在底层活动。以小型甲壳类、多毛类等底栖动物为食。

【分布范围】分布于印度—西太平洋温暖海域，包括琉球群岛及我国南海和台湾海域。

【骨骼特征】额骨较宽，两侧具嵴；上枕骨高凸；枕骨嵴大，侧视呈三角形；侧筛骨较宽。前颌骨粗短，前部突起极长，延伸至顶骨前方；上颌骨弯曲，略长于前颌骨，末端位于眼中部垂直下方；齿骨长，叉形；关节骨宽大，三角形。脊椎骨数 24；椎体前关节突明显；第 1 脊椎骨具上髓棘；第 1～5 脊椎髓棘粗大。尾杆骨小。匙骨叉形；匙骨较宽，末端宽人且弯曲；后匙骨宽大且延长，末端达腹鳍中部上方；乌喙骨窄小。腰带无名骨长，叉形，前端伸至乌喙骨内侧。背鳍和臀鳍支鳍骨具延展的骨板。

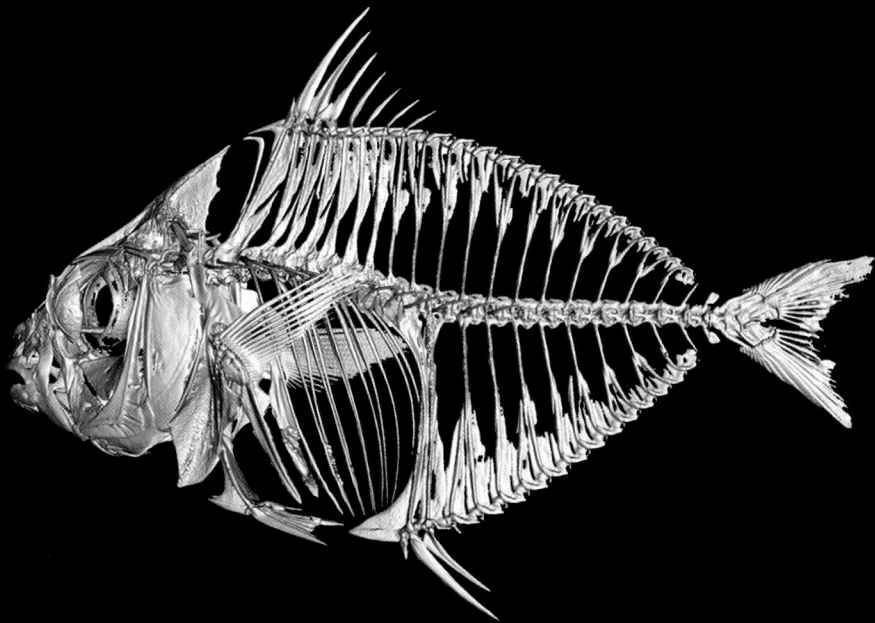

侧面观

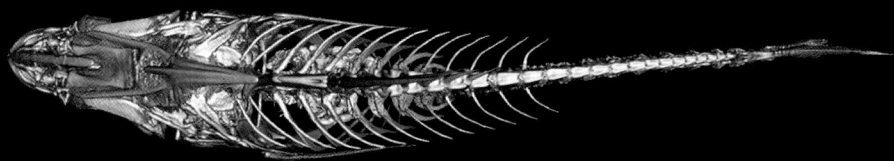

背面观

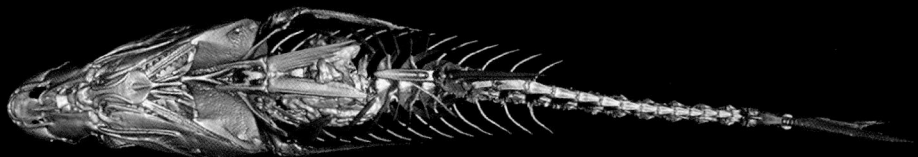

腹面观

117 细纹鲾 *Leiognathus berbis*（Valenciennes，1835）

【同种异名】*Equula berbis* Valenciennes，1835。

【英文名】Berber's ponyfish。

【地方名】花令仔、金钱仔、碗米仔。

【样本采集】$n=234$。全长 82.35（49.56～151.08）mm，体长 67.53（41.52～125.75）mm，体重 8.87（2.11～36.84）g。

【资源密度】1 867.873 g/km^2。

【生长条件因子】0.029 g/cm^3。

【形态特征】体侧扁，背缘和腹缘弧形隆起；侧面观呈长椭圆形。头较小，背缘不内凹。吻钝尖。口小，端位，水平状；两颌向前伸出时，形成一稍向下斜的口管，当口闭合时，下颌与体轴呈 40°角；两颌具多行尖细齿，绒毛状，犁骨、腭骨及舌上均无齿。眼大，近中位，脂眼睑不发达。鳃孔大；前鳃盖和鳃盖边缘光滑；鳃耙 5～6＋11～14，较短。头部无鳞，胸部和体上均被小圆鳞；背鳍和臀鳍基部具鳞鞘，腹鳍具腋鳞；侧线不完全，仅达背鳍末端下方。

体背侧灰褐色，散布许多不规则的、蠕虫状的暗色细斑纹，腹侧银白色；臀鳍前端黄色，其余各鳍淡色或浅黄色。鳍式：背鳍Ⅷ-16；胸鳍17～18；腹鳍Ⅰ-5；臀鳍Ⅲ-14；尾鳍17。背鳍1个，第1鳍棘短小；胸鳍较短，中位；腹鳍短小，亚胸位；臀鳍基底长；尾鳍叉形。

【生态习性】为暖水性沿岸鱼类。栖息于近岸内湾浅水区。喜集群。以小型甲壳类、多毛类为食。

【分布范围】分布于印度—太平洋温暖海域，包括我国南海和台湾海域。

【骨骼特征】额骨较宽，两侧具嵴；上枕骨高凸；枕骨嵴大，三角形；侧筛骨较宽。前颌骨粗短，前部突起极长，延伸至额骨前方；上颌骨弯曲，略长于前颌骨，末端位于眼前缘垂直下方；齿骨叉形；关节骨宽大，三角形。脊椎骨数 24；椎体前关节突明显；第 1 脊椎骨上方具上髓棘，第 1～5 脊椎髓棘强大。尾杆骨小。匙骨叉形；匙骨较宽，末端宽大且弯曲；后匙骨宽大且延长，末端达腹鳍中部上方；乌喙骨呈板状。腰带无名骨长，义形，末端伸至乌喙骨内侧。背鳍支鳍骨细长，前部呈板状与髓棘交错；臀鳍第 1 支鳍骨发达，向前延伸呈骨板状。

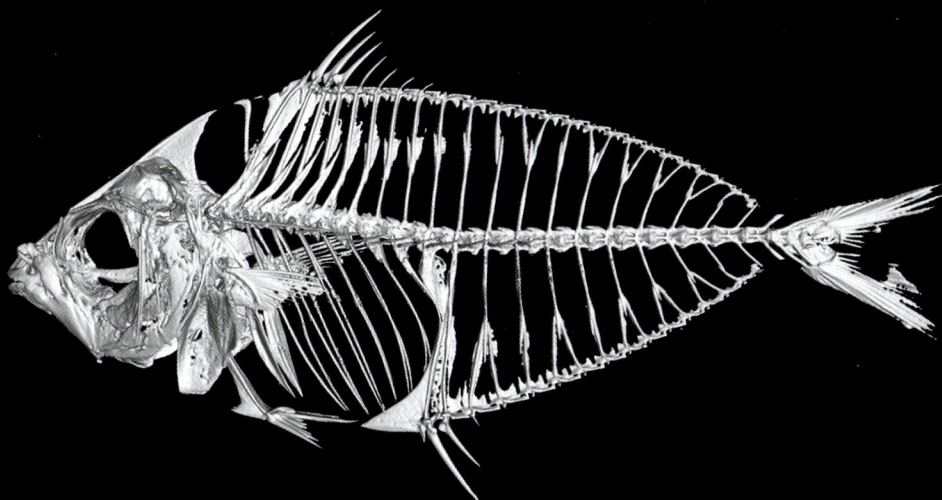

侧面观

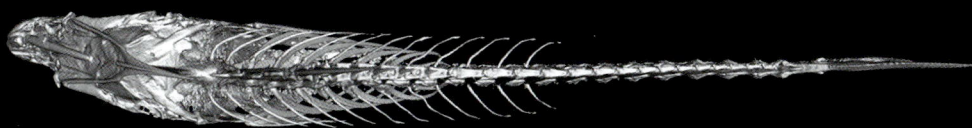

背面观

腹面观

118 项斑项鲾 *Nuchequula nuchalis*（Temminck & Schlegel，1845）

【同种异名】*Equula nuchalis* Temminck & Schlegel，1845；*Leiognathus nuchalis*（Temminck & Schlegel，1845）；*Leiognathus nucleasis*（Temminck & Schlegel，1845）。

【英文名】ponyfish。

【地方名】花令仔、金钱仔、颈斑鲾。

【样本采集】*n*=1。全长 91.82 mm，体长 75.70 mm，体重 10.02 g。

【资源密度】9.017 g/km^2。

【生长条件因子】0.023 g/cm^3。

【形态特征】体侧扁而高，背部轮廓较腹部突出；侧面观呈卵圆形。头小。吻钝尖。口小，稍倾斜；两颌向前伸出时，可形成 1 向下斜的口管，当口闭合时，下颌与体轴呈 45°角；两颌齿细小，各 1 行，犁骨、腭骨及舌上无齿。眼较大，前上缘具 2 小棘。鳃孔大；鳃耙 4+15，细长。体被细小圆鳞，头部及胸部无鳞；背鳍和臀鳍基部具鳞鞘；侧线明显。

体背侧灰褐色，腹侧银色；体侧沿体轴有 1 条黄色纵带，项部具 1 暗褐色斑，胸部在胸鳍后下方具 1 黄色斑；背鳍第 2~6 鳍棘上部具 1 黑色斑，背鳍鳍条和臀鳍边缘黄色，胸鳍浅黄褐色，腹鳍乳白色透明状，尾鳍浅褐色，上下后缘浅黑色。鳍式：背鳍Ⅷ-16；胸鳍 17；腹鳍Ⅰ-5；臀鳍Ⅲ-14。背鳍基底长，达尾柄处；胸鳍中位；腹鳍亚胸位；臀鳍与背鳍鳍条部相对；尾鳍叉形。

【生态习性】为暖水性小型鱼类。喜集群。肉食性，以小型底栖动物为食。

【分布范围】分布于印度—太平洋温暖海域，包括日本南部沿海及我国东海和南海近岸水域。

【骨骼特征】额骨较宽，两侧具嵴；上枕骨拱形，中部高凸；枕骨嵴大，侧视呈三角形；侧筛骨较宽。前颌骨粗短，前部突起极长，延伸至额骨前方；上颌骨弯曲，略长于前颌骨，末端位于眼中部垂直下方；齿骨叉形；关节骨宽大，三角形。脊椎骨数 24；椎体前关节突明显；第 1 脊椎上方骨具上髓棘；第 1~5 脊椎髓棘强大。尾杆骨小。颞骨叉形；匙骨较宽，末端宽大且弯曲；后匙骨宽大且延长，末端达腹鳍中部上方；乌喙骨窄小。腰带无名骨长，叉形，前端伸至匙骨内侧。背鳍和臀鳍支鳍骨延展呈板状。

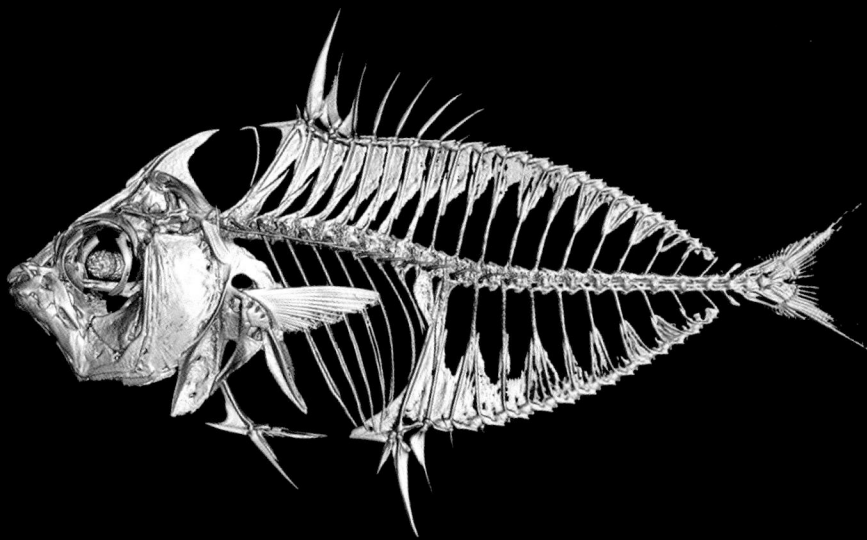

侧面观

背面观

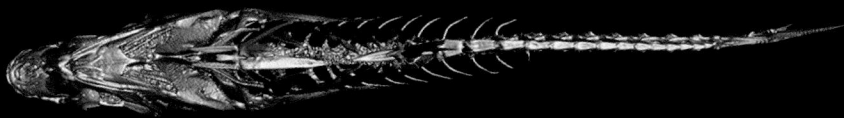

腹面观

119 黄斑光胸鲾 *Photopectoralis bindus*（Valenciennes，1835）

【同种异名】*Equula bindus* Valenciennes，1835；*Leiognathus bindus*（Valenciennes，1835）；*Leiognatus bindus*（Valenciennes，1835）；*Leiognathus virgatus* Fowler，1904。

【英文名】orangefin ponyfish。

【地方名】金钱仔、黄斑鲾、花令仔。

【样本采集】$n=271$。全长 87.66（46.36～119.31）mm，体长 71.60（38.76～99.45）mm，体重 11.12（1.72～21.48）g。

【资源密度】2 711.951 g/km²。

【生长条件因子】0.03 g/cm³。

【形态特征】体侧扁而高，背缘及腹缘弧形；侧面观呈卵圆形；尾柄细。头较小，头部背缘稍凹。吻短，钝尖，吻长短于眼径。口小，端位，稍倾斜；两颌向前伸出时，可形成 1 稍向下斜的口管，口闭合时，下颌与体轴呈 50°角；两颌具尖细齿，各 1 行，犁骨、腭骨及舌上均无齿。眼大，上位，中央具 1 纵嵴。鳃孔大；鳃耙 4～5＋17～18，细长。头部无鳞，胸部和体上均被小圆鳞；背鳍和臀鳍基部具鳞鞘，腹鳍具大腋鳞；侧线不完全，仅达背鳍末端下方。

鲜活时，体背侧银灰色，散布许多虫纹状暗色斑纹，腹侧银白色；各鳍色浅，背鳍鳍棘部的顶端具 1 黄斑，鳍条部具黑边，臀鳍鳍棘部浅黄色。鳍式：背鳍Ⅷ-16；胸鳍 16～18；腹鳍Ⅰ-5；臀鳍Ⅲ-14；尾鳍 17。背鳍基底长，鳍棘部和鳍条部相连，具凹刻，第 3、4 鳍棘前下缘具细锯齿，鳍棘基部两侧各具 1 纵行小棘；胸鳍短小，中位；腹鳍短小，亚胸位；臀鳍基底长，两侧各具 1 纵行小棘；尾鳍叉形。

【生态习性】为暖水性中下层鱼类。栖息于沿岸泥沙底质海区。以小型甲壳类、多毛类为食。

【分布范围】分布于印度—西太平洋温暖海域，包括日本南部海域及我国东海、南海和台湾海域。

【骨骼特征】额骨较宽，两侧具嵴；顶骨拱形；上枕骨高凸；枕骨嵴大，侧视呈三角形；侧筛骨较宽。前颌骨粗短，前端突起极长，延伸至顶骨前方；上颌骨弯曲，略长于前颌骨，末端位于眼前缘垂直下方；齿骨叉形；关节骨宽大，三角形。脊椎骨数23；椎体前关节突明显；第1脊椎骨具上髓棘，第1~5脊椎髓棘强大。尾杆骨小。匙骨三叉形；匙骨斧形，末端宽大；后匙骨宽大且延长，末端达腹鳍中部上方；乌喙骨窄小。腰带无名骨长，叉形，近垂直，前端伸至匙骨内侧。背鳍和臀鳍支鳍骨细长；臀鳍第1支鳍骨顶端与第10脊椎骨脉棘相对，基部具向前延伸的骨板。

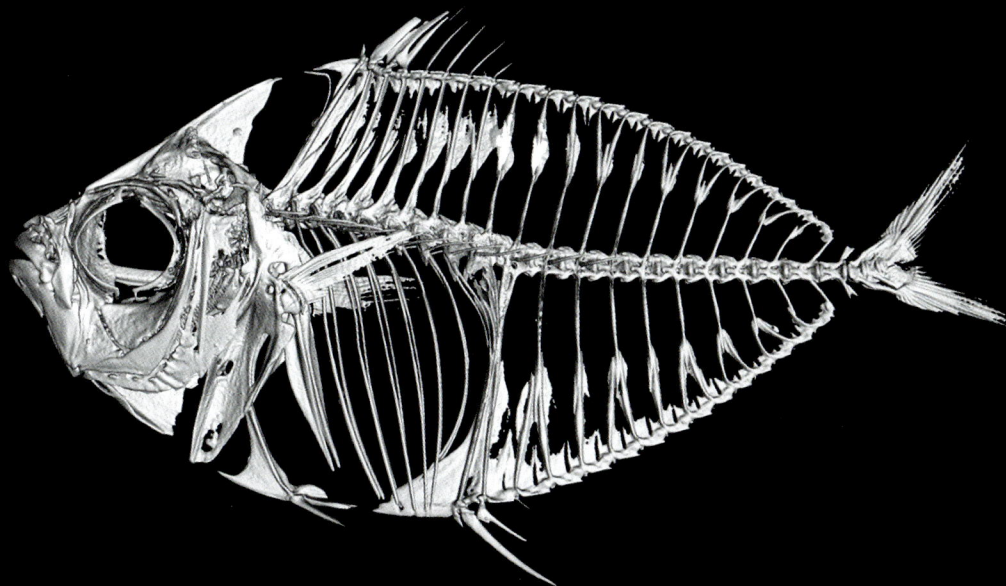

侧面观

背面观

腹面观

120 金钱鱼 *Scatophagus argus* （Linnaeus，1766）

【同种异名】*Chaetodon argus* Linnaeus，1766；*Ephippus argus*（Linnaeus，1766）；*Scatophagus argus argus*（Linnaeus，1766）；*Chaetodon pairatalis* Hamilton，1822；*Chaetodon atromaculatus* Bennett，1830；*Scatophagus bougainvillii* Cuvier，1831；*Scatophagus ornatus* Cuvier，1831；*Scatophagus purpurascens* Cuvier，1831；*Sargus maculatus* Gronow，1854；*Scatophagus maculatus*（Gronow，1854）；*Scatophagus argus ocellata* Klunzinger，1880；*Scatophagus quadratus* De Vis，1882；*Scatophagus quadranus* De Vis，1882；*Scatophagus aetatevarians* De Vis，1884.

【英文名】Spotted scat。

【地方名】金鼓、遍身苦。

【样本采集】*n*=1。全长 161.88 mm，体长 136.78 mm，体重 121.78 g。

【资源密度】109.593 g/km^2。

【生长条件因子】0.048 g/cm^3。

【形态特征】体侧扁而高；侧面观呈方椭圆形。头较小，背缘斜直，在眼上方略凹。吻钝尖。口小，端位，口裂平直；上、下颌约等长；两颌齿呈刚毛状，带状排列，犁骨与腭骨无齿。眼中等大，近中位，眼间隔宽。前鳃盖边缘具细锯齿；鳃耙细弱而短。体被细小栉鳞，不易脱落；背鳍和臀鳍鳍条部、胸鳍、尾鳍均被鳞，腹鳍具腋鳞；侧线完全，侧线鳞102。

体背侧暗绿色，腹侧较淡；体侧散布近圆形大黑斑；背鳍鳍棘黄绿色，鳍膜暗褐色，鳍条部、腹鳍和臀鳍浅黄色，具细密黑纹，胸鳍淡色透明状，尾鳍浅黄色，具若干黑色细纹。鳍式：背鳍Ⅺ-18；胸鳍17；腹鳍Ⅰ-5；臀鳍Ⅳ-15；尾鳍16。背鳍1个，起点前方具1向前平卧棘，常埋于皮下，鳍棘部与鳍条部之间具深凹刻，鳍棘坚硬；胸鳍短圆；腹鳍狭长；臀鳍与背鳍鳍条部同形；尾鳍后缘截形。

【生态习性】为暖水性底层鱼类。栖息于近岸岩礁海区、海藻丛海域和内湾咸淡水海区。杂食性，主要以甲壳类、多毛类及藻类碎屑为食。背鳍鳍棘尖锐且具毒性。

【分布范围】分布于印度—太平洋温暖海域，包括日本南部海域及我国东海、南海和台湾海域。

【骨骼特征】额骨宽大，向前倾斜；上枕骨高凸；枕骨嵴高耸，三角形；眶前骨宽大，遮盖部分上颌骨。前颌骨短小；上颌骨短棒状，末端至筛区下方；齿骨叉形。脊椎骨数 23；第 1 脊椎骨短小，髓棘粗短，上方具 2 枚上髓棘。尾杆骨宽短。颞骨较长，三角形；匙骨末端宽大，伸至喉部后方；后匙骨向后伸至腹鳍中部上方；乌喙骨窄小。腰带无名骨宽大，向前伸至匙骨内侧。臀鳍第 1 支鳍骨强大，倒"T"形，支持前 2 枚鳍棘。

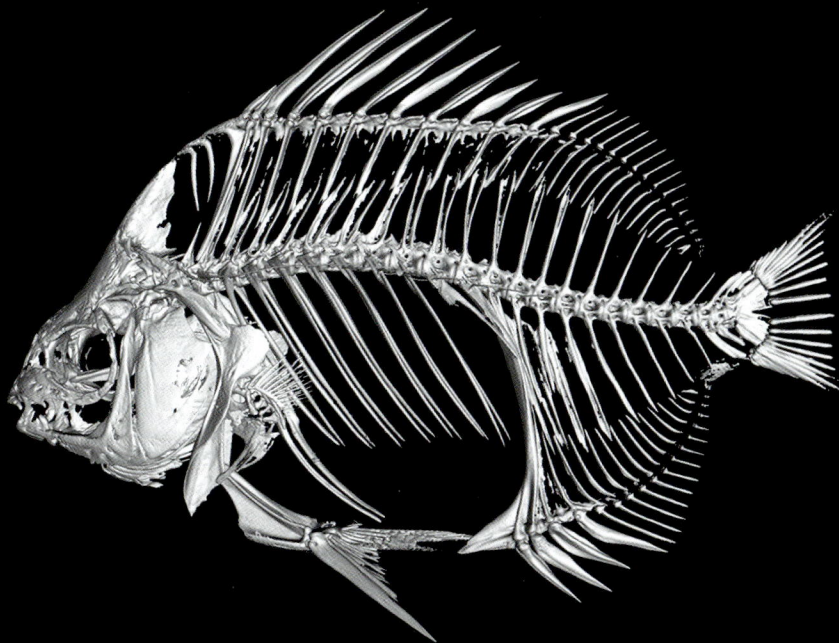

侧面观

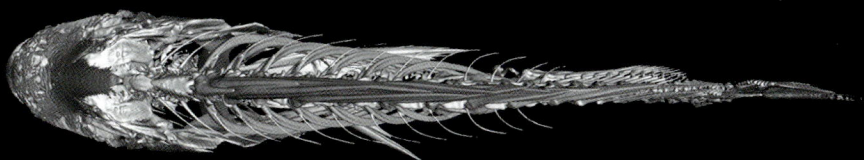

背面观

腹面观

121 褐蓝子鱼 *Siganus fuscescens* （Houttuyn，1782）

【同种异名】*Centrogaster fuscescens* Houttuyn，1782；*Amphacanthus fuscescens* （Houttuyn，1782）；*Teuthis fuscescens* （Houttuyn，1782）；*Siganus fuscenaus* （Houttuyn，1782）；*Amphacanthus nebulosus* Quoy & Gaimard，1825；*Siganus nebulosus* （Quoy & Gaimard，1825）；*Teuthis nebulosa* （Quoy & Gaimard，1825）；*Teuthys nebulosa* （Quoy & Gaimard，1825）；*Amphacanthus maculosus* Quoy & Gaimard，1825；*Amphacanthus margaritiferus* Valenciennes，1835；*Siganus margaritiferus* （Valenciennes，1835）；*Theutis margaritifera* （Valenciennes，1835）；*Amphacanthus albopunctatus* Temminck & Schlegel，1845；*Siganus albopunctatus* （Temminck & Schlegel，1845）；*Teuthis albopunctata* （Temminck & Schlegel，1845）；*Amphacanthus aurantiacus* Temminck & Schlegel，1845；*Siganus consobrinus* Ogilby，1912。

【英文名】mottled spinefoot。

【地方名】点蓝子鱼、臭肚、象鱼、密点臭肚、猫尾仔、油鸭仔、泥猛。

【样本采集】n＝52。全长 183.91（107.32～269.64）mm，体长 158.76（92.08～234.06）mm，体重 97.22（14.91～285.65）g。

【资源密度】4 549.532 g/km^2。

【生长条件因子】0.024 g/cm^3。

【形态特征】体延长；侧面观呈长椭圆形；尾柄细长。头较小。吻突出。口小，前下位；上颌长于下颌；两颌具细小而尖锐齿各 1 行，犁骨、腭骨及舌上无齿。唇发达。眼中等大，上位。鳃孔大；前鳃盖边缘平滑；鳃耙细弱；假鳃发达。体被小圆鳞，埋于皮下；侧线完全，侧线鳞 270。

　　鲜活时，体黄绿色，背部色较深，腹部色较浅；体侧密布浅色小斑点，侧线上具 2～4 列浅淡蓝色斑点，侧线下方斑点稍大，白色卵圆形；各鳍黄褐色，背鳍和臀鳍具暗色斑纹，尾鳍具浅色和暗色带纹及斑点。鳍式：背鳍 XIII-10；胸鳍 16～17；腹鳍 I-3；臀鳍 VII-9；尾鳍 17。背鳍 1 个，起点前具 1 向前小棘，埋于皮下，鳍棘尖锐，鳍棘部与鳍条部之间具缺刻；胸鳍位低；腹鳍内外各具 1 棘；臀鳍基底短于背鳍；尾鳍浅凹形。

【生态习性】栖息于珊瑚礁区及沿岸礁区的潮区带，并伴随潮水进出河口低盐度区，水深0～25 m。以礁石上的藻类和小型维管束植物为食。

【分布范围】分布于我国黄海、东海、南海、台湾海域，日本下北半岛以南海域，澳大利亚海域和印度—西太平洋温暖海域。

【骨骼特征】额骨较窄，向前倾斜；枕骨嵴较小；眶前骨宽大。前颌骨小且突出，前端圆滑；上颌骨和匙骨短小。脊椎骨数 23；额骨三角形片状。尾杆骨粗短。匙骨较窄；后匙骨延长至臀鳍前端；乌喙骨宽大。腰带无名骨叉形，前端伸至匙骨内侧。背鳍和臀鳍鳍棘部支鳍骨发达，基部板状；臀鳍第 1 支鳍骨强大，支持前 2 枚鳍棘。

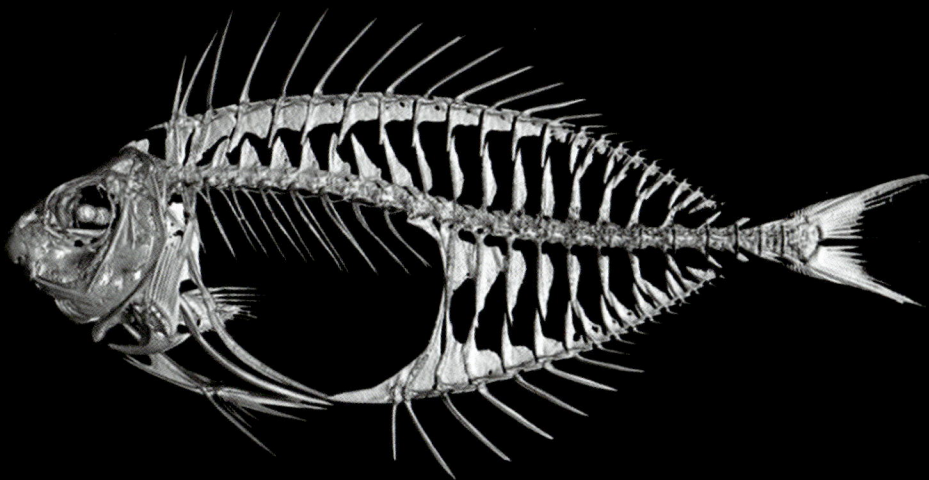

侧面观

背面观

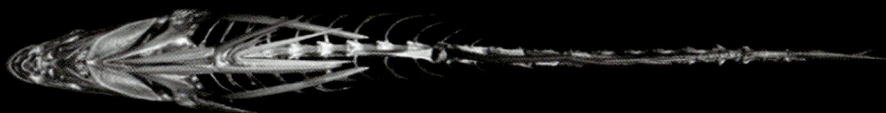

腹面观

122 黑鮟鱇 *Lophiomus setigerus*（Vahl，1797）

【同种异名】*Lophius setigerus* Vahl，1797；*Laphiomus setigerus*（Vahl，1797）；*Lophius viviparus* Bloch & Schneider，1801；*Lophius indicus* Alcock，1889；*Chirolophius laticeps* Ogilby，1910；*Lophiomus longicephalus* Tanaka，1918；*Chirolophius malabaricus* Samuel，1963。

【英文名】blackmouth angler。

【地方名】安康鱼、蛤蟆鱼、琵琶鱼。

【样本采集】$n=21$。全长 206.58（71.85～309.69）mm，体长 176.71（61.79～278.20）mm，体重 230.44（5.40～602.11）g。

【资源密度】4 354.968 g/km^2。

【生长条件因子】0.042 g/cm^3。

【形态特征】体平扁，柔软，前部呈圆盘状，向后细尖呈柱形；尾柄短。头大，宽阔平扁。吻宽阔，平扁。口宽大，前上位；下颌较上颌突出；两颌各具齿 3 行以上，能倒伏，上颌齿较短，下颌齿排列不规则，犁骨、腭骨及鳃弓均有齿。眼较小，上位，眼间隔宽，稍凹入。鳃孔宽大；无鳃耙。体裸露无鳞，头部周围、体侧及体背部分枝状或细小的皮质突起，头部有许多棘突；无侧线。

体背黑褐色，具不规则的深棕色网纹，腹部白色；口腔内有白斑；第 2 背鳍浅红色，胸鳍与尾鳍暗色，臀鳍乳白色。鳍式：背鳍Ⅴ，8～9；胸鳍 20～25；腹鳍 5；臀鳍 6～7；尾鳍 6。背鳍 2 个，第 1 背鳍第 1 鳍棘位于吻端，细长如杆状，其尖端具 1 皮穗状吻触手，第 2 背鳍和臀鳍位于尾部；胸鳍发达，支鳍骨形成一长形假臂构造埋于皮下；腹鳍喉位；尾鳍近截形。躯干部较短。

【生态习性】为暖水性底层鱼类。栖息水深 20～500 m。行动迟缓，常匍匐于海底。摄食小型鱼类和虾类。通常以吻触手及饵球引诱猎物。

【分布范围】分布于印度—西太平洋温暖海域，包括菲律宾海域、日本南部海域及我国东海、南海和台湾海域。

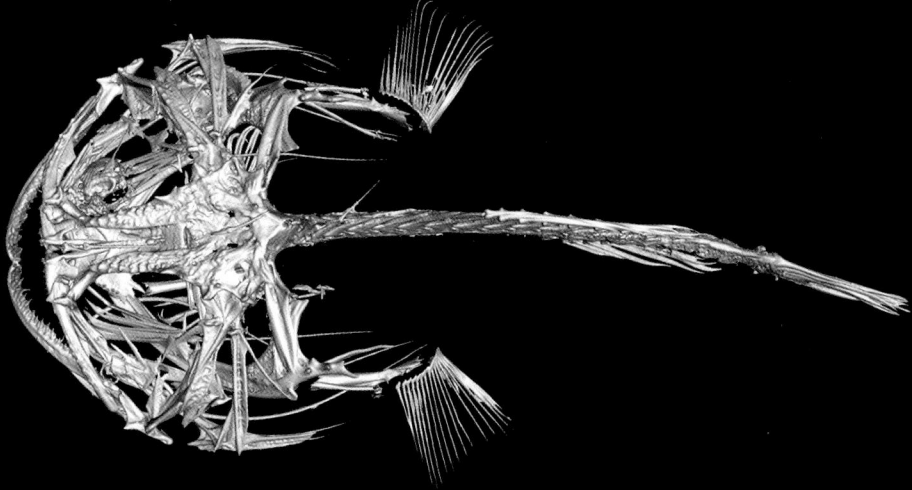

背面观

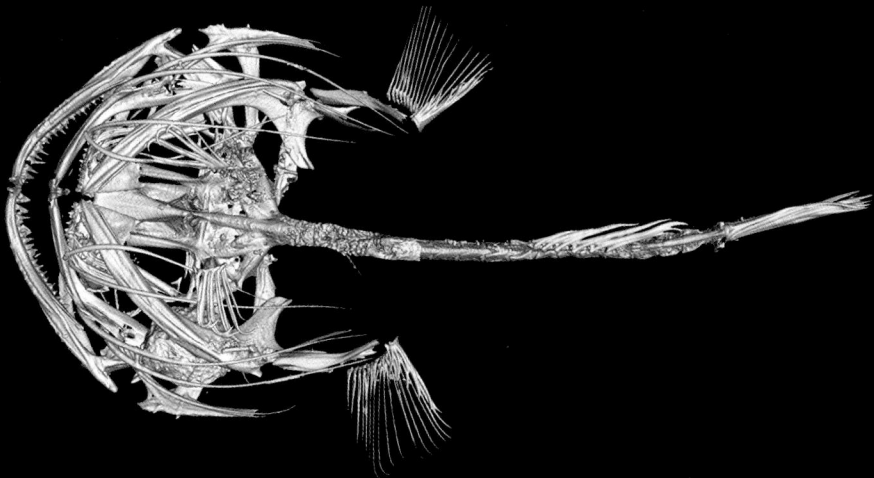

腹面观

123 突额棘茄鱼 *Halieutaea indica* Annandale et Jenkins，1910

【同种异名】*Halieutaea sinica* Tchang & Chang，1964；*Halieutea spicata* Smith，1965；*Halieutaea spicata* Smith，1965

【英文名】Indian handfish。

【地方名】棘茄鱼。

【样本采集】$n=1$。全长 90.31 mm，体长 71.23 mm，体重 18.55 g。

【资源密度】16.694 g/km^2。

【生长条件因子】0.051 g/cm^3。

【形态特征】体平扁，额部隆起，躯干部短小；体盘圆形；尾柄宽短。头较大，前端圆形。吻短，不突出，前缘中部内凹，形成吻凹窝，吻长小于眼径。口大，横裂；上颌稍长于下颌，下颌下缘及口隅附近具许多小强棘；两颌齿细小而尖锐，绒毛带状排列，犁骨、腭骨无齿。唇发达。眼中等大，位于头盘背部，靠近吻端，眼间隔宽。鳃孔小，圆孔形，位于胸鳍基内侧；鳃耙 2+5，小，粒状。体无鳞；背面具颗粒状棘，基部星状，具 4～5 个基叶，棘间皮肤密具绒毛状小刺，体盘周缘具 1 行粗短硬棘，尾部两侧各具 1 行较大棘，腹面皮肤光滑无棘；无侧线。

体背红褐色，具许多小黑点，腹部白色；背鳍及尾鳍边缘黑色，胸鳍内半部红色，外半部黄色，腹鳍及臀鳍色浅。鳍式：背鳍 5；胸鳍 13；腹鳍 5；臀鳍 4；尾鳍 9。背鳍 2 个，第 1 背鳍仅有 1 枚短的吻触手组成，第 2 背鳍位于尾部，鳍基较短；胸鳍柄状，胸鳍假臂构造发达；腹鳍喉位；臀鳍较大，与第 2 背鳍相对；尾鳍后缘圆弧形。

【生态习性】为暖水性底层鱼类。行动迟缓，常以假臂状胸鳍在海底爬行，捕食小型甲壳类。

【分布范围】分布于新几内亚海域、印度海域及我国南海。

【骨骼特征】额骨表面布满硬棘，前端细长，两额骨前端围成椭圆前囟；犁骨腹面宽平，三角形。前颌骨细。脊椎骨数 17；脊椎前部愈合呈长杆状，长度超过体盘的 1/2。肩带各骨骼均呈长杆状。

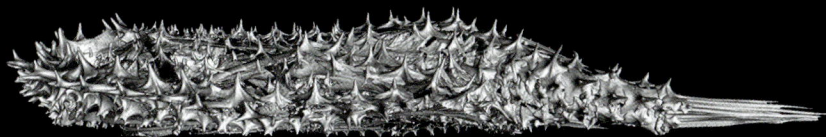

侧面观

背面观

腹面观

124 双斑躄鱼 *Antennarius biocellatus*（Cuvier，1817）

【同种异名】*Chironectes biocellatus* Cuvier，1817；*Antennarius notophthalmus* Bleeker，1854。

【英文名】brackishwater frogfish。

【地方名】细脚躄鱼、五脚虎。

【样本采集】*n*＝1。全长 99.78 mm，体长 80.65 mm，体重 88.84 g。

【资源密度】79.95 g/km²。

【生长条件因子】0.169 g/cm³。

【形态特征】体粗短，侧扁；侧面呈长卵圆形；尾柄宽短。头较大，前端圆钝；额部在背鳍第 2 鳍棘的后方有 1 凹陷区。吻较短。口大，上位，口裂几乎呈垂直状；下颌稍突出；两颌齿细长而尖锐，排列呈梳状，犁骨及腭骨有绒毛状齿群。唇发达。眼小，上侧位，眼间隔宽凸。鳃孔小；鳃耙退化，鳃丝发达。体无鳞，皮肤粗糙，密被细小颗粒状棘突，体侧及头腹面无皮须状小突起；无侧线。

体背侧黄褐色，有许多暗褐色的细小斑纹，腹侧色稍浅；背鳍黄褐色，鳍条部基底末端具 1 较大的黄缘眼状斑，胸鳍、腹鳍和尾鳍淡黄色，具深色点列横纹，臀鳍黄褐色，边缘色浅。鳍式：背鳍Ⅲ，12；胸鳍 11；腹鳍 5；臀鳍 8；尾鳍 8。背鳍由 3 枚分离鳍棘及 12 鳍条组成，第 1 鳍棘位于眼前上方的吻部中央，细长如杆状，形成吻触手，吻触手肉质部长，边缘生丝状突出物（该标本吻触手缺失），背鳍第 2 鳍棘后方以鳍膜与头部连接；胸鳍发达，支鳍骨形成一长形假臂构造埋于皮下；腹鳍近喉位；尾鳍圆形。

【生态习性】为暖水性礁栖鱼类。栖息于浅海岩礁或珊瑚区。行动迟缓，以假臂状胸鳍在海底和岩礁处匍匐爬行，常摆动吻触手诱捕小鱼和甲壳类。体色随环境改变，具拟态特性。

【分布范围】分布于印度—太平洋热带海域，包括日本南部海域及我国南海和台湾海域。

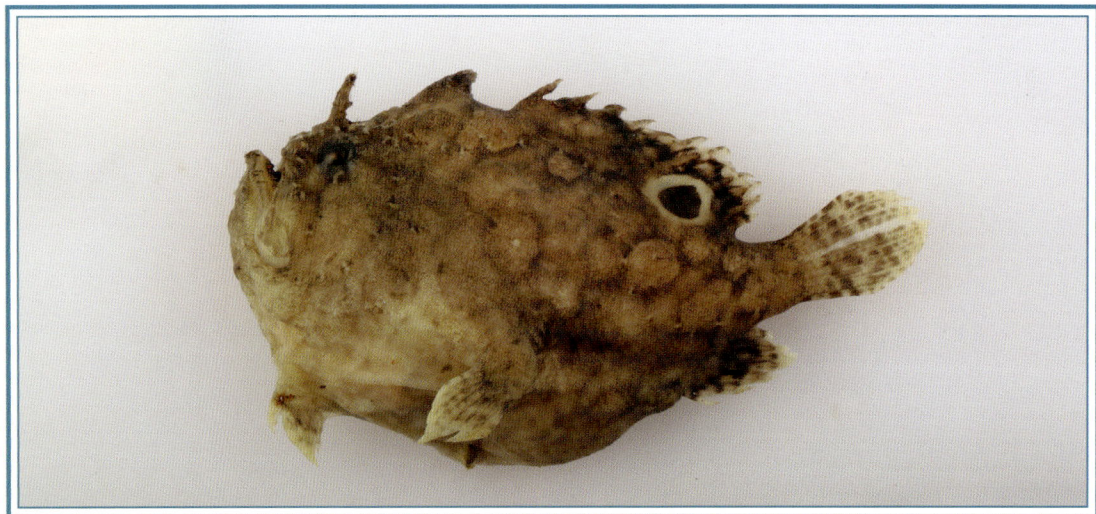

【骨骼特征】额骨三角形，前端相互分离。前颌骨细长，其前端突起高，向后延伸至额骨中缝；上颌骨发达，末端宽大呈桨状；齿骨叉形；关节骨发达，末端呈板状。脊椎骨数19；第1脊椎骨髓弓与枕骨嵴接合紧密，呈扇形板状结构，第2脊椎骨髓棘粗大，第7～9脊椎髓棘呈桨状，尾部髓棘尖长。尾杆骨较宽大。匙骨小；匙骨发达，呈弯月形；后匙骨细长，游离；桡骨呈假臂状。腰带无名骨呈棒状，位于喉部前方。

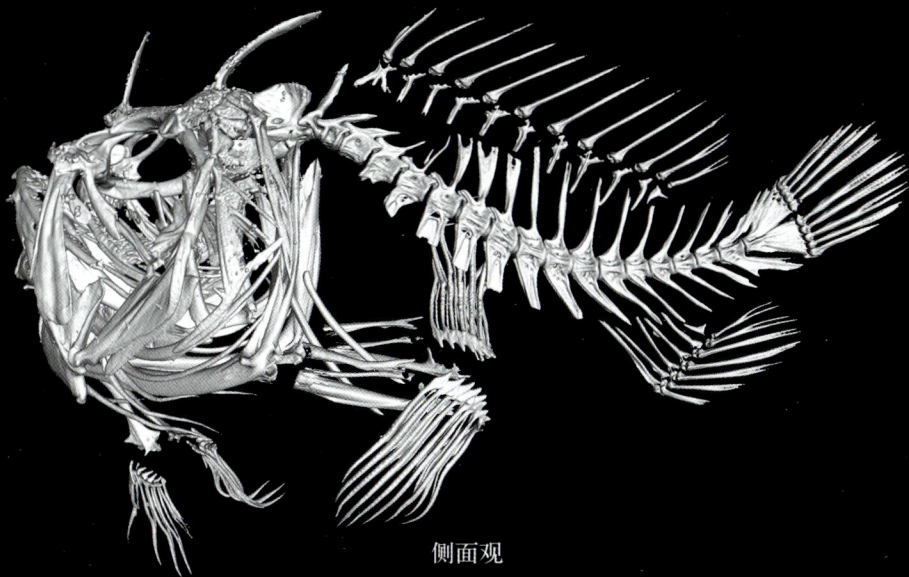

侧面观

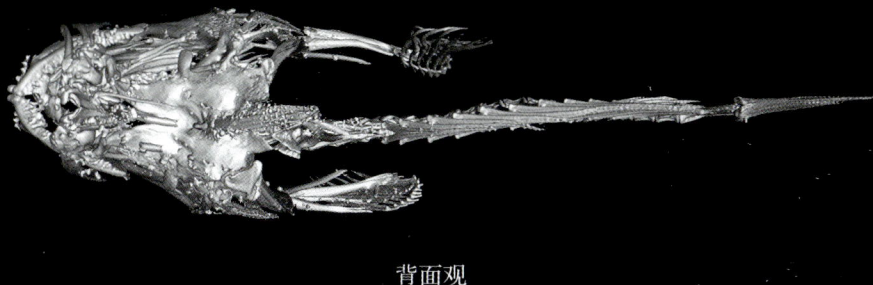

背面观

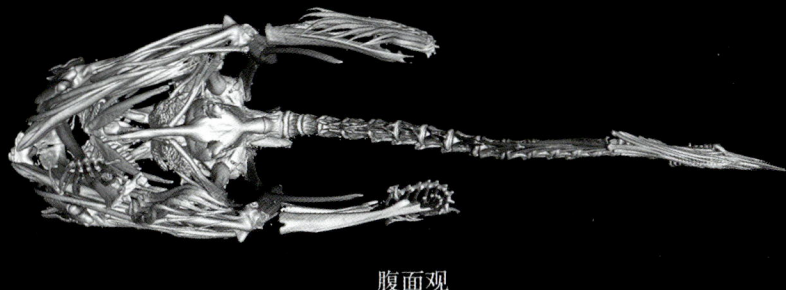

腹面观

125 毛躄鱼 *Antennarius hispidus* (Bloch & Schneider, 1801)

【同种异名】*Lophius hispidus* Bloch & Schneider, 1801; *Chironectes hispidus* (Bloch & Schneider, 1801)。

【英文名】shaggy angler。

【地方名】五脚虎。

【样本采集】$n=1$。全长 152.93 mm，体长 124.73 mm，体重 132.53 g。

【资源密度】119.267 g/km^2。

【生长条件因子】0.068 g/cm^3。

【形态特征】体粗短，侧扁；腹部突出膨大；侧面长卵圆形；尾柄宽短。头较大，前端圆钝；额部在背鳍第 2 鳍棘的后方有 1 凹陷区。吻较短。口大，上位，口裂几乎垂直；下颌稍突出；两颌齿细长而尖锐，排列呈梳状，犁骨及腭骨有绒毛状齿群。唇发达。眼小，上位，眼间隔宽。鳃孔小；鳃耙退化，鳃丝发达。体无鳞，皮肤粗糙，覆以浓密的皮棘，体侧及头腹面无皮须状小突起；无侧线。

体背侧黄褐色，具不规则的黑褐色斜纹，眼部具若干放射状深褐色斜带，腹侧色稍浅；各鳍浅褐色，均具黑色斑纹或黑斑。鳍式：背鳍Ⅰ，Ⅱ，11～13；胸鳍10～11；腹鳍Ⅰ-5；臀鳍7；尾鳍9。第 1 背鳍具 1 鳍棘，位于眼前上方的吻部中央，细长如杆状，顶端为穗状皮瓣，形成吻触手；吻触手肉质部长，缘生丝状突出物。第 2 背鳍具 2 鳍棘，后方以鳍膜与头部连接，后方具一凹窝。第 3 背鳍由 11～13 枚鳍条组成。胸鳍发达；腹鳍近喉位；尾鳍圆形。

【生态习性】为暖水性内湾浅海小型鱼类。栖息于近岸内湾泥沙底质海区。行动迟缓，以假臂状胸鳍在海底和岩礁处匍匐爬行，常摆动吻触手诱捕小鱼和甲壳类。体色随环境改变，具拟态特性。

【分布范围】分布于印度—西太平洋温暖海域，包括日本南部海域及我国东海、南海。

【骨骼特征】额骨三角形，前端向两侧分离。前颌骨细长，其前端突起高，向后延伸至额骨中缝；上颌骨发达，末端宽大，桨状；齿骨叉形；关节骨发达，末端板状。脊椎骨数19；第1脊椎骨髓弓与枕骨嵴紧密接合，第2脊椎骨髓棘强大。尾杆骨较宽大。匙骨小；匙骨发达，弯月形；后匙骨细长，游离；桡骨假臂状。腰带无名骨棒状，位于喉部前方。背鳍具3枚可活动的棘，第1枚位于前颌骨前端中央，第2枚位于额骨前端中央，第3枚位于顶骨中央，其余支鳍骨短小。

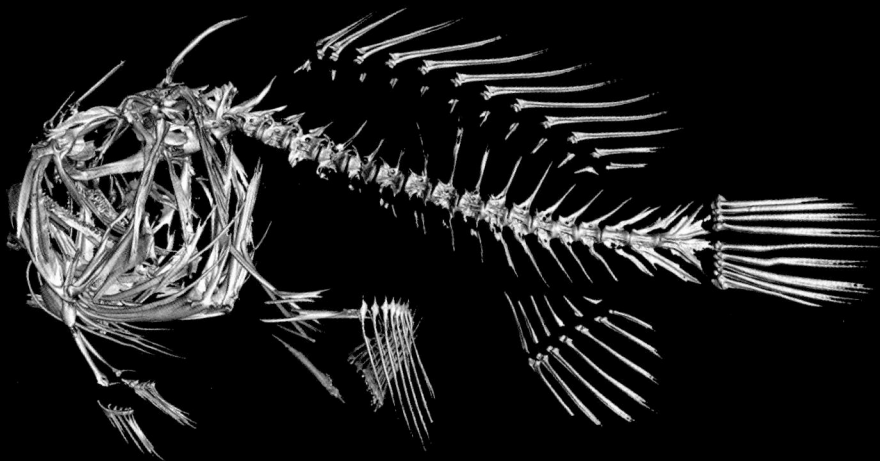

侧面观

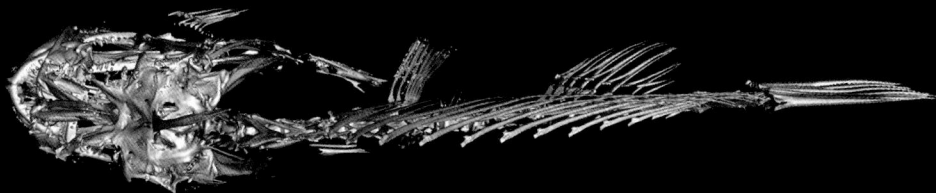

背面观

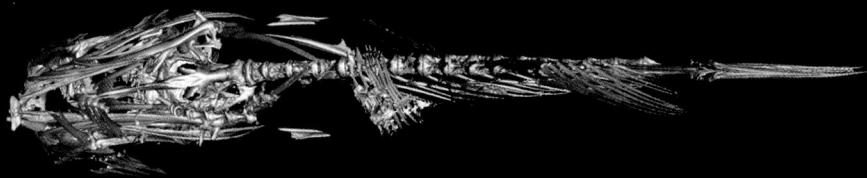

腹面观

126 短棘圆刺鲀 *Cyclichthys orbicularis*（Bloch，1785）

【同种异名】*Diodon orbicularis* Bloch，1785；*Chilomycterus orbicularis*（Bloch，1785）；*Diodon caeruleus* Quoy & Gaimard，1824；*Atinga orbicularis coeruleus*（Quoy & Gaimard，1824）；*Chilomycterus parcomaculatus* von Bonde，1923。

【英文名】spiny puffer。

【地方名】圆点圆刺豚、眶短棘鲀。

【样本采集】*n*＝1。全长 98.40 mm，体长 84.88 mm，体重 63.66 g。

【资源密度】57.289 g/km^2。

【生长条件因子】0.104 g/cm^3。

【形态特征】体宽短，椭圆形，前部稍平扁，呈圆柱状（膨大后呈圆球形）；尾柄细长，稍侧扁。头宽平。吻宽短，前端突出。口小，端位；上颌稍长于下颌；两颌各具 1 喙状大齿板，无中央骨缝。唇发达，下颌口隅具 1 唇褶。眼大，上侧位，眼间隔宽平；鼻孔每侧 2 个，鼻突起呈长柱状。鳃孔小，中侧位。除吻部及尾柄外全身被长棘，每棘大多具 2 棘根，能活动。

体背侧呈灰褐色，腹侧乳白色；体背侧散布一些较大的黑色圆斑，腹部无小黑斑；各鳍色淡，无斑点。鳍式：背鳍 12；胸鳍 21；臀鳍 12；尾鳍 9。背鳍 1 个，位于体后近尾柄部、肛门前；胸鳍宽短；臀鳍起点位于背鳍末端后方，基底短于背鳍基底；尾鳍圆形。

【生态习性】为暖水性底层鱼类。栖息于珊瑚礁和岩礁海区。肉食性，主要以大型甲壳类为食。遭遇敌害时，身体膨大呈球状，各棘直立，进行防卫。

【分布范围】分布于印度—太平洋温暖海域。

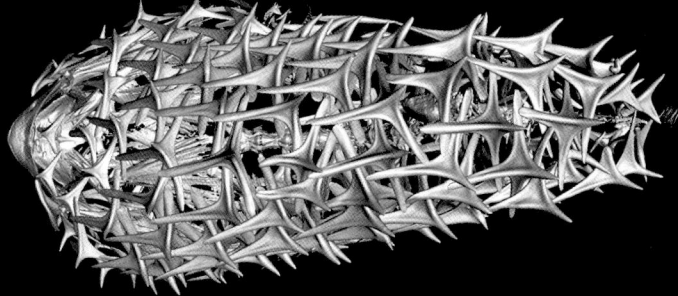

腹面观

127 棕斑兔头鲀 *Lagocephalus spadiceus* （Richardson，1845）

【同种异名】*Tetrodon spadiceus* Richardson，1845；*Gastrophysus spadiceus* （Richardson，1845）；*Sphoeroides spadiceus* （Richardson，1845）；*Sphaeroides spadiceus* （Richardson，1845）；*Spheroides spadiceus* （Richardson，1845）

【英文名】headrabbit puffer。

【地方名】棕腹刺豚、鸡泡。

【样本采集】$n=204$。全长 115.17 （66.22～257.81） mm，体长 102.40 （56.64～227.36） mm，体重 37.81 （6.55～415.53） g。

【资源密度】6 941.361 g/km^2。

【生长条件因子】0.035 g/cm^3。

【形态特征】体亚圆柱形，稍侧扁，前部粗圆，向后渐细；尾柄呈锥形，稍侧扁。头稍长，略侧扁。吻圆钝，中长。口小，端位，口裂平横；上颌稍突出；两颌各具 2 个喙状齿板，中央骨缝明显。唇发达，口隅具皮褶，其外侧具 1 深沟。体侧下缘两侧自口隅下方至尾柄末端具 1 纵行皮褶。眼中等大，上位，眼间隔宽。鳃孔中大，弧形。头、体和腹面均被骨质小刺，侧面光滑无小刺，背部小刺只分布在前区，不到背鳍基部，腹面小刺区从鼻孔下方延至肛门前方；侧线发达，上位。

体背侧棕黄色或绿褐色，腹侧乳白色，纵行皮褶银白色；头后背部、背鳍基底、尾柄上有时有云状暗褐色斑纹或横带；背鳍及胸鳍棕黄色，臀鳍浅黄色，尾鳍棕黄色，外缘浅灰色。鳍式：背鳍 13～14；胸鳍 15～17；臀鳍 10～14；尾鳍 11。背鳍 1 个，位于体后部、肛门上方；胸鳍宽短；无腹鳍；臀鳍起点稍后于背鳍起点；尾鳍浅凹形。

【生态习性】为暖温性底层鱼类。栖息于近岸中下层。主要以甲壳类、软体动物和幼鱼为食。卵巢和肝脏有毒，皮、肉和精巢无毒。

【分布范围】分布于印度—西太平洋温暖海域，包括日本南部海域及我国黄海、东海、南海和台湾海域。

【骨骼特征】额骨窄长；枕骨嵴向后延长。上颌齿板 2 枚，鹦嘴状；齿骨叉形；关节骨粗大。脊椎骨数 21；椎体前关节突明显；第 6～13 脊椎骨髓棘尖长，其余宽大。尾杆骨短小。匙骨前伸至喉部；后匙骨长，向后弯曲，伸至腹腔后部。头背部和腹部被骨质小棘完全覆盖。

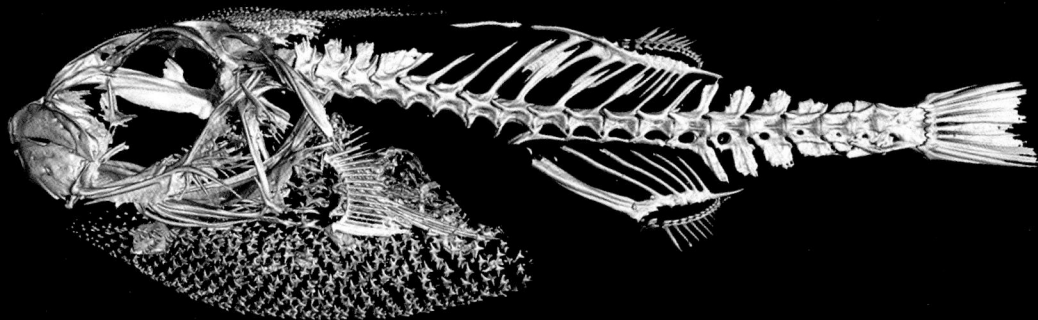

侧面观

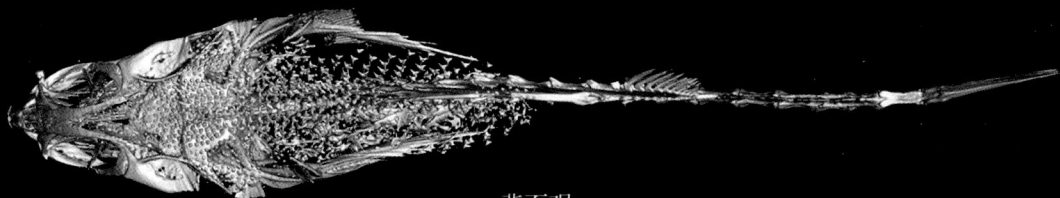

背面观

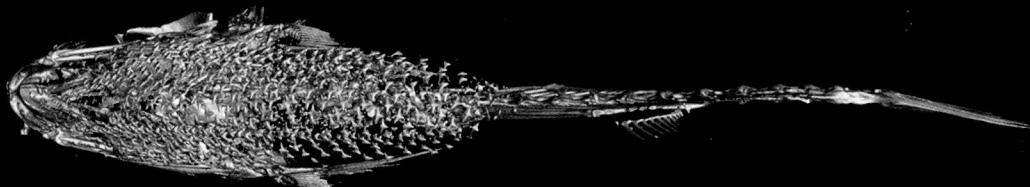

腹面观

图书在版编目（CIP）数据

北部湾鱼类形态及骨学影像图鉴／康斌主编．—北京：中国农业出版社，2024.6
ISBN 978-7-109-31943-1

Ⅰ.①北…　Ⅱ.①康…　Ⅲ.①北部湾—鱼类—图集　Ⅳ.①Q959.408-64

中国国家版本馆CIP数据核字（2024）第088459号

中国农业出版社出版

地址：北京市朝阳区麦子店街18号楼
邮编：100125
责任编辑：杨晓改
版式设计：王　晨　责任校对：吴丽婷
印刷：北京中科印刷有限公司
版次：2024年6月第1版
印次：2024年6月北京第1次印刷
发行：新华书店北京发行所
开本：787mm×1092mm　1/16
印张：17.75
字数：420千字
定价：298.00元